科技创新 华彩篇章

2001-2015 中国农业科学院兰州畜牧与兽药研究所创新成果集

中国农业科学院兰州畜牧与兽药研究所 主编

中国农业科学技术出版社

图书在版编目（CIP）数据

科技创新 华彩篇章：2001-2015中国农业科学院兰州畜牧与兽药研究所创新成果集 / 中国农业科学院兰州畜牧与兽药研究所主编. —北京：中国农业科学技术出版社，2015.12

ISBN 978-7-5116-2471-0

Ⅰ.①科… Ⅱ.①中… Ⅲ.①畜牧学-文集②兽用药-文集 Ⅳ.①S81-53②S859.79-53

中国版本图书馆CIP数据核字（2015）第301561号

责任编辑 闫庆健

责任校对 贾海霞

出 版 者 中国农业科学技术出版社

北京市中关村南大街12号 邮编：100081

电　　话 （010）82106632（编辑室） （010）82109702（发行部）

（010）82109709（读者服务部）

传　　真 （010）82106625

网　　址 http://www.castp.cn

经 销 者 各地新华书店

印 刷 者 北京科信印刷有限公司

开　　本 889 mm×1 194 mm 1/16

印　　张 17.75

字　　数 501千字

版　　次 2015年12月第1版 2015年12月第1次印刷

定　　价 160.00元

序

中国农业科学院兰州畜牧与兽药研究所于1997年由中国农业科学院中兽医研究所（1958年成立）和中国农业科学院兰州畜牧研究所（1978年成立）合并组建而成，是一所从事草业、畜牧、中兽医、兽药研究的综合性国家级科研单位。本研究所立足西部，面向全国，放眼世界，围绕国家农业科技战略目标，瞄准国际畜牧科技前沿，发挥解决畜牧产业发展全局性、战略性、关键性技术问题的核心作用，引领我国现代畜牧科技的发展。建所50多年来，特别是近15年来，在农业部、中国农业科学院的坚强领导下，研究所始终以服务我国现代畜牧业科技的使命意识、责任意识和主体意识为己任，真抓实干，奋发作为，研究所的各项工作呈现出蓬勃发展的良好态势。学科建设迈上新台阶；以大通牦牛、甘肃高山美利奴羊国家新品种和国家一类新兽药喹烯酮为代表的重大科技成果不断涌现，新产品、新技术的集成转化创新与科技兴农亮点纷呈；承担国家科研任务能力加强，科研立项不断取得突破，科技创新综合实力实现了新的跨越；科研基础平台建设旧貌换新颜，支撑与服务科研的能力显著提升；机制体制创新不断推进，以人为本的“开放、竞争、流动”的科学用人机制、“定岗定酬、绩效激励”的分配机制和以科研能力与创新成果为导向的绩效考核机制逐步完善；2014年研究所进入中国农业科学院科技创新工程试点单位后，研究所的科技事业站在一个新的起点上，现代科研院所建设不断深化，把研究所建成具有较强和持续创新能力的国家畜牧兽医研究机构，实现跨越式发展，建设世界一流研究所的目标任重而道远。紧紧围绕“服务产业重大科技需求、跃居世界农业科技高端”两大使命和“建设世界一流农业科研院所”的战略目标，以提高科技创新能力为统领，以学科体系建设为主线，团结拼搏、和谐向上的科技创新氛围更加浓厚，发展提速，研究所呈现出一派新气象、新面貌。

研究所综合能力得到全面提升

2002年，研究所被科技部、财政部、中央机构编制委员会办公室等三部委确定为非营利性科研机构。研究所在全国农业科研机构科研综合能力评估中稳步上升，“九五”期间排名第106位、“十五”期间排名第69位、“十一五”期间跃居第44位，在中国农业科学院36个研究所中排名第11位，在甘肃省排名第1，全国行业排名第4。研究所是中国毒理学会兽医毒理学专业委员会、中国畜牧兽医学会西北病理学分会、中国畜牧兽医学会西北中兽医学分会、中国牦牛育种协作组挂靠单位。研究所先后被授予中国农业科学院文明单位、甘肃省文明单位、全国精神文明建设工作先进单位和全国文明单位等荣誉称号。

学科体系建设国际国内领先

构建了畜牧学、兽药学、中兽医学和草业学科结构合理、特色鲜明、整体水平较高的先进学科体系。畜牧学科领域成为西部地区牛羊新品种遗传育种和繁育基地，达到国内先进水平；兽药领域引领我国新兽药创制和安全兽药评价，达到国内领先水平；中兽医学科成为世界中兽医理论研究和技术创新的一流学科，达到国际先进水平；草业学科重点突出西部旱生超旱生牧草新品种培育和资源利用研究，达到国内先进水平；兽医临床领域突出奶牛疾病控制研究和应用，成为我国功能完善的动物疾病临床诊断治疗基地。

人才队伍建设成效明显

研究所现有在职职工189人。在职职工中，正高级21人，副高级61人；博士后4人，博士34人，硕士61人；博导6人，硕导38人；国家公益性行业专项首席科学家1人，国家兽药审评专家委员会专家6人，国家畜禽遗传资源委员会委员1人，国家现代农业产业技术体系岗位科学家4人，国家有突出贡献中青年专家2人，国家百千万人才2人，全国农业科研杰出人才1人，农业部突出贡献专家1人，甘肃省优秀专家2人，甘肃省“555”人才4人，中国农业科学院杰出人才5人，甘肃省领军人才3人，1人分别荣获第十二届中国青年科技奖和第八届甘肃省青年科技奖。1人被评为新中国成立60周年“三农”模范人物，3人荣获“新中国60年畜牧兽医科技贡献奖”，3人担任全国性学术团体理事长或副理事长职务。

科研支撑条件显著改善

拥有国家农业科技创新与集成示范基地、农业部动物毛皮及制品质量监督检验测试中心、农业部兰州黄土高原生态环境重点野外科学观测试验站、农业部兽用药物创制重点实验室、国家奶牛产业研发中心疾病控制研究室等21个省部级科研平台。360公顷的张掖试验基地与大洼山试验基地逐渐成为面向全国开放共享的综合实验基地。研究所编辑出版《中兽医医药杂志》和《中国草食动物科学》2个全国中文核心期刊的影响力不断提升。

科技创新能力获得新的提升

科研立项稳中有进。建所以来研究所先后承担国家各级各类科研项目1 300多项。“十一五”以来，每年承担科研项目140多项，“十二五”期间，研究所科研立项经费达到2.53亿元，留所经费达到1.6亿元。先后承担了国家公益性行业专项、国家科技支撑计划项目、国家基础性工作专项等国家重大项目，对推动相关行业领域科技产业的发展、培养科技团队和人才、提升研究所科研能力建设等方面发挥了重要作用。

科技创新取得新突破

建所以来各级政府获奖261项，其中国家奖12项，省部级奖146项，获得专利509项，获新兽药证书72个，发表论文5 890余篇，其中SCI论文182篇。编写著作206部。“十五”、“十一五”和“十二五”三个五年计划期间为我国畜牧业发展做出了重要贡献。知识产权成果产出丰硕，在此期间研究所共获得各级政府类科技成果奖70项，新兽药24项，牧草新品种5个，大家畜新品种2个，专利503项（发明专利81项），获软件著作权12项。“十一五”期间，培育出我国第一个具有自助知识产权的大通牦牛国家新品种，荣获国家科技进步二等奖，研制出国家一类新兽药“喹烯酮”荣获国家科技进步二等奖。“十二五”期间，成功培育出“高山美利奴羊”国家新品种，成为研究重要的标志性成果。

产业支撑能力显著增强

研究所按照“顶天立地”的科研主导思想，以服务现代畜牧业生产技术为抓手，面向农牧民生产技术需求，大力推进科技成果转化，促进科技成果产业化发展，积极开展科技兴农，推动地方经济建设，取得了显著的社会效益和经济效益。研究所先后与兽药企业、畜产品生产加工、农牧民养殖专业户等200多家全国农业生产经营单位建立了成果转让、技术服务和共建合作关系。转让兽药新药、牛羊和牧草新品种等成果28项，直接经济效益400多亿元。面向基层开展农牧民技术培训10 000多人次，产生了良好的经济效益、生态效益和社会效益。

国际交流与合作深入推进

围绕建设世界一流研究所的战略目标，研究所发挥学科资源优势，积极开展国际科技合作交流，与英国、法国、美国、澳大利亚、加拿大、印度、日本、德国、荷兰、西班牙、肯尼亚、泰国、沙特、伊拉克、俄罗斯等20多个国家的高校和科研机构建立了科技合作交流关系，先后邀请30多位国际专家来所学术报告，完成了6项“948”国际合作项目的研究。分别于2005、2006、2007、2008、2009、2011年，先后承办了六期“发展中国家中兽医药学技术国际培训班”，有泰国、马来西亚、印度、巴基斯坦、塞尔维亚、南非等10多个国家80多人参加了培训。2010年举办了“首届国际中兽医大会”，2014年举办了“世界牦牛大会”。研究所的科技国际交流与合作实现了“人员走出去，技术和创新引进来”双向交流的良好发展势头。

回顾过去，展望未来。研究所科技事业发展到了一个新阶段，科技创新成为新常态。围绕中国农业科学院“建设世界一流现代农业科研院所”和实现跨越发展的目标，以科技创新工程为总抓手，准确把握新形势、新机遇、新要求，努力把研究所科技创新工作推向深入。研究所自“十五”以来，虽然涌现了一些创新成果，但与国家重大战略需求，与现代农业发展需要，与世界先进水平要求相比，仍存在较大差距，一流原创性的成果依然缺乏。认真梳理21世纪以来研究所取得的成果，目的就是要寻找差距、凝聚共识、明确目标，把研究所全面发展和科技创新工作推向深入。

杨志强

2015. 12

目　录

7

第一章　获奖成果简介

一、国家级科技成果奖

1. “大通牦牛”新品种及培育技术

获奖时间、名称和等级：2007 年国家科技进步二等奖

2005 年甘肃省科技进步一等奖

主要完成单位：中国农业科学院兰州畜牧与兽药研究所

青海省大通种牛场

主要完成人：陆仲璘　阎萍　王敏强　韩凯　李孔亮　杨博辉　马振朝　马有学　柏家林　殷满财　贾永红　李吉业　芦志刚　乔存来

第一完成人：陆仲璘

陆仲璘，男，汉族（1940—　），研究员。1986 年调到中国农业科学院兰州畜牧研究所从事研究和管理工作。先后任副所长、《中国草食动物》杂志主编。曾担任中国牛品种审定委员会委员、全国牦牛品种协会常务副理事长兼秘书长。农业部有突出贡献的中青年专家，享受政府特殊津贴。一直致力于高寒草地畜牧业、牦牛的遗传、育种及其生产性能的研究。为了重视和保护濒临灭绝的野牦牛栖息地，与同行共同努力，在 FAD 的直接支持下，分别于 1994 年、1997 年、1998 年促成了第一届、第二届、第三届国际牦牛研究学术讨论会在中国兰州、西宁、拉萨召开，并在第一届国际会议之后，在中国成立了国际牦牛研究信息中心，出版国际牦牛研究通讯英文刊物，开展多项合作研究和人才培养，有力地推动了牦牛研究在国内外的发展。发表论文 40 多篇，主笔编写了《牦牛科学研究论文集》和《牦牛育种及高原肉牛业》等著作。主持完成的“‘大通牦牛’新品种及培育技术”获得 2005 年甘肃省科技进步一等奖和 2007 年国家科技进步二等奖。

任务来源：部委计划

起止时间：1982 年 1 月至 2006 年 2 月

内容简介：

本成果属于农业领域动物育种理论和遗传资源利用技术开发应用研究成果。“大通牦牛”是利用我国独有的本土动物遗传资源培育的第一个国家级牦牛新品种。历经三代畜牧科技人员 25 年的科研攻关，建立了青藏高原特定自然环境和生产系统条件下高寒牧区牦牛培育的方法和理论，在牦牛新品种培育及配套技术研究方面取得了突破性进展。成果主要内容：1. 建立了新品种牦牛系统培育的理论与方法，探索出野牦牛遗传资源用于现代育种培育新品种的机理，确定了主选性状，制定了育种指标和品种标准。2. 建立了牦牛育种繁育体系。以野牦牛为父本、当地家牦牛为母本，应用低代牛横交等育种方法，首次培育出了含 1/2 野牦牛基因的国家级牦牛新品种，理想型成年母牛已达 2 200 头，特一级公牛 150 头（国家牛新品种审定条件要求母牛达 1 000 头，公牛 40 头）。3. 新品种牦牛具有肉用性能好、抗逆性强，体型外貌一致，遗传性稳定等优良特征，产肉量比家牦牛提高 20%，产毛、绒量提高 19%，繁殖率提高 15%~20%。4. 在国内外率先研究和成功利用牦牛野外人工授精、体外受精、胚胎移植技术进行牦牛繁育。5. 建立了牦牛种质资源数据库体系和牦牛遗传资源共享平台，以文字版、光盘版和 Internet 网络形式与全社会共享。

“大通牦牛”新品种的育成及繁育体系和培育技术的创建，填补了世界上牦牛没有培育品种及相关技术体系的空白，创立了利用同种野生近祖培育新品种的方法，提供了家畜育种的成功范例，提升了牦牛行业的科技含量和科学养畜水平，已成为牦牛产区广泛推广应用的新品种和新技术。

本成果已在牦牛产区大面积应用，近 3 年销售种牛 9 654 头，冻精 27 万粒（支），每年改良家牦牛约 30 万头，覆盖率达我国牦牛产区的 75%，对促进高寒地区少数民族聚集地，尤其是藏民族地区社会、经济的发展具有重要作用和意义。本项目实际推广已获经济效益 43 400 万元，预计到 2011 年可获效益 50 261. 77 万元。具有显著的直接效益、间接效益和广阔的推广应用前景。

国家科学技术进步奖

证　书

为表彰国家科学技术进步奖获得者，特颁发此证书。

项目名称："大通牦牛"新品种及培育技术

奖励等级：二等

获 奖 者：中国农业科学院兰州畜牧与兽药研究所

中华人民共和国国务院

2007年12月11日

证书号：2007-J-203-2-03-D01

"'大通牦牛'新品种及培育技术"国家科技进步二等奖证书

甘肃省科学技术进步奖证书

获奖项目："大通牦牛"新品种及培育技术

获奖单位：中国农业科学院兰州畜牧与兽药研究所、青海省大通种牛场

奖励等级：壹　等

证书号：2005-1-006

二00五年十二月三十一日

"'大通牦牛'新品种及培育技术"甘肃省科技进步一等奖证书

2. 新兽药“喹烯酮”的研制与产业化

获奖时间、名称和等级：2009年国家科技进步二等奖

2007年甘肃省科技进步一等奖

主要完成单位：中国农业科学院兰州畜牧与兽药研究所

中国万牧新技术有限责任公司

中农发北京药业有限责任公司

主要完成人：赵荣材　李剑勇　王玉春　薛飞群　徐忠赞　李金善　严相林　张继瑜

梁剑平　苗小楼　巩继鹏　柳军玺　吴培龙　周旭正　杜小丽

任务来源：国家计划

起止时间：1987年3月至2006年2月

内容简介：

本成果属畜牧兽医科学技术领域，适用于提高畜、禽、水产动物的生长速度和抗病力。主要内容包括“喹烯酮”原料药和预混剂的研制、工业化生产及推广应用。“喹烯酮”原料药和预混剂2003年已分别获得农业部颁发的国家一类新兽药证书，是历时20多年经三代科技人员的不懈努力研制成功的我国第一个拥有自主知识产权的兽用化学药物饲料添加产品，也是新中国成立以来第一个获得国家一类新兽药证书的兽用化学药物。“喹烯酮”的化学结构明确，合成收率高达85%，稳定性好；促生长效果明显，对猪、鸡、鱼的最佳促生长剂量分别为50毫克/千克、75毫克/千克、75毫克/千克，增重率分别提高15%、18%和30%，可以使畜禽的腹泻发病率降低50%~70%；无急性、亚急性、蓄积性、亚慢性、慢性毒性，无致畸、致突变、致癌作用；原形药及其代谢物无环境毒性作用；动物体内吸收少，80%以上通过肠道排出体外。2004年科技部、商务部、质检总局、环保总局国家四部委联合认定“喹烯酮”原药及预

第一完成人：赵荣材

赵荣材，男，汉族（1939—　），研究员，博士生导师。1966年8月调至中国农业科学院中兽医研究所，从事兽药研究和科研管理工作。曾任研究室主任、所长、农业部新兽药工程重点开放实验室主任、《中兽医医药杂志》主编、甘肃省第八届人大代表。国家级有突出贡献中青年专家，享受国务院政府特殊津贴。长期从事兽药研究，是我国近代兽药研究的带头人之一。主编及参与编写的著作有《中国兽药典》、《兽药规范》、《兽医手册》、《大家畜疾病防治手册》等4部，发表论文20余篇。培养硕士生1名，协助培养博士生1名。现担任动物药品研究会副理事长、中国动物保健品协会专家会员、农业部动物检疫标准化委员会委员、中国兽药典委员会委员、甘肃省兽药评审委员会主任等职务。主持完成的“新兽药‘喹烯酮’的研制与产业化”获得2009年国家科技进步二等奖和2007年甘肃省科技进步一等奖。

混剂为国家重点新产品。

“喹烯酮”可完全替代国内广泛使用的毒性较大、残留量较高的动物促生长产品喹乙醇，填补了国内外对高效、无毒、无残留兽用化学药物需求的空白，产品的应用有利于安全性动物源食品生产，增强我国动物性食品的出口创汇能力，促进我国养殖业的健康持续发展，提高了我国兽药自主研发的水平，已成为我国畜牧养殖业中广泛推广使用的兽药新产品。

截至2008年12月底已累计生产“喹烯酮”1 929吨，在包括我国香港、台湾在内的33个省市区的猪、鸡、鸭和水产动物上推广应用，部分产品已出口到东南亚国家，已取得经济效益2 829 046.85万元。具有极其显著的经济、社会效益和广阔的应用前景。

国家科学技术进步奖

证　书

为表彰国家科学技术进步奖获得者，特颁发此证书。

项目名称：新兽药“喹烯酮”的研制与产业化

奖励等级：二等

获 奖 者：中国农业科学院兰州畜牧与兽药研究所

中华人民共和国国务院

2009年12月23日

证书号：2009-J-203-2-04-D01

“新兽药‘喹烯酮’的研制与产业化”

国家科技二等奖证书

甘肃省科学技术进步奖

证　书

为表彰甘肃省科学技术进步奖获得者，特颁发此证书。

项目名称：新兽药“喹烯酮”的研制与产业化

奖励等级：一等

获 奖 者：中国农业科学院兰州畜牧与兽药研究所

甘肃省人民政府

2008年04月16日

证书号：2007-J1-009-D1

“新兽药‘喹烯酮’的研制与产业化”

甘肃省科技进步一等奖证书

二、省部级科技成果奖

1. 农牧区动物寄生虫病药物防控技术研究与应用

获奖时间、名称和等级：2013 年甘肃省科技进步一等奖

主要完成单位：中国农业科学院兰州畜牧与兽药研究所
甘肃省动物疫病控制预防中心
浙江海正药业股份有限公司
永靖县畜牧兽医局
甘南藏族自治州畜牧工作站

主要完成人：张继瑜 周绪正 李冰 史万贵 吴培星 廖建维 李剑勇 吴志仓
牛建荣 杨勤 魏小娟 李金善 杨亚军 刘希望 刘根新

任务来源：科技支撑计划

起止时间：2006 年 1 月至 2012 年 12 月

内容简介：

本成果研制了 1 种阿维菌素类兽药微乳载药系统，解决了该类产品的长效性和溶解性，首次实现了伊维菌素水溶性制剂的生产；研制了 1 种青蒿琥酯微乳载药系统，解决了药物的稳定性；研制了伊维菌素、青蒿琥酯、多拉菌素和塞拉菌素等 4 个抗寄生虫新兽药，并开展了新技术和新产品的应用示范；建立了高效抗动物绦虫、吸虫病原料药槟榔碱的化学合成工艺，实现

第一完成人：张继瑜

张继瑜，男，汉族（1967— ），博士，三级研究员，博（硕）士生导师，国家百千万人才工程国家级人选，有突出贡献中青年专家，中国农业科学院三级岗位杰出人才，中国农业科学院兽用药物研究创新团队首席专家，国家现代农业产业技术体系岗位科学家。现任兰州畜牧与兽药研究所副所长兼纪委书记，兼任中国兽医协会中兽医分会副会长，中国畜牧兽医学会兽医药理毒理学分会副秘书长，农业部兽药评审委员会委员，农业部兽用药物创制重点实验室常务副主任，甘肃省新兽药工程重点实验室主任，中国农业科学院学术委员会委员。主要从事兽用药物及相关基础研究工作，重点方向包括兽用化学药物的研制、药物作用机理与新药设计、细菌耐药性研究。带领的研究团队在动物寄生虫病、动物呼吸道综合征防治药物研究上取得了显著进展。在肠杆菌耐药机理、血液原虫药物作用靶标筛选的研究处于领先地位。先后主持完成国家、省部重点科研项目 20 多项，研制成功 4 个兽药新产品，其中国家一类新药 1 个，取得专利授权 5 项，发表论文 170 余篇，主编出版著作 2 部，培养研究生 21 名。先后获 2006 年兰州市科技进步二等奖，2012 年中国农业科学院科技成果二等奖，2013 年兰州市技术发明一等奖和 2013 年甘肃省科技进步一等奖。

了产品的常温条件生产、规模化制备、原料和溶剂的无毒化。项目通过实施，起草了新药质量控制标准5项；申报国家发明专利11项，获得3项国家发明专利和1项实用新型专利；申报4个国家新兽药，获得2项新兽药证书，1个产品进入二审程序；建立了6个产品示范基地和2条中试生产线；取得农业部主推“人畜共患包虫病综合防控技术”1项，出版著作3部，发表文章约60篇，其中SCI收录7篇。

本成果针对动物抗寄生虫药物规模化生产关键技术和新兽药开展创新研究，并进行新技术和新产品的推广应用，解决我国抗动物寄生虫药生产技术落后、药物稳定性和长效性差、药物在动物源性食品中的残留和生产成本等关键技术问题，对我国流行广、危害严重、缺乏有效防治药物的人畜共患绦虫病、焦虫病等寄生虫病的防控提供技术支撑。

本成果属高效、安全、环保的农业高新技术投入品，创新性强，产业化优势突出，经济社会效益显著，推广应用前景广阔，对我国动物寄生虫病防控、保障兽药产业和畜牧养殖业健康发展、动物源性食品安全和公共卫生安全具有重要意义。成果关键技术在省内外7家兽药企业进行转化和实施，共生产新产品100吨。新产品在甘肃等10个省、区推广应用，用于牛寄生虫病防治18.4万头，羊寄生虫病防治100万只，犬绦虫病防治3万只，取得直接经济效益5.12亿元，同时取得了巨大的社会效益。

甘肃省科学技术进步奖

证　书

为表彰甘肃省科学技术进步奖获得者，特颁发此证书。

项目名称：农牧区动物寄生虫病药物防控技术研究与应用

奖励等级：一等

获 奖 者：中国农业科学院兰州畜牧与兽药研究所

甘肃省人民政府

2014年02月10日

证书号：2013-J1-004-D1

“农牧区动物寄生虫病药物防控技术研究与应用”甘肃省科技进步一等奖证书

2. 中国美利奴细毛羊高山型新类群培育

获奖时间、名称和等级：2001 年甘肃省科技进步二等奖

主要完成单位：中国农业科学院兰州畜牧与兽药研究所

甘肃省皇城羊场

甘肃省肃南县畜牧局

甘肃省天祝县畜牧局

主要完成人：马海正　文志强　姚军　王宝全　曹藏虎　郭健　常武奇　马乃祥　韩爱萍　李文辉　贺占英　吴生才　魏云霞　梁春年　张振华

任务来源：甘肃省“九五”重大科技攻关

起止时间：1996 年 1 月至 2000 年 8 月

内容简介：

本成果以甘肃高山细毛羊为种群遗传基础，在保持其适应高寒牧区特性前提下，应用现代遗传育种理论，通过品种遗传结构分析、有益基因导入等多项系统性的选育研究，培育出了适应海拔 2 500 米以上地区的中国美利奴新类群，初步建成了该类群繁育体系。经过五年的实施，其繁育含 1/2 澳美血细毛羊 2 852 只，含 1/2 中美血细毛羊 1 827 只，选培新类群核心群母羊 1 530 只。经抽测，核心群幼年羊平均毛长（10. 76±3. 92）厘米，主体细度 21. 08 微米；成年母羊平均体重 52. 58 千克，污毛量 5. 65 千克，净毛率 53. 6%，净毛量 3. 04 千克，体侧毛密度 404 根/c 现已推广新类群羊 2 000 只，实现新增纯收益 927. 6 万元，社会经济效益显著。

本成果结合项目研究内容及目标，开展了“澳美、中美有益基因引入的最佳方式和适宜度研究”等七个专题的研究，提出了有益基因引入与扩散的主要措施，分析了血红蛋白等与甘肃高山细毛羊主要生产性能的关系，阐明了营养对细毛羊皮肤毛囊发生发育的影响规律，建立

第一完成人：马海正

马海正，男，汉族（1938—　）。1987—1994 年任中国农业科学院兰州畜牧研究所所长；兼任中国畜牧兽医学会养羊研究会副理事长、甘肃省畜牧兽医学会副理事长、甘肃省养羊协会副理事长、中国半细毛羊育种委员会委员、甘肃省农业技术人员高级职务评审委员会委员、《中国农业百科全书·畜牧卷》编委、中国农业科技出版社特约编辑等职。主要从事养羊研究和生产管理。在推广优良种富项目中，做出贡献，受到国家农委、国家科委的表彰并获奖励证书。公开发表论文和研究报告 50 多篇（含合笔），其中有 7 篇在国际会议和杂志上发表。主持完成的“中国美利奴细毛羊高山型新类群培育”获得 2001 年甘肃省科技进步二等奖。

了良种繁育体系，制定了冬春补饲方案及羊毛生产管理等多项示范模式，拓宽了项目研究的深度和广度，为新品种的培育和扩繁推广提供了科学依据。

在青藏高原生态区及类似地区近 5 年累计可推广种公羊约 40 000 只，累计改良细毛羊约 800 万只，改良羊毛纤维直径由 21.6~25.0 米（60~64 支）降低到 19.0~21.5 米（66~70 支），体重提高 10.0 千克/只，这对于满足我国毛纺工业对高档精纺羊毛的需求，缓解我国羊肉刚性需求大的矛盾，保住广大农牧民的生存权、国毛在国际贸易中话语权和议价权，维护青藏高原少数民族地区的繁荣稳定和国家的长治久安等方面均将产生重大影响，具有广阔的推广应用前景。

甘肃省科学技术进步奖证书

获奖项目：中国美利奴高山型细毛羊新类群培育

获奖单位：中国农科院兰州畜牧与兽药研究所、甘肃省皇城羊场、肃南县畜牧局、天祝县畜牧局

奖励等级：贰　等

证书号：2001-2-023

二〇〇二年四月　日

“中国美利奴细毛羊高山型新类群培育”甘肃省科技进步二等奖证书

3. 青藏高原草畜高效生产配套技术研究

获奖时间、名称和等级：2003年甘肃省科技进步二等奖

2003年中国农业科学院科技成果奖二等奖

主要完成单位：中国农业科学院兰州畜牧与兽药研究所

主要完成人：肖西山　阎萍　陆仲麟　刘书杰　陈功　叶润蓉　时永杰　周青平　李锦华

任务来源：国家“九五”科技攻关项目

起止时间：1996年1月至2002年9月

内容简介：

本成果系国家“九五”科技攻关项目“草地畜牧业综合发展技术”中的专题之一，编号为：96-016-01-02，属应用研究。项目针对青藏高原自然生态条件复杂，环境恶劣的特殊性和经济落后、科技投入缺乏、草场超载、草原退化等实际问题进行了六个方面专题研究：1. 高山草原人工草地建植与放牧系统优化利用研究；2. 天然草地合理利用及退化草场改良更新技术；3. 冷季饲草生产平衡供应及牛羊营养调控技术；4. 牦牛优化配置及高效生产配套技术；5. 藏羊优化配置及高效生产配套技术；6. 家庭牧场综合建设及生产系统结构优化模式的研究。

开展牧草品种筛选、高产优质人工草地建植方法和牧草的加工、贮藏方法、天然草地改良、家畜优良品种的配置、杂交生产体系建立、冷季牧草供应及家畜营养调控、家庭牧场综合建设等多方面、多学科综合系统的联合攻关研究，这在青藏高原是第一次。首先提出用牧草中粗蛋白质量代替牧草总量来评价天然草原适宜载畜量的概念和计算方法；采用季节性畜牧业生产方法，结合家畜营养调控技术，改变当地农牧民传统的放牧管理模式，第一次提出在夏秋季补加营养添加剂，满足家畜生产所需营养物质，加快牲畜增重；首次在青藏高原引进世界优良肉羊品种，第一次探索适合高寒牧区胚胎移植的技术方案，加快肉用种羊的繁殖，建立了适宜

第一完成人：肖西山

肖西山，男，汉族（1959—　），教授。中国畜牧兽医学会动物繁殖学分会常务理事，中国畜牧兽医学会养羊研究会常务理事，北京市畜牧兽医学会常务理事。主要讲授“家畜繁殖学、胚胎工程学、畜牧概论、牛羊生产学、生物统计与畜牧兽医试验设计”等多门课程。曾主持、参加国家、省部级研究项目10余项，获得北京市2006—2011年科技套餐工程突出贡献专家称号，中国农村专业技术协会2007—2011年科技下乡活动优秀工作者称号。发表论文60余篇，主编著作及教材3部。主持完成的“青藏高原草畜高效生产配套技术研究”获得2003年甘肃省科技进步二等奖和2003年中国农业科学院科技成果奖二等奖。

该地区发展的肉羊杂交生产体系，实现草地畜牧业由数量型向质量型、效益型发展，这些突破性、适应性研究成果将对青藏高原草地畜牧业发展中单项技术的应用、综合模式的推广起到促进和带动作用。

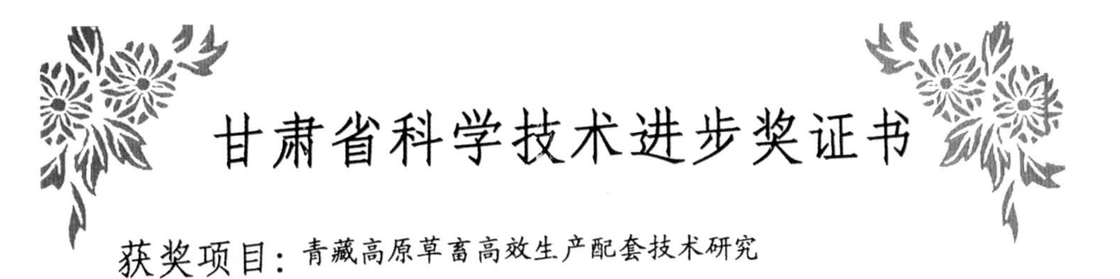

甘肃省科学技术进步奖证书

获奖项目：青藏高原草畜高效生产配套技术研究

获奖单位：中国农业科学院兰州畜牧与兽药研究所、青海省畜牧兽医科学院、中国科学院西北高原生物研究所、青海省三角城种羊场、青海省海北藏族自治州畜牧兽医科学研究所

奖励等级：贰　等

证书号：2003－2－030

二〇〇四年四月

“青藏高原草畜高效生产配套技术研究”甘肃省科技进步二等奖证书

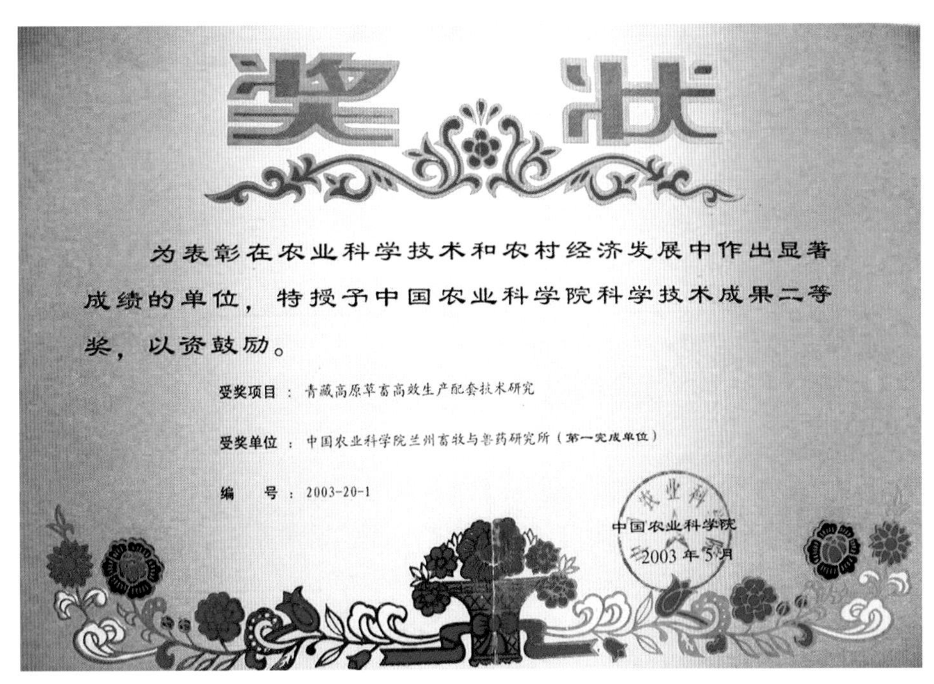

奖状

为表彰在农业科学技术和农村经济发展中作出显著成绩的单位，特授予中国农业科学院科学技术成果二等奖，以资鼓励。

受奖项目：青藏高原草畜高效生产配套技术研究

受奖单位：中国农业科学院兰州畜牧与兽药研究所（第一完成单位）

编　　号：2003-20-1

中国农业科学院

2003年5月

“青藏高原草畜高效生产配套技术研究”中国农业科学院科技成果二等奖证书

4. 奶牛乳房炎综合防治配套技术的研究及应用

获奖时间、名称和等级：2004 年甘肃省科技进步二等奖

主要完成单位：中国农业科学院兰州畜牧与兽药研究所

主要完成人：郁杰　李宏胜　李新圃　罗金印　徐继英　张礼华　张志常　潘虎　郭福存　韩福杰　谢家声　尚佑军　袁永隆　刘纯传　杨玉英　侯弈昭

任务来源：部委计划、国家自然科学基金、国家重点科技攻关、农科院科技开发产品项目、农科院科学事业费政策性调节费 、农业部新兽药重点工程实验室基金项目、欧盟合作项目

起止时间：1980 年 1 月至 2000 年 12 月

内容简介：

本成果首次对我国 22 个城市 43 个大型国营奶牛场成年泌乳牛进行了大规模全面系统的发病原因、发病率和细菌学区系调查，制定了一套“奶牛乳房炎乳汁细菌的分离和鉴定程序”；对奶牛常见的三种病原菌抗原性进行了研究，明确了无乳链球菌、停乳链球菌、金黄色葡萄球菌三种菌血清学交叉反应情况、明确了我国奶牛乳房炎的无乳链球菌优势菌型及三种菌不同培养条件下电镜观察结果，明确了三种菌主要抗原成分的分子量；筛选出了毒力强、交叉免疫原性好的三株制苗菌，研制成了奶牛乳房炎氢氧化铝灭活多联苗和蜂胶佐剂多联苗，可降低临床型乳房炎发病率达 40%~60%，建立了该多联苗抗体效力检验方法，制定了制苗规程。研制出了隐性乳房炎诊断液（LMT）、当归护乳膏、干奶安（与对照组相比可降低产后临床型乳房炎发病率 86.2%）、乳康Ⅰ号和Ⅱ号及奶牛乳房炎多联苗等系列预防和治疗乳房炎的产品，且已取得新兽药生产文号并投入生产。制定了一套适合我国大中型及个体奶牛场应用的“奶牛乳

第一完成人：郁杰

郁杰，男，汉族，1962 年 1 月出生，江苏南通人，教授，研究员。中国农业科学院研究生院、甘肃农业大学和扬州大学硕士研究生导师；农业部新兽药评审委员会委员；甘肃省 555 创新人才工程第三批第一层次人选；江苏省“333”和泰州市“311”高层次人才培养工程第二和第一层次人选，江苏省首批高校教学指导委员会委员（生物科学、制药类）；中兽医医药杂志编委，现任江苏省江苏倍康药业有限公司副总经理，江苏省动物药品工程技术研究开发中心主任。

郁杰教授主要从事科研、教学及管理工作，主要在兽医临床、中兽药和药代动力学等领域开展研究工作，比较熟悉奶牛疾病的防治、中兽药制剂及中兽药药代动力学的研究以及奶牛疾病的防治和兽药的研究，共主持和参加了国家级、省部级及欧盟项目等各类课 20 项；获省部级成果 9 项。先后获得江苏省科学技术三等奖、甘肃省科技进步二等奖、甘肃省科技进步三等奖、中国农院科学技术一等奖、农业部科技进步三等奖、中国农科院科技进步二等奖等各级政府奖项 9 项，发表的论文 70 多篇。

房炎综合防治配套技术”，自 1994—2000 年先后在我国 9 个大中型奶牛场对 8 362 头泌乳牛进行综合配套试验，结果试验组泌乳期隐性乳房炎乳区患病率比试验前平均降低 66. 39%，临床型乳房炎发病率比试验前平均降低 65. 08%，奶产量平均提高 14. 24%，牛奶质量明显提高，试验前桶奶平均体细胞数、乳脂率、蛋白率分别为 72. 5 万/毫升、3. 85%、3. 13%，试验后分别为 39 万/毫升、4. 47%、3. 18%，差异极显著。

本成果经 20 余年的临床试验和应用，为国家和社会创造直接经济效益 2 665. 6 万元。该成果对发展我国奶牛业，提高我国奶牛业与国外竞争力，为人类提供更多优质无抗奶制品，提高人们的健康水平，将产生深远的影响和巨大的作用。

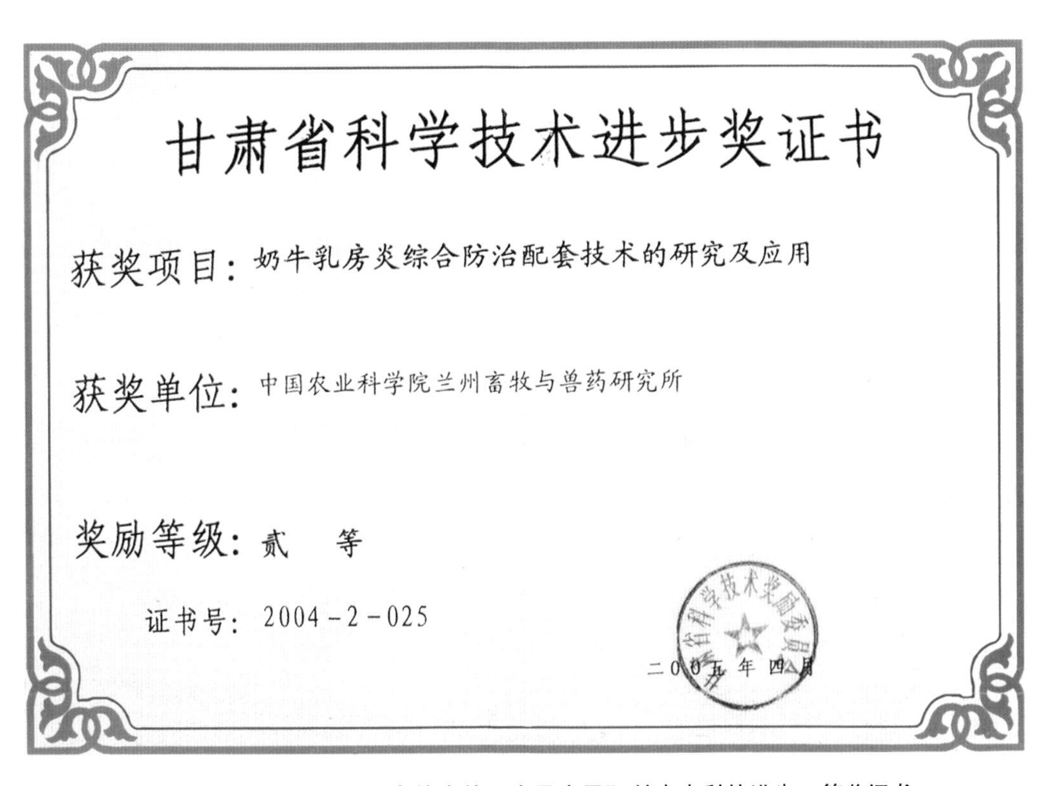
甘肃省科学技术进步奖证书

获奖项目：奶牛乳房炎综合防治配套技术的研究及应用

获奖单位：中国农业科学院兰州畜牧与兽药研究所

奖励等级：贰　等

证书号：2004-2-025

二00五年四月

“奶牛乳房炎综合防治配套技术的研究及应用”甘肃省科技进步二等奖证书

5. 沙拐枣、冰草等旱生牧草引进驯化及栽培利用技术研究

获奖时间、名称和等级：2006 年甘肃省科技进步二等奖

主要完成单位：中国农业科学院兰州畜牧与兽药研究所

主要完成人：常根柱 时永杰 杨志强 王成义 杜天庆 田福平 牛晓荣 屈建民 高万林 庄光辉 杨霞 肖堃 宋青

任务来源：部委计划

起止时间：2001 年 1 月至 2004 年 12 月

内容简介：

本成果通过试验研究，成功地将沙拐枣从阿拉善高原、河西走廊引种黄土高原半干旱区，由野生状态驯化为可栽培种；从美国和加拿大引进、驯化和繁育成功 16 个耐旱牧草品种，其中 3 个为原种；对国内外的 91 个耐旱草种进行了品比试验和适应性评价，筛选出了适于西北干旱地区种植的 21 个品种（国外种 16 个，国内种 5 个），研究提出了标准化栽培技术规范；开展了“冰草坪用性状及其抗旱性研究”；完成了“中国西北干旱草地生态区及耐旱牧草生态型生态耦合研究”。建成旱生牧草兰州原种基地 33. 3 公顷，张掖驯化繁育基地 200 公顷；驯化繁育的沙拐枣可食青草 14 148 千克/公顷，产种子 600 千克/公顷，比野生状态分别提高产量 51%和 35. 6%；荒漠植被覆盖度由 10%～15%提高到 32. 3%，载畜量由 3. 5 公顷 1 个羊单位增至 1. 6 公顷 1 个羊单位，提高 113. 8%；引种的国外 16 种旱生牧草其地上生物量平均高于国内同类品种 23. 4%；节水草坪的建植成本降低 50%，养护成本降低 70%，节水量达 83%。

沙拐枣的引种驯化成功，对黄土高原的水土保持和遏制荒漠化蔓延具有重大作用，是目前该区域唯一的超旱生灌木植物；引种驯化成功的旱生牧草，尤其是国外的 16 个品种，丰富了

第一完成人：常根柱

常根柱，男，汉族（1956— ），四级研究员，硕士生导师。兼任中国草学会理事，国家农业领域科技项目评审专家，中国农业科学院论文评审专家，甘肃省第一层次领军人才，甘肃省草品种审定委员会委员，甘肃省航天育种工程中心专家委员会委员。长期从事草业科学推广与研究工作，先后主持主持完成了国家、省部级课题 12 项。主编、副主编出版学术专著 4 部，发表论文 68 篇，获国家授权发明专利 1 项，审定登记甘肃省牧草新品种 2 个，培养硕士研究生 5 名，博士研究生 1 名。在国内率先开展了牧草航天诱变育种技术研究，选育出了“兰航 1 号紫花苜蓿”新品系并研制出了中试产品；在兰州建成了牧草航天诱变搭载材料资源圃（入圃搭载材料 12 个）和试验区。研究提出了中国西北干旱草地生态区及耐旱牧草生态型的划分标准，开展了生态耦合研究；研究提出并建立了甘肃省苜蓿产业化示范模式。先后获得 2006 年甘肃省科技进步二等奖，2012 年中国农业科学院科技成果二等奖。

我国旱生牧草种质资源，拓宽了我国耐旱牧草育种基因库；建立了我国高标准的旱生牧草原种基地和驯化繁育基地，为我国西部干旱地区的草产业发展和生态建设奠定了基础；“冰草坪用性状及其抗旱性研究”、“中国西北干旱草地生态区及耐旱牧草生态型生态耦合研究”，在本学科领域具有一定的创新性。

按照品种生态型与草地生态区生态耦合的原则确定推广区域，在武威、张掖、酒泉和内蒙古阿拉善盟等地推广沙拐枣 160 706 公顷；在河西走廊、陇东和中部地区推广“中兰 1 号”、“甘农 1、2、3 号”等耐旱苜蓿 3 626 公顷；在兰州、定西推广冰草节水草坪及荒山绿化工程 1 000 公顷。累计推广面积达 165 333 公顷，取得经济效益 35 101 万元。

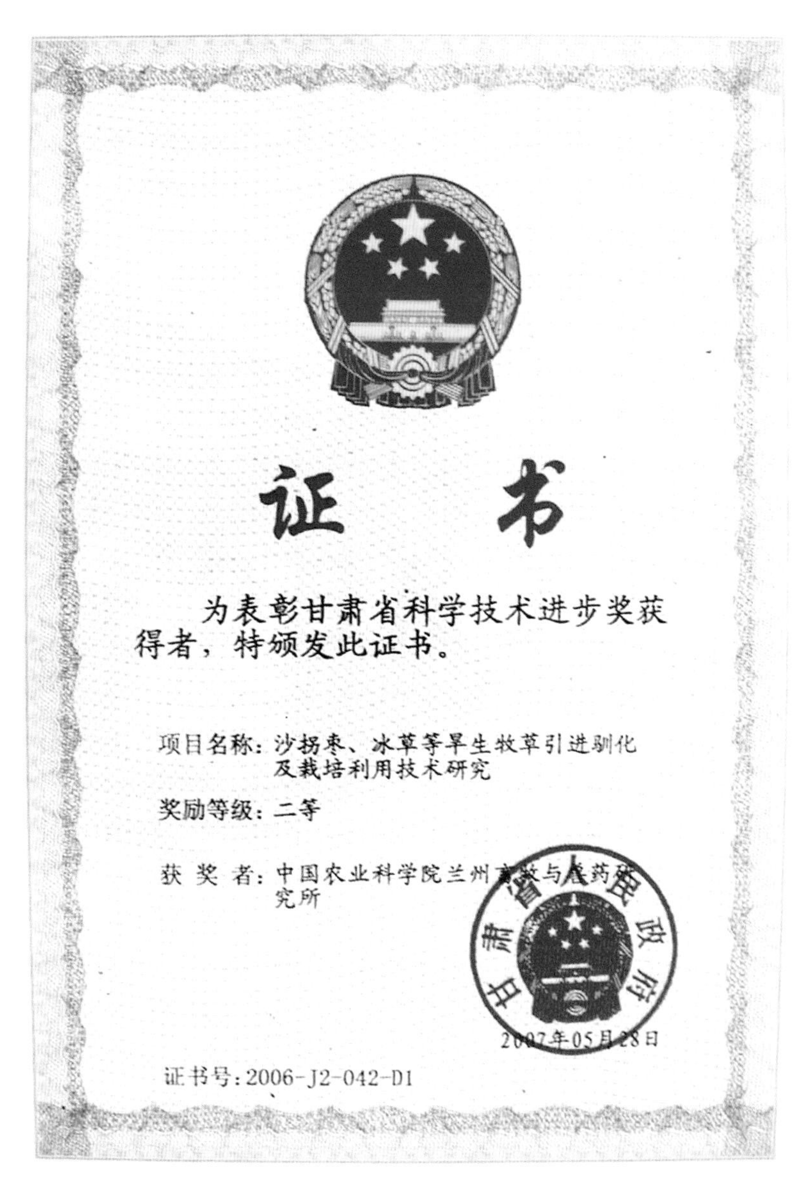
证　书

为表彰甘肃省科学技术进步奖获得者，特颁发此证书。

项目名称：沙拐枣、冰草等旱生牧草引进驯化及栽培利用技术研究

奖励等级：二等

获 奖 者：中国农业科学院兰州畜牧与兽药研究所

甘肃省人民政府

2007年05月28日

证书号：2006-J2-042-D1

“沙拐枣、冰草等旱生牧草引进驯化及栽培利用技术研究”甘肃省科技进步二等奖证书

6. 优质肉用绵羊产业化高新高效技术的研究与应用

获奖时间、名称和等级：2008年甘肃省科技进步二等奖

主要完成单位：中国农业科学院兰州畜牧与兽药研究所
甘肃省红光园艺场
永昌县农牧局
白银市畜牧兽医局
临夏回族自治州畜牧技术推广站
甘肃省永昌肉用种羊场

主要完成人：杨博辉　郭健　姚军　梁春年　程胜利　孙晓萍　吴正忠　罗金印　焦硕　冯瑞林　郎侠　郭宪　苗小林　刘国财　李永智

任务来源：国家863计划课题　农业科技跨越计划

起止时间：2001年10月至2007年10月

内容简介：

本成果属农业类畜牧兽医科学技术领域。成果在国内首先筛选出西北生态条件下肉羊选种的动物模型，开发出BLUP育种值估计及计算机模型优化分析系统（中文版）；研究了肉用绵羊各杂交（系）群的群体遗传结构和分子遗传学基础，确定了杂交组合和杂交进程；初步创建了肉用绵羊重要经济性状的分子标记辅助选择技术体系，筛选出3个可能与生长发育性状关联的分子标记，2个可能与繁殖性状关联的分子标记。JIVET技术的国产化研究获得初步成功，每只供体羔羊每次超排平均可获得成熟卵母细胞45~80枚，最多达113枚，并通过体外授精和胚胎移植试验研究；设计了肉用绵羊MOET核心群培育规划优化生产系统。建立了羔羊早期断奶、肉羊繁殖调控、肉羊优化杂交组合、肉羊高效饲养及管理、肉羊现代医药保健及疫病虫

第一完成人：杨博辉

杨博辉，男，汉族（1964—　），博士，四级研究员，博士生导师。“国家绒毛用羊产业技术体系”分子育种岗位科学家，中国农业科学院兰州畜牧与兽药研究所细毛羊资源与育种创新团队首席。兼任中国畜牧兽医学会养羊学分会副理事长兼秘书长，中国博士后基金评审专家，中国畜牧业协会羊业分会特聘专家，中国农业科学院三级岗位杰出人才。主要从事绵羊新品种（系）培育、分子育种及产业化研发。主要研究动物分子育种理论、技术和方法。先后主持完成省部级项目20余项。制定国颁标准6项，部颁标准5项。获得国家发明专利2项，实用新型专利8项。发表论文120篇，其中7篇SCI，获国际论文一等奖1篇。出版著作6部。培养博、硕士研究生21名，其中国际留学生1名。已与澳大利亚、阿根廷等国家建立了长期科技合作关系。主持完成的“优质肉羊产业化高新高效技术的研究与应用”获2008年甘肃省科技进步二等奖。

防制等高效技术；研制出“羊痫康合剂”（“甘兽药字（2003）Z006559”）和牛羊舔砖手工制砖机 ZL03210748.6；开发肉羊生产专家系统；制定7项肉羊产业化生产技术规范。培育肉羊新品种（系）群5.34万只，核心群母羊8 300只，种公羊270只；繁殖率多胎品系170%~230%，肥羔品系150%；1~3月龄羔羊平均日增重250g。已获中国农业科学院一等奖1项，获国家发明专利1个，获新兽药生产许可文号1个。

本成果为快速培育我国专门化肉羊新品种、提高肉羊产业化水平，提升肉羊业在国际市场上的竞争力提供理论和技术支撑。

截至2007年底，已大面积应用，累计杂交改良地方绵羊67.69万头，生产各代杂交羊及横交后代37.86万只，实现肉羊产值137 571.20万元，新增产值58 770.32万元，新增利润17 658.10万元，新增税收1 057.87万元。同时，推动了肉羊企业产业化升级及农牧户生产模式的转变，形成肉羊产业化发展格局，取得了显著社会效益。

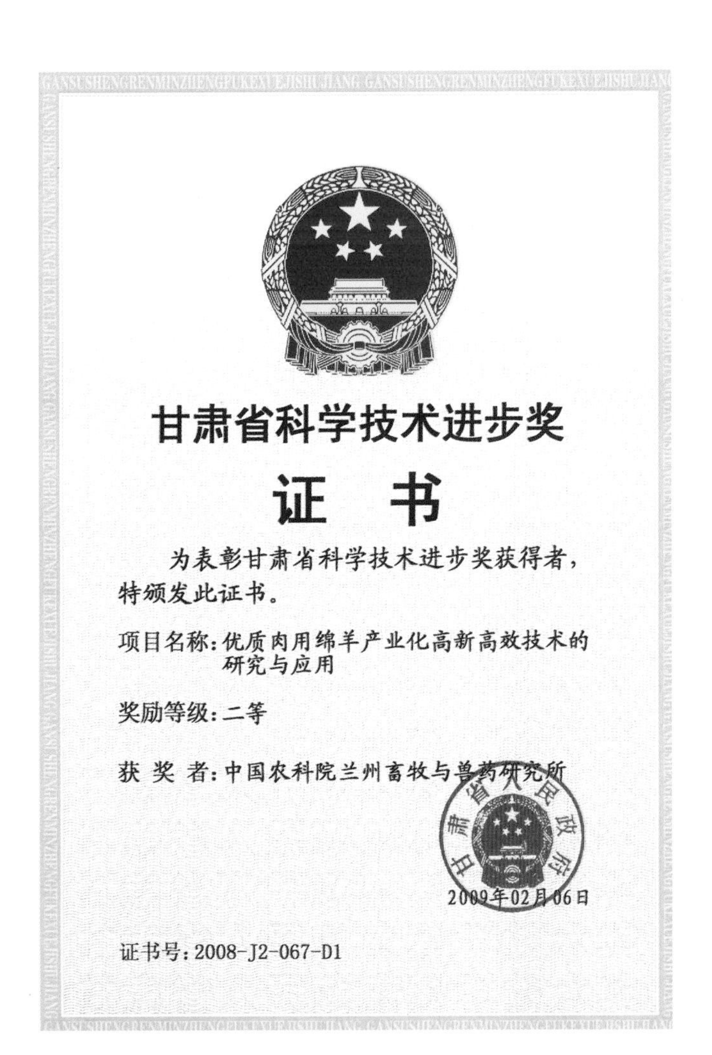

甘肃省科学技术进步奖

证 书

为表彰甘肃省科学技术进步奖获得者，特颁发此证书。

项目名称：优质肉用绵羊产业化高新高效技术的研究与应用

奖励等级：二等

获 奖 者：中国农科院兰州畜牧与兽药研究所

甘肃省人民政府

2009年02月06日

证书号：2008-J2-067-D1

“优质肉用绵羊产业化高新高效技术的研究与应用”甘肃省科技进步二等奖证书

7. 青藏高原草地生态畜牧业可持续发展技术研究与示范

获奖时间、名称和等级：2009 年甘肃省科技进步二等奖

主要完成单位：中国农业科学院兰州畜牧与兽药研究所
青海省畜牧兽医科学院
甘肃农业大学
青海省海北藏族自治州畜牧局
青海省海西州畜牧兽医科学研究所
青海省海南州畜牧局

主要完成人：阎萍　张力　周学辉　肖西山　苗小林　刘书杰　杨予海　张德罡　马增义
张炳玉　晁生玉　李锦华　张继华　梁春年　郭宪

任务来源：部委计划

起止时间：2002 年 1 月至 2008 年 12 月

内容简介：

本成果属于农业领域养殖业和草地生态畜牧业发展研究技术领域。项目针对青藏高原草地生态畜牧业存在的问题及发展现状，通过草地生物量及物质能量转化效率、草地土壤碳储量、土—草—畜生态系统，天然草地和人工草地建植、牦牛藏羊改良利用、草畜配套技术等一系列试验研究与示范，为青藏高原草地生态畜牧业持续发展提供科学研究的基础数据与示范推广新模式。

主要开展了以下六方面研究内容：①青藏高原高寒草地基本信息的构建。②青藏高原不同季节（冬春季、夏季、秋季）、不同草地类型的放牧羊采食量、排粪量、消化率和土—草—畜

第一完成人：阎萍

阎萍，女，汉族（1963—　），博士，三级研究员，博士生导师。2012 年享受国务院特殊津贴，中国农业科学院三级岗位杰出人才，甘肃省优秀专家，甘肃省“555”创新人才，甘肃省领军人才，现任研究所副所长。国家畜禽资源管理委员会牛马驼品种审定委员会委员，中国畜牧兽医学会牛业分会副理事长，全国牦牛育种协作组常务副理事长兼秘书长，中国畜牧兽医学会动物繁殖学分会常务理事和养牛学分会常务理事等。现为国家肉牛牦牛产业技术体系牦牛选育岗位专家，甘肃省牦牛繁育工程重点实验室主任。主要从事动物遗传育种与繁殖研究，先后主持和参加完成了 20 余项省部级项目。培育国家牦牛新品种 1 个，填补了世界上牦牛没有培育品种的空白。培养研究生 15 名，发表论文 180 余篇，出版著作 6 部。先后获得 2003 年甘肃省科技进步二等奖，2003 年中国农业科学院科技成果奖二等奖，2005 年甘肃省科技进步一等奖，2007 年国家科技进步二等奖，2009 年甘肃省科技进步二等奖，2010 年全国农牧渔业丰收奖农业技术推广成果奖二等奖，2014 年甘肃省科技进步二等奖。

（绵羊、山羊、牦牛）生态系统主要营养元素（钙、磷、氮、硫、镁、铜、锰、锌、铁、钾、纳、硒、钼、氨基酸）的测定及季节动态研究。③用围栏、围栏+灌溉、围栏+灌溉+施肥、灭鼠+补播等多种方法改良退化天然草场。④青藏高原高产优质人工草地建植及牧草的捆裹青贮技术推广。⑤青藏高原肉羊杂交生产体系的建立。⑥构建了评价青藏高原草地畜牧业高效持续发展技术的新方法。⑦青藏高原放牧牦牛藏羊饲草料营养平衡及高效生产技术研究。建植人工草地，饲料地 550 公顷，示范推广 5 000 公顷；改良天然草地 6 400 公顷；每个羊单位产净毛 2. 0 千克或胴体重 12 千克；试验区用优质肉羊品种陶赛特杂交改良藏羊共 20 000 只，改良牦牛共计 1. 26 万个羊单位，生产优质捆裹青贮鲜草 4 000 万千克；推广营养添砖 10 万块，全价混合饲料 1 500 多吨；获国家重点新产品证书一个，培训各类技术人员 5 000 人次；培养硕士研究生 8 名，共发表论文 43 篇，出版科普著作两部。取得直接经济效益约 1. 95 亿元。

本成果已成为青藏高原草地生态畜牧业向规模化、产业化、商品化及高效健康持续方向发展示范样板。通过推广应用，项目区草地资源利用效率显著提高，保护和改善了草地生态环境，改变传统生产方式，提高了畜牧业生产水平和经济效益，实现生态重建和产业结构调整，促进草地生态畜牧业的可持续发展。

甘肃省科学技术进步奖

证　书

为表彰甘肃省科学技术进步奖获得者，特颁发此证书。

项目名称：青藏高原草地生态畜牧业可持续发展技术研究与示范

奖励等级：二等

获 奖 者：中国农业科学院兰州畜牧与兽药研究所

甘肃省人民政府

2010年04月07日

证书号：2009-J2-074-D1

“青藏高原草地生态畜牧业可持续发展技术研究与示范”甘肃省科技进步二等奖证书

8. 奶牛重大疾病防控新技术的研究与应用

获奖时间、名称和等级：2010年甘肃省科技进步二等奖

主要完成单位：中国农业科学院兰州畜牧与兽药研究所
华中农业大学
中国农业科学院特产研究所
四川省畜牧科学研究院
江苏农林职业技术学院

主要完成人：杨国林 李宏胜 郁杰 郭爱珍 巩忠福 陈立志 李新圃 廖党金 李世宏

任务来源：科技支撑计划

起止时间：1981年1月至2009年12月

内容简介：

本成果针对我国奶牛养殖技术落后，重大疾病发病率居高不下，养殖经济效益低下的现状，开展联合攻关，通过近30年的努力，取得了以下研究成果。①对我国奶牛乳房炎和不孕症进行了系统的流行病学调查，查明了主要病因、发病率及病原菌区系分布，建立了奶牛乳房炎主要病原菌菌种库，制定了“奶牛乳房炎乳汁细菌的分离和鉴定程序”，首次明确了引起我国奶牛乳房炎的无乳链球菌和金黄色葡萄球菌血清型分布及优势血清型，为我国奶牛乳房炎的预防与治疗研究提供了科学依据。②研制出了奶牛隐性乳房炎诊断液（LMT）、子宫内膜活检器、牛结核IFN-γ体外释放检测试剂盒、结核抗体ELISA诊断试剂盒、牛结核通用型胶体金试纸条、奶牛腐蹄病原基因检测试剂盒、奶牛寄生虫诊断监测箱等系列诊断监测产品，并建立了目视ELISA孕酮检测技术，为奶牛重要疾病的监测与净化提供了技术支撑。③研制了奶牛乳房炎灭活多联苗、腐蹄病灭活疫苗及4种腐蹄病基因工程疫苗，可使临床型乳房炎和腐蹄病

第一完成人：杨国林

杨国林，男，汉族（1957— ），研究员，硕士生导师。《中国兽药典》委员，农业部兽药评审专家。主要从事动物普通病等课程的教学工作和奶牛疾病防治技术和中兽医药的研究工作。主持课题10余项。研发的“清宫液”、“清宫液2号”、“清宫液3号”和“产复康”均取得新兽药证书和生产批文。取得授权发明专利2项。发表论文60余篇。获2010年甘肃省科技进步二等奖。

发病率分别下降 50%~70%和 85%，两种疫苗免疫持续期均达 6 个月。④研制出了治疗奶牛临床型乳房炎的“乳康 1 号”和“乳康 2 号”，治疗干奶期乳房炎的“干奶安”，治疗奶牛子宫内膜炎的“清宫液”、“清宫液 2 号”、“清宫液 3 号”和“产复康”，治疗卵巢疾病的“催情助孕液”，这些 新型药剂和纯中药制剂，在全国大规模推广应用，疗效显著。⑤研究提出了适用于我国奶牛重大疾病防控的“奶牛安全用药技术规范”、“奶牛主要疾病综合防控技术规范”、“奶牛主要寄生虫病防控技术规范”及“奶牛乳房炎综合防治配套技术”。

研究紧密结合生产实际和市场需求，研究获得奶牛疾病诊断技术与试剂盒 5 套，兽药制剂 8 种，新疫苗 6 个，专利 9 个，综合防治技术 4 个，国家标准 1 个及地方标准 3 个。在全国奶牛场推广应用 170 多万头，已累计取得 13.21 亿元的经济效益。总体上达到国际先进水平，为我国奶牛重大疾病防控提供了理论支撑和技术保障。

甘肃省科学技术进步奖

证 书

为表彰甘肃省科学技术进步奖获得者，特颁发此证书。

项目名称：奶牛重大疾病防控新技术的研究与应用

奖励等级：二等

获 奖 者：中国农业科学院兰州畜牧与兽药研究所

甘肃省人民政府

2011年01月17日

证书号：2010-J2-058-D1

“奶牛重大疾病防控新技术的研究与应用”甘肃省科技进步二等奖证书

9. 金丝桃素抗 PRRSV 和 FMDV 研究及其新制剂的研制

获奖时间、名称和等级：2011 年甘肃省技术发明二等奖

2011 年兰州市技术发明一等奖

主要完成单位：中国农业科学院兰州畜牧与兽药研究所

主要完成人：梁剑平　尚若锋　王曙阳　陈积红　王学红　蒲秀英　罗永江　王玲　崔颖　华兰英　郭志廷　郭文柱　刘宇　陶蕾　阎卫东

任务来源：国家计划

起止时间：2005 年 1 月至 2009 年 7 月

内容简介：

本成果应用于兽医传染病防治领域。猪高致病性蓝耳病是 2006 年以来对养猪业造成最为严重的的疫病之一，感染率极高，死亡率可达 100%。由于该病是由猪蓝耳病变异的新病毒株引起的，当时无疫苗进行预防。在农业部兽医局的指定下，在部分地区将我所研制的金丝桃素用于高致病性蓝耳病疫情的控制，取得了较好的防治效果。口蹄疫是一类动物传染病，在我国对口蹄疫的预防措施是疫苗免疫，但疫苗接种后到抗体的产生时间较长（7~21 天），因此使用抗病毒药物对疫区周围环状地带和疫区单边带状地带等警戒区进行辅助防治非常重要。另外，由于野生动物具有迁徙的特性，不可能对它们定时进行注射疫苗预防，因此，寻找一种有效的防治野生动物疫病的药物或控制疫源扩散的方法显得非常重要。

本成果立足国民经济重大需求，研制出防治猪高致病性蓝耳病和口蹄疫的有效中兽药，用于家畜免疫空白期或野生动物传染病的防治。同时也用于兽医临床中常见的疾病，如犬瘟热和牛病毒性腹泻等。本项目成果的主要内容是在贯叶连翘活性成分提取分离的基础上，研制出具

第一完成人：梁剑平

梁剑平，男，汉族（1962—　），博士，三级研究员，博士生导师。享受国务院政府特殊津贴农业部有突出贡献的中青年专家。西部开发突出贡献奖获得者、中央统战部“为全面建设小康社会做出贡献的先进个人”、甘肃省“陇上骄子”、九三学社甘肃省委、“十佳青年”称号。现任兰州畜牧与兽药研究所兽药研究室副主任，中国农业科学院二级岗位杰出人才，甘肃“555”创新人才。兼任中国毒理学会兽医毒理学分会及中国兽医药理学分会理事，农业部新兽药评审委员会委员，农业部兽药残留委员会委员，中国兽药典委员会委员，中国农业科学院学术委员会委员，中国农业科学院研究生院教学委员会委员、政协兰州市委常委。主要从事兽药化学合成和中草药的提取及药理研究，先后主持和参加国家和省部级重大科研项目 20 余项。发表论文 80 余篇，培养研究生 26 名。先后 2004 年甘肃省科技进步三等奖，2004 年中国农业科学院科技成果二等奖，2009 年兰州市科技进步一等奖，2010 年甘肃省技术发明三等奖，2011 年甘肃省技术发明二等奖和 2011 年兰州市技术发明一等奖。

有抗 RNA 病毒活性的金丝桃素（*hypericin*）及其口服制剂—可溶性粉。首次对口蹄疫病毒（Foot and Mouth virus，FMDV）、猪繁殖与呼吸综合征病毒（Porcine reproductive and respiratory syndrome，PRRSV）、犬瘟热病毒（Canine distemper virus，CDV）、牛病毒性腹泻病毒（Bovine viral diarrhea virus，BVDV）进行体外抗病毒试验；人工感染动物体内预防或治疗试验；以及对仔猪肺泡巨噬细胞中 IFN-γ 分泌的影响研究。最后，研究了对免疫抑制小鼠的免疫器官指数、自由基相关酶活性、血清细胞因子及 T 淋巴细胞亚群的影响。结果表明金丝桃素对 FMDV、PRRSV、CDV 和 BVDV 具有较强的直接抗病毒作用，且抗病毒谱广，同时具有一定的提高机体免疫力的作用。

近年来许多病毒变异较快，相应的疫苗研制相对滞后，对养殖业及食品安全造成严重的危害。金丝桃素的研制和开发均具有自主知识产权，一旦被允许用于防治野生动物口蹄疫、猪高致病性蓝耳病等疾病、犬瘟热以及牛病毒性腹泻等疫病的防治，将会产生巨大的经济效益和社会效益，对于推动畜牧产业的持续、健康发展，都具有不容质疑的重要意义。“十一五”期间，金丝桃素被科技部评为重大科技成果，并在今年北京“二会”期间进行了科技会展，得到了中央领导及两会代表委员的一致好评。

甘肃省技术发明奖

证　书

为表彰甘肃省技术发明奖获得者，特颁发此证书。

项目名称：金丝桃素抗PRRSV和FMDV研究及其新制剂的研制

奖励等级：二等

获 奖 者：梁剑平

甘肃省人民政府

2012年02月10日

证书号：2011-F2-003-R1

“金丝桃素抗 PRRSV 和 FMDV 研究及其新制剂的研制”
甘肃省技术发明二等奖证书

兰州市技术发明奖

证　书

为表彰兰州市技术发明奖获得者，特颁发此证书。

项目名称：金丝桃素抗 PRRSV 和 FMDV 研究及其新制剂的研制

奖励等级：一等奖

获 奖 者：中国农业科学院兰州畜牧与兽药研究所

兰州市人民政府

2012年03月16日

证 书 号 ：2011-1-1

“金丝桃素抗 PRRSV 和 FMDV 研究及其新制剂的研制”
兰州技术发明一等奖证书

10. 中兽药复方新药“金石翁芍散”的研制及产业化

获奖时间、名称和等级：2011 年甘肃省科技进步二等奖

主要完成单位：中国农业科学院兰州畜牧与兽药研究所

主要完成人：郑继方　李锦宇　罗超应　罗永江　王东升　李建喜　梁歌　李锦龙　汪晓斌　谢家声　瞿自明　辛蕊华　王贵波　严作廷　胡振英

任务来源：国家计划

起止时间：1995 年 1 月至 2010 年 12 月

内容简介：

本成果在传统中兽医辨正施治理论指导下，针对我国家禽集约养殖条件下的细菌、病毒性疫病频发，病原耐药、抗生素及单体药物残留愈发显现的严峻现实，采用主、辅、佐、使复方配伍技术，创制出我省第一个防治家禽感染性疾病的国家级中兽药新产品“金石翁芍散”（禽瘟王）。具有清热解毒，扶正祛邪，除湿止痢等功能。用于治疗禽霍乱、法氏囊、鸡大肠杆菌病和白痢等。临床用量成年鸡 2 克/天，连用 3~5 天；混饲 20 克/千克饲料，连用 3~5 天；小鸡减半。制剂根据传统的生产工艺，结合兽药 GMP 的要求，质量标准在传统显微鉴别基础上增加了薄层鉴别，有效地控制了产品质量。毒理学试验表明：该药无急性、亚急性、蓄积性、亚慢性、慢性毒性，无致畸、致突变、致癌作用，无休药期。该药不仅具有独特的抗击禽霍乱强毒的性能，而且还具有 3 个月的持续免疫保护期；预防 1 月、2 月、3 月组的绝对保护率分别达到 90%、80%和 70%；对鸡白痢和鸡大肠杆菌病治愈率为 80. 0%、有效率为 90. 0%。

该成果 2010 年获得国家级新兽药证书和两项专利，建立了 2 条产业化的 GMP 生产线，生产应用 1 200 多吨，治疗感染性疾病家禽 4 亿余羽。经中国农业科学院农经所测算：获得经济效益 8. 3 亿元。平均每年能为社会增加 1. 66 亿元；用于该项科研成果的每 1 元的研制费用，可为社会增加 35. 58 元的纯收益，养殖户使用该药，每 1 万只鸡可增加 1. 2 万元的纯收入，经

第一完成人：郑继方

郑继方，男，汉族（1958—　），研究员，硕士生导师。甘肃省中兽药工程技术研究中心主任，中国农业科学院兰州畜牧与兽药研究所学术委员会委员，《中兽医医药杂志》编委，亚洲传统兽医学会常务理事，中国畜牧兽医学会中兽医分会理事，中国生理学会甘肃分会理事，西北地区中兽医学术研究会常务理事，中国畜牧兽医学会高级会员，农业部项目评审专家，农业部新兽药评审委员会委员，科技部国际合作计划评价专家，西南大学客座教授。从事中兽医药学的研究工作。先后主持省部级项目 20 多项。获国家新兽药证书 3 个，授权发明专利 11 项。主编著作 10 部，发表论文 80 余篇。先后获得 2011 年甘肃省科技进步二等奖。

济效益非常显著。本成果所生产的产品均系纯天然药物，将其用于畜禽疾病的防控中，从而替代或减少了单体药物和抗生素在畜禽养殖生产中的使用，降低了人工合成产品通过畜禽向环境中的排放，环境效益显著。

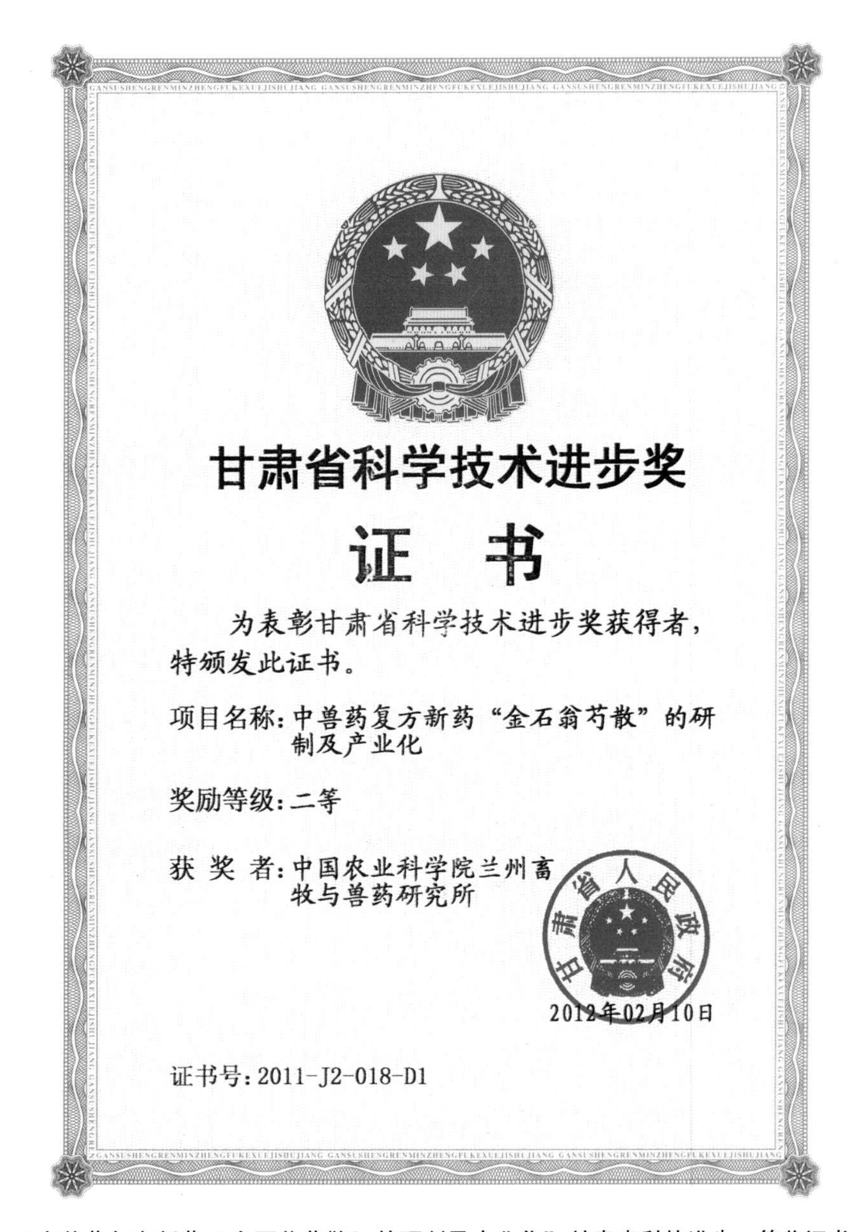
甘肃省科学技术进步奖

证　书

为表彰甘肃省科学技术进步奖获得者，特颁发此证书。

项目名称：中兽药复方新药“金石翁芍散”的研制及产业化

奖励等级：二等

获 奖 者：中国农业科学院兰州畜牧与兽药研究所

甘肃省人民政府

2012年02月10日

证书号：2011-J2-018-D1

“中兽药复方新药‘金石翁芍散’的研制及产业化”甘肃省科技进步二等奖证书

11. 甘肃省旱生牧草种质资源整理整合及利用研究

获奖时间、名称和等级：2012 年甘肃省科技进步二等奖

主要完成单位：中国农业科学院兰州畜牧与兽药研究所

主要完成人：杨志强　时永杰　田福平　路远　张小甫　宋青　牛晓荣　胡宇

任务来源：国家计划

起止时间：2005 年 3 月至 2011 年 10 月

内容简介：

本成果通过对甘肃省 12 个市、州，59 个县、区的旱生牧草种质资源的调查。共搜集甘肃省旱生牧草种质资源 1 808 份，其中野生种质资源 324 份，属 32 科 96 属 292 种，采集图像资料 6 300 余张。依据《植物种质资源共性描述规范》对 1 308 份甘肃省旱生牧草种质资源进行整理整合及数字化表达；累计向国家长期库和 E-平台门户网站提交了 410 份种质的共性描述及 1 230 张图片。完成了 500 份重点牧草种质资源的繁殖更新、标志性数据信息的补充采集及 211 份种质的实物共享。完成并出版了《沙拐枣属牧草种质资源描述规范和数据标准》、《黑麦草种质资源描述规范和数据标准》、《冷地早熟禾种质资源描述规范和数据标准》和《长柔毛野豌豆种质资源描述规范和数据标准》4 部专著。对甘肃省黄土高原及河西走廊地区珍稀、濒危及特异旱生牧草种质资源进行抢救性收集。引种栽培沙拐枣、蒙古扁桃、梭梭、白梭梭、华北驼绒藜、乌拉尔甘草等 67 种濒危及珍稀旱生牧草种质资源。研究了补血草属野生种质资源的分布、开发利用价值及栽培技术，建立了黄花补血草等补血草属种质资源的组织快繁技术

第一完成人：杨志强

杨志强，男，汉族（1957—　），学士，二级研究员，博士生导师。甘肃省优秀专家，甘肃省领军人才，中国农业科学院跨世纪学科带头人，甘肃省“555”创新人才，《中兽医医药杂志》主编。现任中国农业科学院兰州畜牧与兽药研究所所长。兼任中国毒理学兽医毒理学分会会长，中国畜牧兽医学会常务理事，中国兽医协会常务理事，中国畜牧兽医学会动物药品学分会副会长，中国畜牧兽医学会毒物学分会副会长，中国畜牧兽医学会中兽医学分会副会长，中国畜牧兽医学会西北地区中兽医学会理事长，农业部兽药评审委员会委员，农业部畜产品质量风险评估研究室学术委员会主任，《中国兽药典》第四届委员会委员，岗位科学家，中国农业科学院学术委员会委员，中国农业科学院中兽医药学现代化研究创新团队首席科学家，甘肃省重大动物疫病防控专家委员会委员，《中国农学通报》、《中国草食动物科学》、《中国兽医科学》编委，中国农业科学院研究生院、甘肃农业大学、西北民族大学硕士生、博士生导师。从事中兽医药学、兽医药理毒理、动物营养代谢与中毒病等研究工作，是该领域内的知名专家，先后主持和参加国家、省、部级科研课题 33 项，其中主持 20 项，自主和参与研发新产品 8 个，获授权专利 3 项。先后培养硕士研究生 20 名，培养博士研究生 10 名。在国内和国际学术刊物上共发表学术论文 100 余篇。主编和参与编写学术专著 13 部。2009 年荣获新中国 60 年畜牧兽医科技贡献杰出人物奖。主持完成的“甘肃省旱生牧草种质资源整理整合及利用研究”获得 2012 年甘肃省科技进步二等奖。

体系；选育出了耐旱丰产苜蓿新品系“杂选1号”。

项目建立甘肃省优异旱生牧草繁育基地100公顷，开展了45种旱生牧草种质资源栽培技术和种子繁育研究。种植旱生牧草种质资源21.27万亩，直接经济效益2 502.51万元，间接经济效益约1.45亿元。为甘肃省旱生牧草种质资源保护、筛选培育优良牧草新品种及合理开发利用旱生牧草提供了理论依据和技术支撑。

甘肃省科学技术进步奖

证　书

为表彰甘肃省科学技术进步奖获得者，特颁发此证书。

项目名称：甘肃省旱生牧草种质资源整理整合及利用研究

奖励等级：二等

获 奖 者：中国农业科学院兰州畜牧与兽药研究所

甘肃省人民政府

2013年01月18日

证书号：2012-J2-017-D1

“甘肃省旱生牧草种质资源整理整合及利用研究”甘肃省科技进步二等奖证书

12. 牦牛选育改良及提质增效关键技术研究与示范

获奖时间、名称和等级：2014 年甘肃省科技进步二等奖

主要完成单位：中国农业科学院兰州畜牧与兽药研究所

主要完成人：阎萍　梁春年　郭宪　杨勤　裴杰　包鹏甲　曾玉峰　潘和平　褚敏　石生光　丁学智　王宏博　卢建雄　喻传林　朱新书

任务来源：甘肃省科技重大专项计划，国家“863”计划，甘肃省农业生物技术研究与应用开发项目，甘肃省科技攻关计划项目，中央级公益性科研院所基本科研业务费专项，现代农业产业技术体系

起止时间：2006 年 1 月至 2013 年 12 月

内容简介：

本成果建立甘南牦牛核心群 5 群 1 058 头，选育群 30 群 4 846 头，扩繁群 66 群 9 756 头，推广甘南牦牛种牛 9 100 头，建立了甘南牦牛三级繁育技术体系。利用大通牦牛种牛及其细管冻精改良甘南当地牦牛，建立了甘南牦牛 AI 繁育技术体系，推广大通牦牛种牛 2 405 头，冻精 2. 10 万支。改良犊牛比当地犊牛生长速度快，各项产肉指标均提高 10%以上，产毛绒量提高 11. 04%。通过对牦牛肉用性状、生长发育相关的候选基因辅助遗传标记研究，使选种技术实现由表型选择向基因型选择的跨越，已获得具有自主知识产权的 12 个牦牛基因序列 GenBank 登记号，为牦牛分子遗传改良提供了理论基础。应用实时荧光定量 PCR 及 western blotting 技术，对牦牛和犏牛 Dmrt7 基因分析，检测牦牛和犏牛睾丸 Dmrt7 基因 mRNA 及其蛋白的表达水平，探讨其与犏牛雄性不育的关系，为揭示犏牛雄性不育的分子机理提供理论依据。制定《大通牦牛》《牦牛生产性能测定技术规范》农业行业标准 2 项，可规范牦牛选育

第一完成人：阎萍

阎萍，女，汉族（1963—　），博士，三级研究员，博士生导师。2012 年享受国务院特殊津贴，中国农业科学院三级岗位杰出人才，甘肃省优秀专家，甘肃省“555”创新人才，甘肃省领军人才，现任研究所副所长。国家畜禽资源管理委员会牛马驼品种审定委员会委员，中国畜牧兽医学会牛业分会副理事长，全国牦牛育种协作组常务副理事长兼秘书长，中国畜牧兽医学会动物繁殖学分会常务理事和养牛学分会常务理事等。现为国家肉牛牦牛产业技术体系牦牛选育岗位专家，甘肃省牦牛繁育工程重点实验室主任。主要从事动物遗传育种与繁殖研究，先后主持和参加完成了 20 余项省部级项目。培育国家牦牛新品种 1 个，填补了世界上牦牛没有培育品种的空白。培养研究生 15 名，发表论文 180 余篇，出版著作 6 部。先后获得 2003 年甘肃省科技进步二等奖，2003 年中国农业科学院科技成果奖二等奖，2005 年甘肃省科技进步一等奖，2007 年国家科技进步二等奖，2009 年甘肃省科技进步二等奖，2010 年全国农牧渔业丰收奖农业技术推广成果奖二等奖，2014 年甘肃省科技进步二等奖。

和生产，提高牦牛群体质量，进行标准化选育和管理。优化牦牛生产模式，调整畜群结构，暖棚培育和季节性补饲，组装集成牦牛提质增效关键技术1套，建成甘南牦牛本品种选育基地2个，繁育甘南牦牛3.14万头，养殖示范基地3个，近三年累计改良牦牛39.77万头。

以牦牛选育和提质增效为目标，通过产、学、研联合，建立了以本品种选育、杂交改良、营养调控、分子标记辅助选择技术、功能基因挖掘等为主要内容的牦牛种质资源创新利用与开发综合配套技术体系，该技术已成为牦牛主产区科技含量高、经济效益显著、牧民实惠多、发展潜力大的畜牧业适用技术。

成果应用近三年来，新增总产值2.089亿元，新增利润1.073亿元，产生了良好的社会效益和生态效益。本研究经甘肃省科技文献信息中心查新并经甘肃省科技厅组织的专家鉴定，一致认为该成果在同类研究中居国际先进水平。

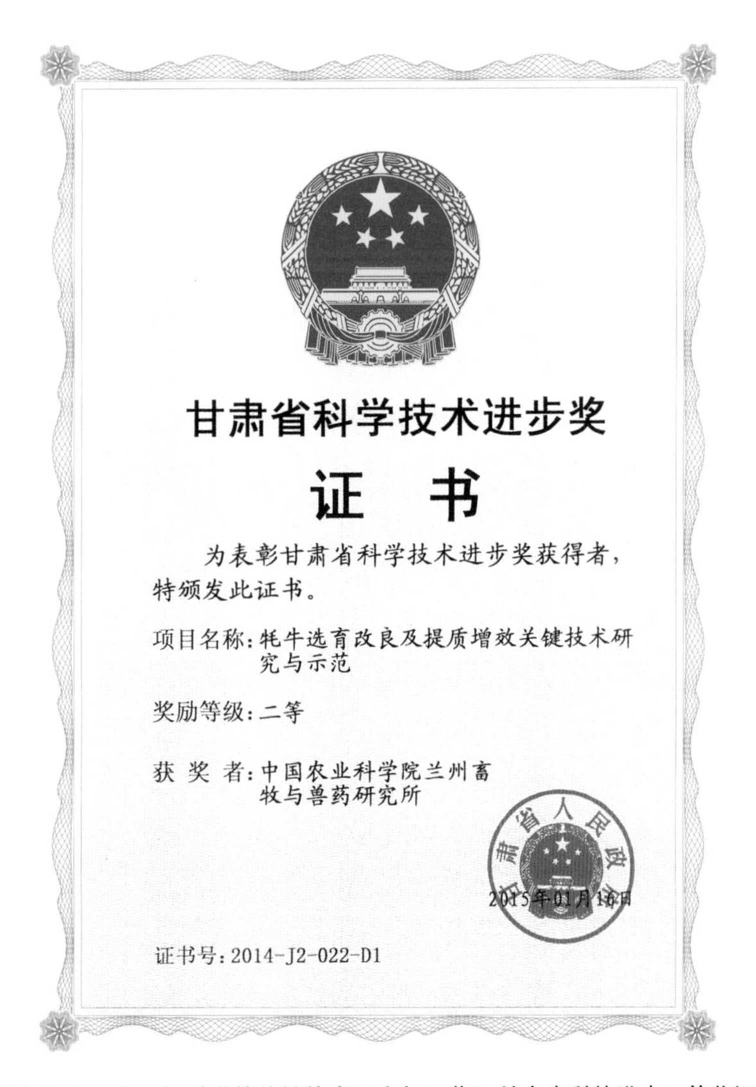
甘肃省科学技术进步奖

证　书

为表彰甘肃省科学技术进步奖获得者，特颁发此证书。

项目名称：牦牛选育改良及提质增效关键技术研究与示范

奖励等级：二等

获 奖 者：中国农业科学院兰州畜牧与兽药研究所

2015年01月16日

证书号：2014-J2-022-D1

“牦牛选育改良及提质增效关键技术研究与示范”甘肃省科技进步二等奖证书

13. 奶牛主要产科病防治关键技术研究、集成与应用

获奖时间、名称和等级：2015 年甘肃省科技进步二等奖

主要完成单位：中国农业科学院兰州畜牧与兽药研究所

主要完成人：李建喜　杨志强　王旭荣　张景艳　王磊　李新圃　冯霞　王学智　崔东安　罗金印　李宏胜　李世宏　孟嘉仁

任务来源：国家计划，部委计划

起止时间：2007 年 1 月至 2014 年 12 月

内容简介：

通过项目实施，建立了乳汁体细胞数一标志酶活性—PCR 细菌定性的奶牛乳房炎联合诊断技术，研发出首个具有国家标准的奶牛隐性乳房炎诊断技术 LMT，创制了 1 种有效防治隐性乳房炎的新型中兽药，制定了乳房炎致病菌分离鉴定国家标准，组装出以 DHI 监测、LMT 快速诊断、定量计分、细菌定期分析为主的奶牛乳房炎预警技术。制定了奶牛子宫内膜炎的诊断判定标准，完成了我国西北区奶牛子宫内膜炎病原菌流行调查和药分析，首次从该病牛子宫黏液中分离到致病菌鲍曼不动杆菌，发现了 2 种具有防治子宫内膜炎的植物精油，防治子宫内膜炎新型中兽药“益蒲灌注液”获得了国家新兽药证书。确定了奶牛胎衣不下中兽医学诊断方法，建立了中兽药疗效评价标准，创制出 1 种有效治疗胎衣不下的新型中兽药复方“宫衣净酊”。利用 $CdCl_2$ 诱导技术建立了能中药的不孕症大鼠模型，完成了奶牛不孕症血液相关活性物质分析研究，首次报道了可用于奶牛不孕症风险预测及辅助诊断的 3 个标识蛋白 MMP-1、MMP-2 和 S 米 ad-3，发现了 1 种能治疗不孕症的中兽药小复“益丹口服液”。建成了“国家奶牛产业技术体系疾病防控技术资源共享数据库”，获国家软件著作权，分别制定了我国奶牛乳房炎、子宫内膜炎和胎衣不下综合防治技术规程。

第一完成人：李建喜

李建喜，男，汉族（1971—　），研究员，博士，硕士研究生导师。现任中国农业科学院兰州畜牧与兽药研究所中兽医（兽医）研究室主任，中国农业科学院科技创新工程中兽医与临床创新团队首席专家，甘肃省中兽药工程技术研究中心副主任，农业部新兽药中药组评审专家，国家自然基金项目同行评议专家，国家现代农业（奶牛）产业技术体系后备人选等。主要从事科研工作，先后从事兽医病理学、动物营养代谢病与中毒病、兽医药理与毒理、奶牛疾病防治、中兽医药现代化等研究工作。完成国家和省部级科研项目 40 余项，研发新产品 6 个，获得授权发明专利 9 项，培养硕士研究生 23 名，博士研究生 8 名。发表学术论文 99 篇，SCI 收录 6 篇，编写著作 7 部。先后获 2011 年获中国农业科学院科技成果二等奖，2013 年获甘肃省科技进步三等奖，2014 年获中国农业科学院科技成果二等奖。

本成果创制新产品4个，新兽药证书1个；1项国家农业行业标准，3项授权和2项受理国家发明专利，5项授权实用新型专利，32篇科技论文，SCI收录6篇，4部著作；培养1名博士后、2名博士和3名硕士、3名技术骨干。我国奶牛健康养殖提供了重要技术支撑和产品保障，对提高饲料报酬和净化养殖环境具有重要意义，提质增效效果显著。

依托国家奶牛产业技术体系试验站，分别在甘肃、陕西、宁夏回族自治区、山西、内蒙古自治区和黑龙江等地，对相关技术成果进行了示范推广，规模达168万头次，培训技术人员3 000多人次，全程约产生经济效益103 328.0万元，取得了明显的生态和社会效益。

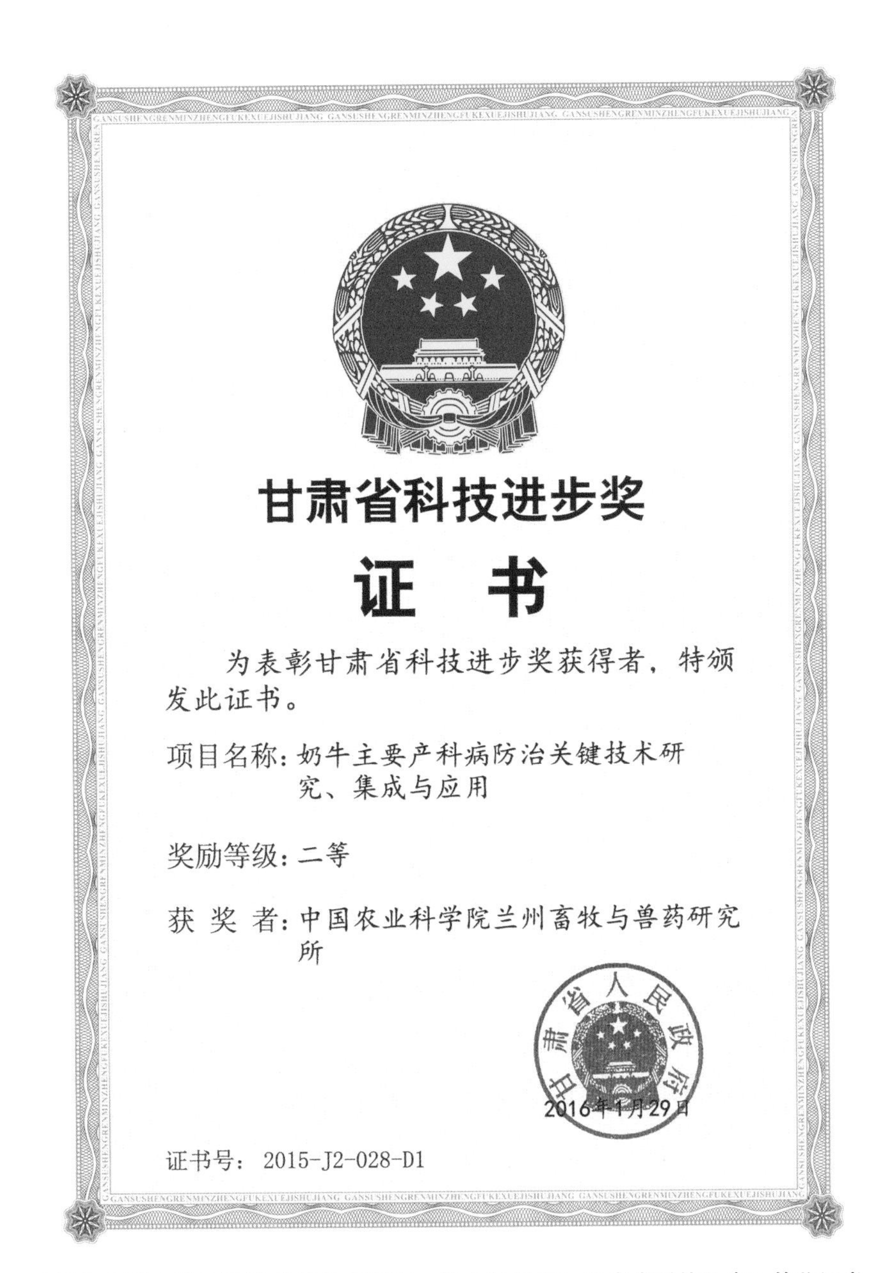
甘肃省科技进步奖

证　书

为表彰甘肃省科技进步奖获得者，特颁发此证书。

项目名称：奶牛主要产科病防治关键技术研究、集成与应用

奖励等级：二等

获 奖 者：中国农业科学院兰州畜牧与兽药研究所

甘肃省人民政府

2016年1月29日

证书号：2015-J2-028-D1

“奶牛主要产科病防治关键技术研究、集成与应用”甘肃省科技进步二等奖证书

14. 针刺腧穴调控母牛生殖内分泌功能

获奖时间、名称和等级：2001 年甘肃省科技进步三等奖

主要完成单位：中国农业科学院兰州畜牧与兽药研究所

主要完成人：郎子文　张隆山　张世珍　李世平　杨国林　张国伟　牛建荣　李广林

任务来源：国家自然科学基金、“九五”国家科技攻关

起止时间：1992 年 1 月至 2000 年 12 月

内容简介：

本成果以经络学说为理论基础，并据经穴具有相对低电阻特性为实验依据，通过对实验动物（大鼠）经穴与生殖内分泌关系的研究，发现针刺大鼠相关腧穴（三阴交穴），可致卵巢组织学变化，且影响卵巢生理机能。研究表明，腧穴与生殖内分泌功能有着内在联系。通过 1 030 头发情奶牛和输精后第 5、6 天黄牛的腧穴生物电实验研究，发现体表的两侧相关腧穴生物电（阻抗）变化与卵泡发育密切相关，探讨出反映卵泡发育相关且具有调控生殖内分泌功能的雁旁穴和肾旁穴，建立一种应用腧穴生物电技术诊断卵泡发育的新方法，其检测结果与传统的直肠检查吻合率达 78%。应用脉冲电刺激雁旁、肾旁穴低阻敏感点，可促使机体分别释放 17β—雌二醇（$17\beta—E_2$）、孕酮（P_4），60~80 分钟为释放最佳时间，3~5 小时达峰值，然后逐渐恢复到刺激前水平。性周期第 11~17 天（黄体期）的奶牛，每天在肾旁穴低阻敏感点刺激 2 次，第 17 天孕激素水平即明显高于峰值期第 11 天的水平，具有明显调控生殖内分泌的功能。发情初期奶牛经雁旁穴低阻敏感点刺激后可迅速促使卵泡发育。卵泡发育成熟或即将成熟时，刺激肾旁穴低阻敏感点，可促进排卵和受胎，输精后 5~6 天黄牛在肾旁穴低阻敏感点进行适当脉冲电刺激可有效减少胚胎早期死亡。输精前、后奶牛和输精后 5~6 天黄牛在相关腧穴低阻敏感点进行脉冲电刺激，其情期受胎率较同期牛群提高 18%~20%，有效地提高了母牛繁殖力。

该项研究成果将传统的经络学说与现代生物电技术相结合，建立了一种应用腧穴生物电技术诊断卵泡发育的新方法，揭示出刺激相关腧穴具有调控生殖内分泌功能，在相关腧穴低阻敏感点进行脉冲电刺激，可有效地提高动物繁殖力，为传统的经络学说在动物繁殖中的应用拓宽一条新途径。

该项成果现已在 1 030 头奶牛推广应用，获直接经济效益 44.6 万元。其方法简便易行，经济安全，无毒副作用，便于推广应用，而且可避免药用类激素制剂昂贵，长期频数使用易引起机体生殖内分泌紊乱，以及激素类制剂在乳肉品中残留而对人类造成潜在性危害等问题。

甘肃省科学技术进步奖证书

获奖项目：针刺腧穴调控母牛生殖内分泌功能

获奖单位：中国农业科学院兰州畜牧与兽药研究所

奖励等级：叁　等

证书号：2001－3－043

二〇〇二年四月　日

“针刺腧穴调控母牛生殖内分泌功能”甘肃省科技进步三等奖证书

15. 抗菌新兽药茜草素的研制与应用

获奖时间、名称和等级：2004 年甘肃省科技进步三等奖

2004 年中国农业科学院科技成果二等奖

主要完成单位：中国农业科学院兰州畜牧与兽药研究所

主要完成人：梁剑平 崔颖 陈积红 牛建荣 李宏胜 张继瑜 王玲 张力 吕嘉文 周丽霞 王学红 华兰英 徐忠赞 李金善 阎卫东 周学辉 尚若锋

任务来源：甘肃省自然基金、中国农业科学院科技基金项目、“十五”国家科技攻关计划、兰州市科技计划

起止时间：1995 年 3 月至 2003 年 12 月

内容简介：

本成果首次对中兽药进行系统的现代化研究，对六茜素及其衍生物进行定量构效关系（QSAR）研究，阐明其抗菌作用机理，经分析设计和进一步提取分离，筛选出六茜素的第二代产品—茜草素。又从天然植物茜草的根中提取、分离出抗菌有效成分茜草素，并研究制定出茜草素的化学合成路线，解决了保护天然植被与合理利用中草药资源的问题。为今后更广泛的研究利用中草药提供了范例。首次确定了茜草素适合于工业化生产的工艺流程，解决了生产流程中的中间品分离工艺，中间品的分离由溶剂萃取法改为水蒸汽蒸馏法，提高了纯度，简化了操作难度。起始原料由铬化合物改为锰化合物，使反应温度由 0℃上升到常温，降低了成本。建立了用高压液相色谱法（HPLC）测定茜草素含量的方法，对产品质量控制起到了关键作用。并开展实验室生产，取得了茜草素原料和制剂的新药批准文号。茜草素原料与制剂已获得甘肃省四类新兽药证书，并取得生产批准文号：甘兽药字（2003）Z006569 和甘兽药字

第一完成人：梁剑平

梁剑平，男，汉族（1962— ），博士，三级研究员，博士生导师。享受国务院政府特殊津贴农业部有突出贡献的中青年专家。西部开发突出贡献奖获得者、中央统战部“为全面建设小康社会做出贡献的先进个人”、甘肃省“陇上骄子”、九三学社甘肃省委、“十佳青年”称号。现任兰州畜牧与兽药研究所兽药研究室副主任，中国农业科学院二级岗位杰出人才，甘肃“555”创新人才。兼任中国毒理学会兽医毒理学分会及中国兽医药理学分会理事，农业部新兽药评审委员会委员，农业部兽药残留委员会委员，中国兽药典委员会委员，中国农业科学院学术委员会委员，中国农业科学院研究生院教学委员会委员、政协兰州市委常委。主要从事兽药化学合成和中草药的提取及药理研究，先后主持和参加国家和省部级重大科研项目 20 余项。发表论文 80 余篇，培养研究生 26 名。先后 2004 年甘肃省科技进步三等奖，2004 年中国农业科学院科技成果二等奖，2009 年兰州市科技进步一等奖，2010 年甘肃省技术发明三等奖，2011 年甘肃省技术发明二等奖和 2011 年兰州市技术发明一等奖。

（2003）Z006570。

茜草素具有广谱、高效、低毒、无残留、不易产生耐药性等特点，是禁用药氯霉素和耐青霉素、链霉素以及喹诺酮类、磺胺类抗菌药的替代品。该成果首次对茜草素进行了深入、系统的药理学、毒理学和药代动力学研究。首次将茜草素应用于兽医临床，并在全国大面积推广应用。

茜草素在兽医临床推广应用中治疗28万余例奶牛乳房炎、子宫内膜炎，治愈22.88万例，好转4.56万例，治愈率为81.7%，总有效率为98%。防治仔猪黄、白痢及仔猪水肿病10万余例，治愈8.6万余例，治愈率为86%。防治鸡白痢16.5万余只，成活率达到98%。茜草素经过7年来在畜禽养殖业中的推广应用，创造了巨大的经济效益，新增产值1.1亿元。

甘肃省科学技术进步奖证书

获奖项目：抗菌新兽药茜草素的研制与应用

获奖单位：中国农业科学院兰州畜牧与兽药研究所

奖励等级：叁　等

证书号：2004-3-050

二00五年四月

“抗菌新兽药茜草素的研制及应用”甘肃省科技进步三等奖证书

奖状

为表彰在农业科学技术和农村经济发展中作出显著成绩的单位，特授予中国农业科学院科学技术成果二等奖，以资鼓励。

受奖项目：抗菌新兽药茜草素的研制与应用

受奖单位：中国农业科学院兰州畜牧与兽药研究所　（第一完成单位）

编　号：2004-23-1

中国农业科学院

2004年5月

“抗菌新兽药茜草素的研制与应用”中国农业科学院科技成果二等奖证书

16. 抗菌消炎新兽药消炎醌的研制与应用

获奖时间、名称和等级：2006年甘肃省科技进步三等奖

主要完成单位：中国农业科学院兰州畜牧与兽药研究所

主要完成人：薛明　崔颖　罗永江　史彦斌　杨立　张彬　周宗田　夏文江　成亮　李晓蓉　陈少云　朱瑗　胡振英　赵朝忠　张红　王巧明　徐艳霞　王丽娟

任务来源：科技部科技攻关计划

起止时间：1996年1月至2005年10月

内容简介：

本成果主要进行了以下科技内容：采用现代色谱分离与光（波）谱分析技术，从甘西鼠尾草中分离鉴定了16个化合物；系统研究了活性成分的抗菌、消炎、抗腹泻、抗自由基、抗脂质过氧化与抗缺氧等药理作用及作用机制；建立了活性主成分隐丹参酮在动物体内外的分析检测方法；研究了隐丹参酮及其活性代谢物在猪体内的药代动力学与排泄，明确了二者在动物体内的处置规律；研究了隐丹参酮在猪体内外的代谢转化规律；完成了消炎醌的制备工艺与稳定性试验以及消炎醌的毒理学与安全性评价；完成了消炎醌预防治疗家畜乳房炎、子宫内膜炎、腹泻症及外伤感染等感染性疾病的临床治疗试验；研制开发出抗菌消炎新兽药—消炎醌。获得了甘肃省新兽药证书和生产批准文号，并批量生产。

本成果在理论与应用方面形成研究论文37篇，基础研究丰富了兽医药理学与中药药理学教科书和学术专著的内容；应用研究成果是在化学生物学与药物动力学研究指导下研制成功并商品化了具有自主知识产权的新兽药—消炎醌，在甘肃、新疆维吾尔自治区、河北、内蒙古自治区、陕西、宁夏回族自治区、江苏、北京及天津等十多个省市区推广应用。消炎醌治疗奶牛乳房炎、奶牛和黄牛子宫内膜炎、腹泻症以及外伤感染等动物感染性疾病比常规药物彻底，用

第一完成人：薛明

薛明，男，汉族（1962—　）研究员，教授，主要从事药物代谢与药物动力学方向的工作，现任中国药理学会理事、北京药理学会常务理事、北京生理科学会理事、中国药理学会药物代谢专业委员会委员、北京药学会药理专业委员会委员、《中国药理通讯》副主编、Asian Journal of Pharmacodynamics and Pharmacokinetics，《中国药理学通报》，《神经药理学报》，《国际药学研究杂志》编委、International Journal of Pharmaceutics，Journal of Pharmacy and Pharmacology，Pharmacutical Biology等杂志审稿人、国家自然科学基金委员会生命科学部项目评议专家，国家科学技术奖励评审专家库成员等。发表高水平SCI文章16篇，主编的著作5部。获2006年甘肃省科技进步三等奖。

户反应良好。

消炎醌已在国内多个省（市、区）推广应用，产生了显著的经济效益和社会环境效益。累计治疗奶牛乳房炎、奶牛和黄牛子宫内膜炎、腹泻症以及外伤感染等动物感染性疾病91 557头（只）。按经济效益测算办法计算，已获经济效益10 315.2万元，并产生了巨大的社会效益和环境效益。通过进一步推广应用，产生的年经济效益在千万元以上。

证　书

为表彰甘肃省科学技术进步奖获得者，特颁发此证书。

项目名称：抗菌消炎新兽药消炎醌的研制与应用

奖励等级：三等

获 奖 者：中国农业科学院兰州畜牧与兽药研究所

甘肃省人民政府

2007年05月28日

证书号：2006-J3-104-D1

“抗菌消炎新兽药消炎醌的研制与应用”甘肃省科技进步三等奖证书

17. 奶牛乳房炎主要病原菌免疫生物学特性的研究

获奖时间、名称和等级：2008 年甘肃省科技进步三等奖
2008 年中国农业科学院科学技术成果二等奖
2008 年兰州市科学技术进步一等奖

主要完成单位：中国农业科学院兰州畜牧与兽药研究所

主要完成人：李宏胜　郁杰　李新圃　罗金印　徐继英　张捷　乐威　陈家宽　韩福杰　葛竹兴　刘琪平　谢家声　李世宏　陈化琦

任务来源："八五"农业部重点，国家自然基金，国家攻关，中欧合作项目，甘肃省自然基金，企业横向合作，甘肃省生物技术专项

起止时间：1990 年 1 月至 2007 年 12 月

内容简介：

本成果查明了引起我国奶牛乳房炎的主要病原菌区系分布及乳房炎病原菌的感染与诸多因素的相关性；研究制定了一套简单实用的常规分离和鉴定乳汁中病原菌的分离和鉴定程序。建立了用多重 PCR 快速检测无乳链球菌、停乳链球菌和金黄色葡萄球菌的方法；明确了金黄色葡萄球菌在含 10%乳清的肉汤培养基中培养后，可出现完整的荚膜结构。明确了无乳链球菌生长过程中的影响因素及与荚膜多糖的相关性。明确了无乳链球菌、停乳链球菌和金黄色葡萄球菌三种菌之间无血清学交叉反应，但同种异地间各菌株存在不同程度的血清学交叉反应。查明了引起我国奶牛乳房炎的无乳链球菌和金黄色葡萄球菌血清型分布及优势血清型。采用 IEF 和 SDS-PAGE 技术，明确了无乳链球菌、停乳链球菌和金黄色葡萄球菌三种菌主要抗原成分的分子量和等电点。建立了三种菌人工感染诱导奶山羊和奶牛急性乳房炎的试验动物模型，明确了三种菌菌体抗原之间无免疫增强和拮抗作用，确定了三种菌体抗原的最佳配比，研制出了奶牛乳房炎多联苗。使用乳房炎多联苗，先后在全国 30 多个奶牛场对 25 026 头泌乳奶牛进行

第一完成人：李宏胜

李宏胜，男，汉族（1964—　），博士，四级研究员，硕士生导师，甘肃省"555"创新人才。中国畜牧兽医学会家畜内科学分会常务理事。主要从事兽医微生物及免疫学工作，尤其在奶牛乳房炎方面有比较深入的研究。研制出了奶牛乳房炎多联苗、奶牛隐性乳房炎诊断液（LMT）、干奶安、乳康 1 号和乳康 2 号等系列奶牛乳房炎诊断预防及治疗产品。先后主持及参与完成了各类课题 30 余项。取得专利 4 项；培养硕士研究生 4 名，发表论文 120 余篇。先后获得 2008 年甘肃省科技进步三等奖，2008 年中国农业科学院科学技术成果二等奖和 2008 年兰州市科学技术进步一等奖。

了大规模临床免疫试验，平均可降低临床型乳房炎发病率50.00%~70.00%，免疫持续期可达6个月以上。

从1990—2007年先后用制造的多联苗在兰州、天津、青岛、重庆、银川、西宁、西安、深圳等地30多个奶牛场对25 026头泌乳奶牛进行了大规模临床免疫试验。结果表明，该灭活多联苗，对奶牛具有安全高效的特点，平均可降低临床型乳房炎发病率52.00%~67.92%，免疫持续期可达6个月以上。该研究成果对于进一步深层次开展乳房炎治疗药物和疫苗研究，将提供坚实的基础。对于有效预防和治疗乳房炎，降低乳房炎发病率，提高奶产量和质量具有重要的意义。

奖状

为表彰在农业科学技术和农村经济发展中作出显著成绩的单位，特授予中国农业科学院科学技术成果二等奖，以资鼓励。

受奖项目：奶牛乳房炎主要病原菌免疫生物学特性的研究

受奖单位：中国农业科学院兰州畜牧与兽药研究所

编　号：2008-2-17

中国农业科学院
2008年5月7日

“奶牛乳房炎主要病原菌免疫生物学特性的研究”

中国农业科学院科学技术成果二等奖证书

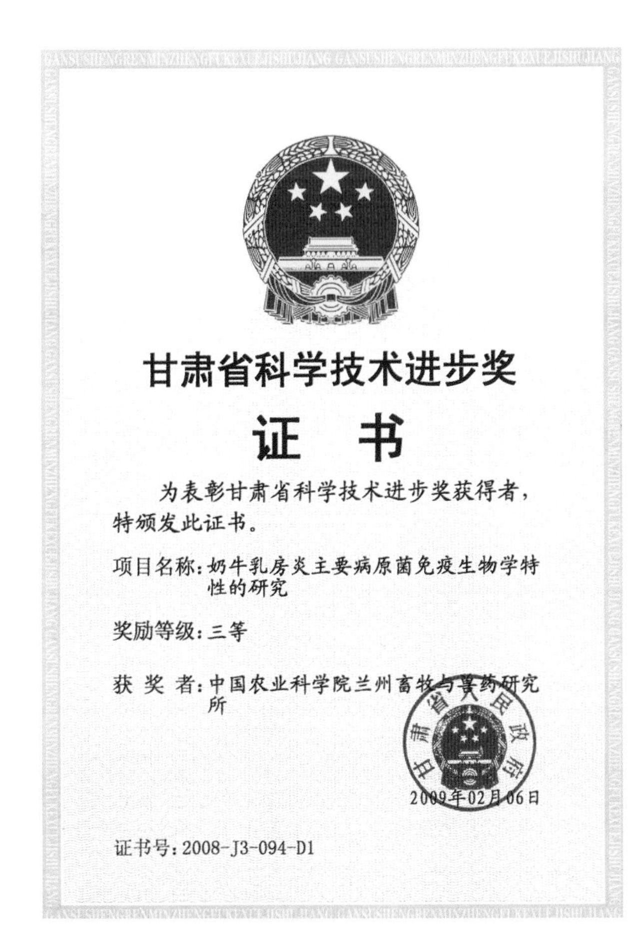
甘肃省科学技术进步奖

证　书

为表彰甘肃省科学技术进步奖获得者，特颁发此证书。

项目名称：奶牛乳房炎主要病原菌免疫生物学特性的研究

奖励等级：三等

获 奖 者：中国农业科学院兰州畜牧与兽药研究所

2009年02月06日

证书号：2008-J3-094-D1

“奶牛乳房炎主要病原菌免疫生物学特性的研究”

甘肃省科技进步三等奖证书

荣誉证书

HONORARY CREDENTIAL

兰州市科学技术进步奖

获奖项目：奶牛乳房炎主要病原菌免疫生物学特性的研究

获奖单位：中国农业科学院兰州畜牧与兽药研究所

获奖等级：一等奖

编　　号：2008-1-2

二〇〇八年十二月一日

“奶牛乳房炎主要病原菌免疫生物学特性的研究”

兰州市科学技术进步一等奖证书

18. 动物纤维显微结构与毛、皮质量评价技术体系研究

获奖时间、名称和等级：2009 年甘肃省科技进步三等奖

主要完成单位：中国农业科学院兰州畜牧与兽药研究所

农业部动物毛皮及制品质量监督检验测试中心

主要完成人：高雅琴 牛春娥 郭天芬 梁丽娜 常玉兰 席斌 李维红 王宏博 杜天庆 梁春年 杨博辉 董鹏程

任务来源：部委计划

起止时间：2001 年 10 月至 2009 年 6 月

内容简介：

本成果为解决毛皮及其制品的种类鉴别难题，通过大量调查研究，采集各类毛绒样品 3 500 余份，皮张 100 余张；研制出快速、简便的毛皮及其制品的鉴别方法；采用生物显微镜法进行了毛纤维组织结构研究，构建了 60 余种动物毛纤维组织学彩色图库。构建了动物纤维、毛皮产品质量评价体系。提出了我国现行的毛、皮标准存在的问题，并进行了相关方法研究和标准的补充、完善，制定了国家标准 4 个，行业标准 5 个，地方标准 1 个，编写了细毛羊饲养管理及细羊毛分级整理等技术规程 10 余个。制定的《裘皮—蓝狐皮》《动物毛皮检测技术规范》《裘皮—獭兔皮》《甘肃高山细毛羊》等标准填补了我国相关标准的空白。建立了中国动物纤维，毛皮质量评价信息系统，为了解掌握毛皮动物资源、质量评价、检测方法及相关法律法规等提供了一个比较全面的信息网络平台。对我国毛、皮生产、流通领域中潜在的安全风险进行了深入研究，建立了中国动物纤维、毛皮安全预警体系，为相关部门预测警示产业风险提供依据。

本成果为畜牧生产、科研教学、畜产品质量评价、安全预警，标准制定等领域的共享资源。已推广至全国 9 省、区毛皮生产场家、贸易部门、质检机构等，标准化生产使推广区细毛

第一完成人：高雅琴

高雅琴，女，汉族（1964— ），学士，四级研究员，硕士生导师。任农业部动物毛皮及制品质量监督检验测试中心（兰州）常务副主任、农业部畜产品质量安全风险评估实验室常务副主任。国家实验室资质认定评审员，农业部农产品质量安全机构考核评审员。主要从事动物毛皮质量评价的研究工作。主持并参与了 6 项国家及农业行业标准的制订工作，并获得审定。主编《动物毛纤维组织学彩色图谱》获 2008 年中国西部优秀图书二等奖；《毛皮动物毛纤维超微结构图谱》副主编。参加编撰著作 5 部。发表科技论文 80 余篇，其中主笔发表 20 余篇。获 2009 年甘肃省科技进步三等奖。

羊及毛皮质量极大提高，新增产值13 878.8万元，新增利润4 163.65万元，新增税收249.82万元。成为国家决策机构、行业主管部门、生产加工企业、质检机构、科研教学单位及贸易流通领域制定方案、指导工作、警示风险等的重要参考。

甘肃省科学技术进步奖

证　书

为表彰甘肃省科学技术进步奖获得者，特颁发此证书。

项目名称：动物纤维显微结构与毛、皮质量评价技术体系研究

奖励等级：三等

获 奖 者：中国农业科学院兰州畜牧与兽药研究所

甘肃省人民政府

2010年04月07日

证书号：2009-J3-096-D1

“动物纤维显微结构与毛、皮质量评价技术体系研究”甘肃省科技进步三等奖证书

19. 重离子束辐照研制新化合物“喹羟酮”

获奖时间、名称和等级：2010年甘肃省技术发明三等奖

主要完成单位：中国农业科学院兰州畜牧与兽药研究所

主要完成人：梁剑平　王曙阳　尚若锋　王学红　蒲万霞　陶蕾

任务来源：科技支撑计划

起止时间：2000年7月至2009年12月

内容简介：

本成果采用国家重大科学工程装置—兰州重离子加速器（HIRFL）产生的不同能量碳、氧离子束对一类新兽药“喹烯酮”进行辐照，产生一系列的喹喔啉类衍生物，发现有些衍生物抗菌活性明显增强，通过化学分离和抑菌试验从中筛选出新的具有抗菌、增重等生物活性的单体化合物，并应用四大谱进行结构鉴定，定名为“喹羟酮”。在此工作基础上进行了喹羟酮的化学合成、药理药效学和临床试验等研究。通过与企业合作申报到饲料添加剂批号后，在全国范围内进行了临床推广应用。通过本项目的研究，目前已获国家发明专利3项：用重离子束辐照效应获得的喹羟酮（ZL200710123574.8）、喹羟酮的化学合成工艺（ZL200710122910.7），以及喹喔啉类衍生物喹胺醇的制备方法（ZL200710123573.3）；申报专利2项：对喹乙醇、苯并呋咱N-氧化物和乙酰甲喹进行改性的重离子辐照方法（2007101229111）和具有喹喔啉母环的两种化合物及其制备方法（200810001173X），并已进入实质性审查阶段。

寻找一种新兽药需用较长时间并做大量筛选，如能有新的简单、快捷方法，将会加速开发新兽药的步伐，缩短研制周期，大大降低研究费用。本项目在国内外首次开展了重离子束辐照

第一完成人：梁剑平

梁剑平，男，汉族（1962—　），博士，三级研究员，博士生导师。享受国务院政府特殊津贴农业部有突出贡献的中青年专家。西部开发突出贡献奖获得者、中央统战部“为全面建设小康社会做出贡献的先进个人”、甘肃省“陇上骄子”、九三学社甘肃省委、“十佳青年”称号。现任兰州畜牧与兽药研究所兽药研究室副主任，中国农业科学院二级岗位杰出人才，甘肃“555”创新人才。兼任中国毒理学会兽医毒理学分会及中国兽医药理学分会理事，农业部新兽药评审委员会委员，农业部兽药残留委员会委员，中国兽药典委员会委员，中国农业科学院学术委员会委员，中国农业科学院研究生院教学委员会委员、政协兰州市委常委。主要从事兽药化学合成和中草药的提取及药理研究，先后主持和参加国家和省部级重大科研项目20余项。发表论文80余篇，培养研究生26名。先后2004年甘肃省科技进步三等奖，2004年中国农业科学院科技成果二等奖，2009年兰州市科技进步一等奖，2010年甘肃省技术发明三等奖，2011年甘肃省技术发明二等奖和2011年兰州市技术发明一等奖。

喹喔啉药物的分子改性研究。由此方法产生的“喹羟酮”作为新型的抗菌促生长的饲料添加剂（添加剂批准号：甘饲添字［2005］038012），具有毒副作用极小、剂量低、饲料利用率高和有效的预防畜禽肠道细菌性疾病等，可增加动物体重、降低疾病的发生率。在全国多省份进行临床推广应用后，产生了较大的经济效益，为畜牧养殖业的健康发展发挥了重要的作用。故本项目无论是方法与技术创新，还是化学结构与应用创新，都是一项具有开创意义的工作。

甘肃省技术发明奖

证　书

为表彰甘肃省技术发明奖获得者，特颁发此证书。

项目名称：重离子束辐照研制新化合物"喹羟酮"

奖励等级：三等

获 奖 者：梁剑平

甘肃省人民政府

2011年01月17日

证书号：2010-F3-002-R1

“重离子束辐照研制新化合物’喹羟酮’”甘肃省技术发明三等奖证书

20. 非解乳糖链球菌发酵黄芪转化多糖的研究与应用

获奖时间、名称和等级：2013 年甘肃省科技进步三等奖

主要完成单位：中国农业科学院兰州畜牧与兽药研究所

主要完成人：李建喜　王学智　杨志强　张凯　张景艳　孟嘉仁　冯霞　秦哲　王磊　王旭荣　孔晓军　罗超应　李锦宇　郑继方

任务来源：国家科技支撑计划

起止时间：2007 年 1 月至 2010 年 9 月

内容简介：

本成果开展了益生菌对补益类中药黄芪和党参多糖转化技术及产品研究。成功从分离于鸡肠道的 2 组混合菌和 13 个菌株中筛选到了 2 株可用于黄芪和党参多糖发酵的优势菌株，分别为植物乳杆菌和非解乳糖链球菌；对生长性能较好的 LZMYFGM9 进一步诱变和驯化后，作为发酵菌种建立了补益类中药生物转化技术，黄芪和党参经发酵后多糖含量与生药相比分别提高了 82.47%和 113.82%；黄芪发酵后所得多糖主要组分为葡萄糖、甘露糖等，数均分子量为 156KDa，重均分子量为 175KDa，多糖含量升高与糖代谢酶 UDP-葡萄糖 4-异构酶、a-半乳糖苷酶和葡聚-1，6- 葡萄糖苷酶有关；利用黄芪和党参发酵产物，创制了 1 种非解乳糖链球菌、发酵黄芪和党参的小复方制剂“参芪发酵散”；以 HPLC 结合苯酚硫酸法，制定了“参芪发酵散”质量标准及检测方法，产品中毛蕊异黄酮葡萄糖苷含量不低于 0.03%、多糖含量不低于 20%；根据兽药评审规范，完成了药理、药效、毒理和临床有效性试验研究，结果显示“参芪发酵散”无毒副作用，可抑制 CCl_4 诱导的肝脂肪变和纤维化，添加于饲料中具有促生长、降低料肉比、增强免疫、降低发病率等效果。

本成果授权发明专利 2 项，发表科技论文 16 篇，创制新产品 1 个，制定新标准草案 1 项，

第一完成人：李建喜

李建喜，男，汉族（1971—　），研究员，博士，硕士研究生导师。现任中国农业科学院兰州畜牧与兽药研究所中兽医（兽医）研究室主任，中国农业科学院科技创新工程中兽医与临床创新团队首席专家，甘肃省中兽药工程技术研究中心副主任，农业部新兽药中药组评审专家，国家自然基金项目同行评议专家，国家现代农业（奶牛）产业技术体系后备人选等。主要从事科研工作，先后从事兽医病理学、动物营养代谢病与中毒病、兽医药理与毒理、奶牛疾病防治、中兽医药现代化等研究工作。完成国家和省部级科研项目 40 余项，研发新产品 6 个，获得授权发明专利 9 项，培养硕士研究生 23 名，博士研究生 8 名。发表学术论文 99 篇，SCI 收录 6 篇，编写著作 7 部。先后获 2011 年获中国农业科学院科技成果二等奖，2013 年获甘肃省科技进步三等奖，2014 年获中国农业科学院科技成果二等奖。

建立新技术 1 项，培养研究生 6 名。建立的益生菌发酵补益类中药新技术，不仅能提高相关产品的科技含量，而且为其他兽用中药的深加工技术研发提供了新思路，对促进中兽药研发技术进步具重要意义。

饲料添加“参芪发酵散”后每单位新增纯收益：肉鸡为 2.68 元/只、蛋鸡为 2.94 元/只、猪为 48.25 元/头、奶牛为 236.47 元/头，推广全程共产生经济效益 18 785.1 万元。在北京、四川药厂试验示范了该技术，在甘肃、陕西等地开展了“参芪发酵散”的田间试验，规模达 2 725.54 万羽鸡、219.07 万头猪、13.34 万头牛，取得了显著经济、生态、社会效益。

甘肃省科学技术进步奖

证　书

为表彰甘肃省科学技术进步奖获得者，特颁发此证书。

项目名称：非解乳糖链球菌发酵黄芪转化多糖的研究与应用

奖励等级：三等

获 奖 者：中国农业科学院兰州畜牧与兽药研究所

甘肃省人民政府

2014年02月10日

证书号：2013-J3-123-D1

“非解乳糖链球菌发酵黄芪转化多糖的研究与应用”甘肃省科技进步三等奖证书

21. 西北干旱农区肉羊高效生产综合配套技术研究与示范

获奖时间、名称和等级：2015年甘肃省科技进步三等奖

主要完成单位：中国农业科学院兰州畜牧与兽药研究所
永昌县农牧局
白银市农牧局

主要完成人：孙晓萍　刘建斌　程胜利　岳耀敬　李思敏　张万龙　冯瑞林　郎侠　杨博辉
郭健　郭婷婷　焦硕　张琰武

任务来源：省科技支撑项目

起止时间：2007年1月至2013年12月

内容简介：

通过项目实施，在西北干旱农区以引进品种无角道赛特羊和波德代羊为父本，以小尾寒羊、滩羊和蒙古羊为母本，系统开展了二元、三元优化杂交组合配套试验，筛选出了适合西北干旱农区优质肉羊高效繁育最佳杂交组合配套模式。研究了优质肉羊亲本及19个杂交组合后代群体的遗传结构和分子遗传学基础，集成西北干旱农区优质肉羊种质资源利用、功能基因挖掘、多基因杂交改良、高效配套生产技术研发、生产基地建设等相合的优质肉羊标准规模化养殖及产业化技术体系，筛选出3个可能与生长发育性状关联的分子标记位点，2个可能与繁殖性状关联基因和1个多胎主效基因。研制出了优质肉羊及其杂交后代过瘤胃保护性赖氨酸饲料添加剂和增重中草药饲料添加剂，采用荧光定量PCR方法研究不同水平赖氨对其肝脏和背最长肌IGF-1、GHR基因表达调控机理研究。研制出西北干旱农区生态条件下优质肉羊及其染种后代选种的动物模型，开发了BLUP育种值估计及计算机模型简体中文操作系统，并对其生产性能进行综合评估。研究肉羊高效繁殖调控技术，推广人工授精和双胎苗技术及微量元素添石专等高效饲养管理技术，优化日粮配方5个、育肥颗粒料配方4个、精液稀释液配方3个，

第一完成人：孙晓萍

孙晓萍，女，汉族（1962—　），副研究员，硕士生导师。中国畜牧兽医学会养羊学会理事。从事绵羊遗传育种及繁殖工作。在细毛羊和肉用绵羊研究领域，从事研究工作多年，积累了丰富的经验，取得了一定的研究成果。先后主持参加各类科研项目16项，获省部级奖7项，其中国家科技进步三等奖1项，省部级奖4项，院厅级奖2项，参加完成“高山美利奴”品种培育并通过国家家畜新品种审定。发表论文50余篇，参编著作5部，发明专利1项。

制定产业化生产技术规范和操作规程 7 个。发表论文 55 篇，其中 SCI 论文 7 篇，授权国家实用新型专利 9 个，出版专著 1 部，培养博、硕研究生 5 名。

本成果为西北干旱农区优质肉羊高效生产综合配套技术的推广应用提供理论和技术支撑。截至 2014 年底，已大面积推广应用，累计染交改良地方绵羊 160.10 万只，出栏肉羊 121.14 万只，实现新增产值 82 399.00 万元，新增纯收益 9 887.88 万元，节支金额 75.33 万元，白银、永昌两市县年增收金额 1 660.54 万元。同时，推动了肉羊企业产业化升级及农牧户生产模式的转变和西北干旱农区优质肉羊标准规模化养殖及产业化发展，取得了显著社会效益。

甘肃省科技进步奖

证　书

为表彰甘肃省科技进步奖获得者，特颁发此证书。

项目名称：西北干旱农区肉羊高效生产综合配套技术研究与示范

奖励等级：三等

获 奖 者：中国农业科学院兰州畜牧与兽药研究所

甘肃省人民政府

2016年1月29日

证书号：2015-J3-115-D1

“西北干旱农区肉羊高效生产综合配套技术研究与示范”甘肃省科技进步三等奖证书

22. 重离子束辐照诱变提高兽用药物的生物活性研究及产业化

获奖时间、名称和等级：2015年甘肃省技术发明三等奖

主要完成单位：中国农业科学院兰州畜牧与兽药研究所

主要完成人：梁剑平　尚若锋　陶蕾　刘宇　郝宝成　王学红

任务来源：国家科技支撑

起止时间：2005年1月至2013年12月

内容简介：

本成果属新兽药设计的新方法、新技术研究领域。采用国家重大科学工程装置一兰州重高子加速器（HIRFL）产生的不同能量碳、氧高子束进行药物分子改性和菌株诱变。内容包括对一类新兽药“喹烯酮”进行辐照，产生一系列的喹喔啉类衍生物，并筛选出新的具有抗菌、增重等生物活性的“喹羟酮”。通过化学合成、药理药效学和临床试验等研究，已申报为饲料料添加剂（甘饲添字［2005］038012）在全国范围内进行了推广应用。利用重高子加速器的碳高子束对截短侧耳素产生菌进行辐照诱变研究，筛选出的一株高产菌株K40-3，效价较出发菌株的效价提高了25.3%。同时，对该菌株进行了发酵条件优化。经产业化发酵后产量较原来提高30%左右。以截短侧耳素为原料，经过分子设计、化学合成出该类衍生物34个，并筛选出具有抗菌活性较好的化合物1个。通过本项目的研究，目前已获国家发明专利7项：用重高子束辐照效应获得的喹羟酮（ZL200710123574.8）、喹羟酮的化学合成工艺（ZL200710122910.7）、喹胺醇的制备方法（ZL200710123573.3）、具有喹喔啉母环的两种化合物及其制备方法（ZL200810001173.x）、截短侧耳素产生菌的微量培养方法和其高产菌的高通量病市选方法（ZL201110310065.2）、截短侧耳素衍生物及

第一完成人：梁剑平

梁剑平，男，汉族（1962—　），博士，三级研究员，博士生导师。享受国务院政府特殊津贴农业部有突出贡献的中青年专家。西部开发突出贡献奖获得者、中央统战部“为全面建设小康社会做出贡献的先进个人”、甘肃省“陇上骄子”、九三学社甘肃省委、“十佳青年”称号。现任兰州畜牧与兽药研究所兽药研究室副主任，中国农业科学院二级岗位杰出人才，甘肃“555”创新人才。兼任中国毒理学会兽医毒理学分会及中国兽医药理学分会理事，农业部新兽药评审委员会委员，农业部兽药残留委员会委员，中国兽药典委员会委员，中国农业科学院学术委员会委员，中国农业科学院研究生院教学委员会委员、政协兰州市委常委。主要从事兽药化学合成和中草药的提取及药理研究，先后主持和参加国家和省部级重大科研项目20余项。发表论文80余篇，培养研究生26名。先后2004年甘肃省科技进步三等奖，2004年中国农业科学院科技成果二等奖，2009年兰州市科技进步一等奖，2010年甘肃省技术发明三等奖，2011年甘肃省技术发明二等奖和2011年兰州市技术发明一等奖。

其制备方法和应用（ZL201210427093.7）、用电子束辐照制备药物缓释水凝胶膜的方法（ZL20111064233.1）。共发表论文51篇，其中16篇被SCI收录。

本项目首次开展了重离子束辐照兽用药物的分子改性及菌株诱变育种研究。采用该方法提高化合物的生物活性，是一种寻找新药的新颖而有效的途径，能大大加快新兽药研发的步伐。故本项目无论是方法与技术创新，还是化学结构与应用创新，都是一项具有开创意义的工作。

目前，喹羟酮作为饲料料添加剂已在全国范围内推广应用，用于促生长，提高饲料利用率和预防幼畜腹泻，提高幼畜、离的成活率等。高产菌株K40-3经过培养条件的筛选及发酵工艺的优化，已在国内四家企业用于工业化发酵生产截短侧耳素，取得了较好的经济和社会效益。

甘肃省技术发明奖

证　书

为表彰甘肃省技术发明奖获得者，特颁发此证书。

项目名称：重离子束辐照诱变提高兽用药物的生物活性研究及产业化

奖励等级：三等

获 奖 者：梁剑平

甘肃省人民政府

2016年1月29日

证书号：2015-F3-008-R1

“重离子束辐照诱变提高兽用药物的生物活性研究及产业化”甘肃省技术发明三等奖证书

23. 药用鼠尾草活性成分代谢和药效作用物质基础的系统研究

获奖时间、名称和等级：2013年北京市科技三等奖

主要完成单位：首都医科大学

中国农业科学院中兽医研究所

主要完成人：薛明　李晓蓉　罗永江　史彦斌　程体娟　崔颖　王丽娟　戴海学　李晓莉　汪明明　刘蕴　武莉　陈怡　杨志勇　张彬

任务来源：国家计划

起止时间：2008年1月至2010年12月

内容简介：

本成果采用现代色谱波谱及液-质联用技术，从鼠尾草根及丹参酮体内产物中分离鉴定了52个化合物或代谢物，新报道化合物26个。采用反相HPLC建立了药用鼠尾草复杂体系中8个活性成分的同步定量检测新方法，系统研究比较了不同产地丹参和大丹参活性成分的含量与分布特点，首先采用HPLC方法建立了主成分隐丹参酮及其代谢物的体内定量方法，系统研究了隐丹参酮及其活性代谢物在猪和大鼠体内的药动学和转运转化，明确了体内处置规律。采用LC-MS/MS方法首先建立了复杂体系中丹参脂溶性成分和水溶性成分6个有效成分的体内同步定量测定方法，系统研究两大体系的药动学和药物相互作用特点。系统研究比较了鼠尾草活性成分和新组方丹芎方的药理作用及机制及毒理学评价。研制出具有显著抗菌消炎、抗腹泻、抗自由基、降血脂和对血管平滑肌以及肝脑组织细胞保护作用的活性成分新组方丹芎方，其呈现明显的药动学优化，药效学增效结果，已获得国家发明专利授权。在中药组方药效作用物质基础与药效药代研究技术方法上有较大创新，研究证明了鼠尾草丹参和大丹参的基本化学成分类型，为将大丹参收入中国药典及对此两个品种分别制定标准提供了理论依据。鼠尾草活性成分

第一完成人：薛明

薛明，男，汉族（1962—　）研究员，教授，1985—1995年在研究所工作，主要从事药物代谢与药物动力学方向的工作，现任中国药理学会理事北京药理学会常务理事、北京生理科学会理事、中国药理学会药物代谢专业委员会委员、北京药学会药理专业委员会委员、《中国药理通讯》副主编、Asian Journal of Pharmacodynamics and Pharmacokinetics，《中国药理学通报》，《神经药理学报》，《国际药学研究杂志》编委、International Journal of Pharmaceutics, Journal of Pharmacy and Pharmacology, Pharmaceutical Biology等杂志审稿人、国家自然科学基金委员会生命科学部项目评议专家，国家科学技术奖励评审专家库成员等。发表高水平SCI文章16篇，主编的著作5部。主持完成的“抗菌消炎新兽药消炎醌的研制与应用”获得2006年甘肃省科技进步三等奖。

的药效学、药物代谢和毒性研究对扩大中药丹参药源，合理使用大丹参，研制开发具有自主知识产权的新组方药物丹芎方提供了丰富的实验资料和理论依据。主要创新点都发表在国内外权威刊物上，充实了中药学专著和教科书的内容，学术意义和实用价值重大。在国内外学术期刊发表论文 43 篇，其中，国外 SCI 收录论文 9 篇。被 SCI、CSCD、CMCI 及 CNKI 等数据库引用 433 次，CNKI 等下载 5 910 次，单篇他引次数达到 50 次。学术影响力十分显著，受到国内外同行和学术界的公认、高度关注和评价以及广泛引用和验证。

荣誉证书

北京市科学技术奖

为表彰在推动科学技术进步、对首都经济建设和社会发展作出贡献的集体和个人，特颁此证，以资鼓励。

获奖项目：药用鼠尾草活性成分代谢和药效作用物质基础的系统研究

获奖等级：叁等奖

获奖单位：首都医科大学、中国农业科学院中兽医研究所

北京市人民政府

二〇一四年一月

NO. 2013 中-3-003

“药用鼠尾草活性成分代谢和药效作用物质基础的系统研究”北京市科技三等奖证书

24. 牛羊微量元素精准调控技术研究与应用

获奖时间、名称和等级：2014年甘肃省科技进步三等奖

主要完成单位：中国农业科学院兰州畜牧与兽药研究所

主要完成人：刘永明 王胜义 荔霞 王慧 辛国省 齐志明 张力 刘世祥 王瑜 周学辉 丁学智 陈化琦 董书伟

任务来源：行业专项

起止时间：2001年1月至2012年12月

内容简介：

本成果通过对甘肃等省（区）牛羊主要养殖区土壤、牧草、牛羊血清微量元素动态变化进行系统检测、牛羊生产性能和相关疾病流行病学调查，①制定出微量元素调控技术和补饲技术。②研制出奶牛、肉（牦）牛、犊牛和羊微量元素舔砖系列新产品8种，试验期内提高奶牛日产奶量2.44千克；提高肉牛日增重0.133千克、犊牛日增重0.259千克、肉羊日增重0.0269千克；提高母牛受胎率7.32%、犊牛成活率8.01%、母羊受胎率9.75%；降低母牛流产率5.16%、乳房炎发病率13.89%、胎衣不下发病率17.22%、子宫内膜炎发病率13.19%、生产瘫痪发病率4.8%。③研制出牛羊缓释剂2种，试验期内提高奶牛日产奶量0.47千克；提高肉牛日增重0.157千克、羊日增重0.0281千克、母牛受胎率6.25%、母羊受胎率10.6%、羔羊成活率9.0%；降低母牛流产率2.75%、乳房炎发病率10.49%、胎衣不下发病率12.78%、子宫内膜炎发病率11.4%。④研制出牛羊舔砖专用支架2种和缓释剂专用投服器2种，达到长期、持续、清洁补充微量元素的目的。

获甘肃省饲料工业办公室批准的添加剂预混料生产文号8个，甘肃省质量技术监督局企业

第一完成人：刘永明

刘永明，男，汉族（1957— ），三级研究员，硕士生导师。现任中国农业科学院兰州畜牧与兽药研究所党委书记、副所长、工会主席，兼任《中兽医医药杂志》和《中国草食动物科学》杂志编委会主任、中国农业科学院思想政治工作研究会理事、中国兽医协会会员和兰州市科学技术奖励委员会委员等职务。主要从事动物营养与代谢病研究工作。先后主持国家科技支撑计划、公益性行业专项、科技成果转化基金项目、948项目以及省级科研课题或子专题12项，主持基本建设项目4项；获授权专利8项，取得新兽药证书“黄白双花口服液”1个、添加剂预混料生产文号5个；主编（主审）、副主编著作6部，参与编写著作6部，其中《中国农业百科全书中兽医卷》获全国优秀科技图书一等奖和国际文止戈图书奖；发表论文50余篇，培养硕士生5名。在农业科技推广年活动中被农业部授予科技推广活动先进个人称号。主持完成的“牛羊微量元素精准调控技术研究与应用”获得2014年甘肃省科技进步三等奖，主持完成的“新型高效牛羊微量元素舔砖和缓释剂的研制与推广”获得2013年全国农牧渔业丰收二等奖。

产品标准 8 个；申报专利 18 项，其中授权 11 项、公开并进入审查 7 项；出版著作 3 部；发表论文 45 篇（其中 SCI 6 篇，一级学报 3 篇）。

取得农业部添加剂预混合饲料生产许可证 1 个；建立添加剂预混料生产车间和 2 条微量元素舔砖和缓释剂生产线；通过新产品技术转让，在中国农业科学院中兽医研究所药厂等 2 家企业建立生产基地并批量生产；产品已在甘肃、青海、宁夏回族自治区等省（区）52 个试验示范点（区）共推广应用牛共 29.77 万头（次）、羊共 57.65 万只（次）；经中国农业科学院农业经济与发展研究所测算，实现经济效益 44 728.25 万元。

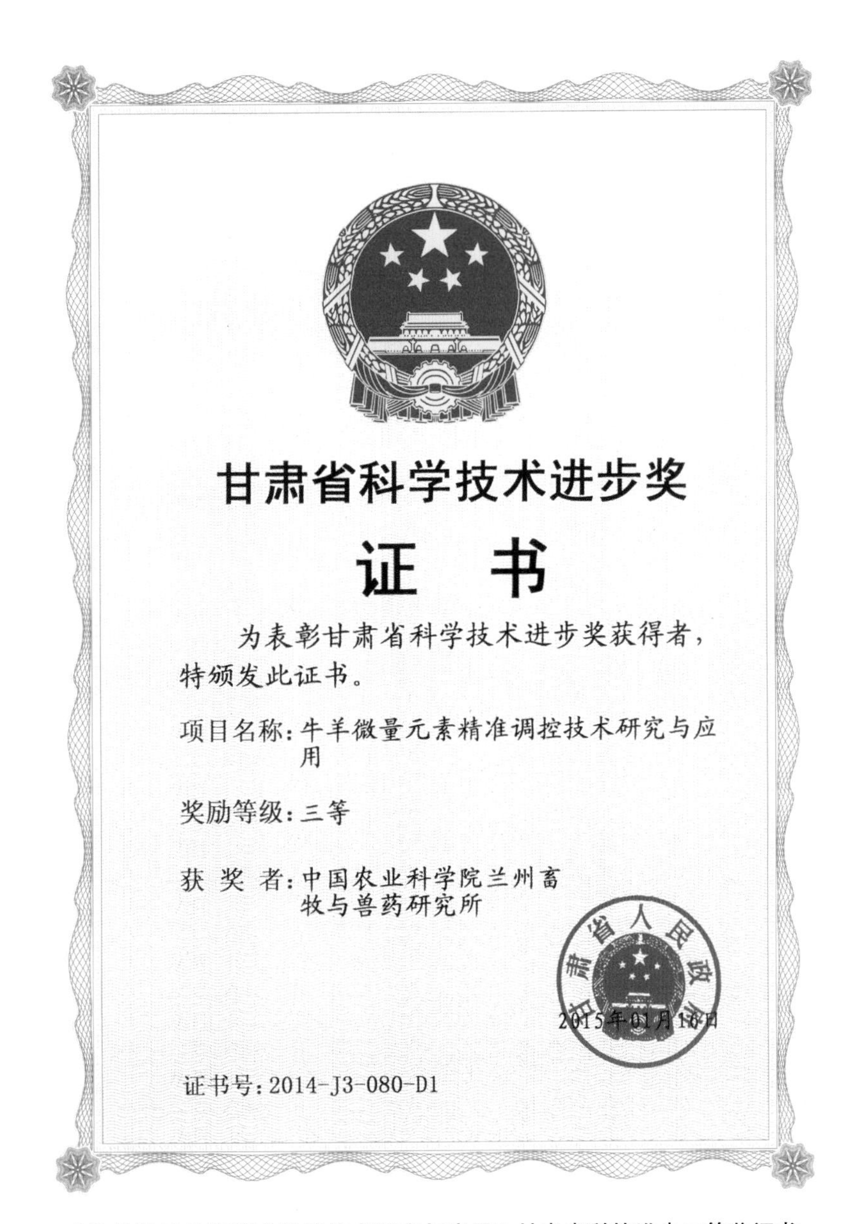
甘肃省科学技术进步奖

证　书

为表彰甘肃省科学技术进步奖获得者，特颁发此证书。

项目名称：牛羊微量元素精准调控技术研究与应用

奖励等级：三等

获 奖 者：中国农业科学院兰州畜牧与兽药研究所

甘肃省人民政府

2015年01月16日

证书号：2014-J3-080-D1

“牛羊微量元素精准调控技术研究与应用”甘肃省科技进步三等奖证书

25. 青藏高原牦牛良种繁育及改良技术

获奖时间、名称和等级：2008—2010 年度全国农牧渔业丰收奖农业技术推广成果二等奖

主要完成单位：中国农业科学院兰州畜牧与兽药研究所

主要完成人：阎萍　郭宪　梁春年　何晓林　杨勤　曾玉峰　赵国琳　冯宇诚　殷满财　郭健　石生光　孙延生　石红梅　张国模　杨振　张红霞　李吉叶　拉毛才旦　杨小丽　武甫德　永福　尕代　路建卫

任务来源：部委计划

起止时间：2005 年 9 月至 2009 年 12 月

内容简介：

本成果是在科技部农业科技成果转化项目支助下完成的。建立了由牦牛种公牛站、育种核心群、繁育群（场）、推广扩大区四个部分组成的繁育体系，使青藏高原良种牦牛制种供种效能显著提高。通过遗传改良、繁育及加强培育措施等技术组装、集成、试验示范推广，良种牦牛改良当地牦牛的受胎率达到 70%，比同龄家牦牛提高 20%，犊牛繁活率提高 4%，越冬死亡率降低 3%。对改良我国牦牛品质，提高牦牛生产性能，遏制牦牛退化起到积极促进作用。

近 5 年销售良种牛 6 245 头，冻精 20 万支，年改良家牦牛约 20 万头，覆盖率达我国牦牛产区的 75%，已获经济效益 31 539 万元。推进了牦牛生产良种化进程，提高了科技覆盖率，带动了相关产业发展，已成为牦牛产区广泛推广应用的品种改良技术。对促进我国牦牛业的发展，提高当地少数民族人们的生活水平，繁荣民族地区经济，稳定边疆具有重要现实意义。

第一完成人：阎萍

阎萍，女，汉族（1963—　），博士，三级研究员，博士生导师。2012 年享受国务院特殊津贴，中国农业科学院三级岗位杰出人才，甘肃省优秀专家，甘肃省“555”创新人才，甘肃省领军人才，现任研究所副所长。国家畜禽资源管理委员会牛马驼品种审定委员会委员，中国畜牧兽医学会牛业分会副理事长，全国牦牛育种协作组常务副理事长兼秘书长，中国畜牧兽医学会动物繁殖学分会常务理事和养牛学分会常务理事等。现为国家肉牛牦牛产业技术体系牦牛选育岗位专家，甘肃省牦牛繁育工程重点实验室主任。主要从事动物遗传育种与繁殖研究，先后主持和参加完成了 20 余项省部级项目。培育国家牦牛新品种 1 个，填补了世界上牦牛没有培育品种的空白。培养研究生 15 名，发表论文 180 余篇，出版著作 6 部。先后获得 2003 年甘肃省科技进步二等奖，2003 年中国农业科学院科技成果奖二等奖，2005 年甘肃省科技进步一等奖，2007 年国家科技进步二等奖，2009 年甘肃省科技进步二等奖，2010 年全国农牧渔业丰收奖农业技术推广成果奖二等奖，2014 年甘肃省科技进步二等奖。

全国农牧渔业丰收奖

证　书

为表彰2008-2010年度全国农牧渔业丰收奖获得者，特颁发此证书。

获奖类别：农业技术推广成果奖

项目名称：青藏高原牦牛良种繁育及改良技术

奖励等级：二等奖

获奖单位：中国农业科学院兰州畜牧与兽药研究所
（第1完成单位）

二〇一〇年十二月

编　号：FCD-2010-2-126-01

“青藏高原牦牛良种繁育及改良技术”全国农牧渔业丰收二等奖证书

26. 新型高效牛羊微量元素舔砖和缓释剂的研制与推广

获奖时间、名称和等级：2011—2013 年度全国农牧渔业丰收奖农业技术推广成果二等奖

主要完成单位：中国农业科学院兰州畜牧与兽药研究所
中兽医研究所药厂
甘肃省天水市动物疫病预防控制中心
甘肃省天辰牧业有限公司
甘肃省甘南州畜牧科学研究所
甘肃省肃南裕固族自治县皇城镇农牧技术服务站

主要完成人：刘永明 王胜义 潘虎 齐志明 刘世祥 王瑜 王慧 乔瑾 省新荣 马金云 孟伟 李大业 王国仓 扎西塔 郭彦强 拉毛索南 李升芳 张寿文 王保国 麻文林 高建平 杜雪林 曹贵忠 周瑞娟 马超龙

任务来源：行业专项

起止时间：2010 年 1 月至 2012 年 12 月

内容简介：

本成果通过牛羊主要养殖区土壤饲草与牛羊生长性能相关研究、营养代谢病流行病学调查和微量元素补饲试验，确定舔砖和缓释剂的配方、剂型，设计补饲途径和方式，完善和优化舔砖和缓释剂的生产工艺，取得生产许可证和奶牛、肉牛、羊微量元素舔砖生产文号，使产品的安全性、有效性和质量可控性得到保障；研制出牛羊舔砖专用支架和缓释剂专用投服器，达到长期、持续、均衡和清洁补充微量元素的目的；开展技术培训，提高牛羊科学养殖水平；形成奶牛、肉牛、羊营养代谢病防控技术；建立示范推广点，推广应用奶牛、肉牛、羊共 71.6 万

第一完成人：刘永明

刘永明，男，汉族（1957— ），三级研究员，硕士生导师。现任中国农业科学院兰州畜牧与兽药研究所党委书记、副所长、工会主席，兼任《中兽医医药杂志》和《中国草食动物科学》杂志编委会主任、中国农业科学院思想政治工作研究会理事、中国兽医协会会员和兰州市科学技术奖励委员会委员等职务。主要从事动物营养与代谢病研究工作。先后主持国家科技支撑计划、公益性行业专项、科技成果转化基金项目、948 项目以及省级科研课题或子专题 12 项，主持基本建设项目 4 项；获授权专利 8 项，取得新兽药证书“黄白双花口服液”1 个、添加剂预混料生产文号 5 个；主编（主审）、副主编著作 6 部，参与编写著作 6 部，其中《中国农业百科全书中兽医卷》获全国优秀科技图书一等奖和国际文止戈图书奖；发表论文 50 余篇，培养硕士生 5 名。在农业科技推广年活动中被农业部授予科技推广活动先进个人称号。主持完成的“牛羊微量元素精准调控技术研究与应用”获得 2014 年甘肃省科技进步三等奖，主持完成的“新型高效牛羊微量元素舔砖和缓释剂的研制与推广”获得 2013 年全国农牧渔业丰收二等奖。

头次，实现经济效益 25 781.9 万元，提高了牛羊生产性能和肉品品质，有效地降低代谢病和相关疾病的发病率，保障牛羊健康，为提供高产、优质、安全的动物源性食品提供技术保障。该成果已取得农业部添加剂预混合饲料生产许可证和甘肃省添加剂生产文号 4 个，获得国家授权专利 6 个。

全国农牧渔业丰收奖

证　书

为表彰2011-2013年度全国农牧渔业丰收奖获得者，特颁发此证书。

奖项类别：农业技术推广成果奖

项目名称：新型高效牛羊微量元素舔砖和缓释剂的研制与推广

奖励等级：二等奖

获奖单位：中国农业科学院兰州畜牧与兽药研究所

（第1完成单位）

二〇一三年十二月

编号：FCG-2013-2-098-01D

“新型高效牛羊微量元素舔砖和缓释剂的研制与推广”全国农牧渔业丰收二等奖证书

27. 甘肃高山细毛羊细型品系和超细品系培育及推广应用

获奖时间、名称和等级： 2012—2013年度中华农业科技三等奖

主要完成单位： 中国农业科学院兰州畜牧与兽药研究所

甘肃省绵羊繁育技术推广站

甘肃省金昌市永昌种羊场

甘肃省肃南裕固族自治县农牧业委员会

甘肃省天祝藏族自治县畜牧技术推广站

主要完成人： 郭健 李文辉 孙晓萍 牛春娥 郎侠 李范文 李桂英 苏文娟 冯瑞林 刘建斌

任务来源： 国家科技支撑计划

起止时间： 2010年1月至2012年12月

内容简介：

本成果首次在高原生态条件下育成甘肃高山细毛羊细型品系和超细品系，丰富了细毛羊遗传资源，完善了甘肃细毛羊品种结构；两品系选育的目标指标均优于甘肃高山细毛羊相应指标。建立“开放核心群育种体系”和“闭锁群体继代选育”相结合的甘肃高山细毛羊品系培育体系。首次筛选出高寒生态条件下甘肃高山细毛羊新品系选种的动物模型，开发出一套简单、实用的BLUP简体中文操作系统，估计育种值。研究集成早期断奶技术、营养调控技术、分子标记辅助选择技术，并应用于甘肃高山细毛羊新品系培育。应用MTDFREML（多性状非求导约束最大似然法）法估算了甘肃优质细毛羊重要经济性状的遗传参数。围绕新品系的营养需要、日粮组分的适宜水平等进行的前期研究，为制定甘肃高山细毛羊新品种（系）的饲养标准提供了理论参数。颁布《甘肃高山细毛羊》国家标准，制定《甘肃细毛羊质量控制体系》（草案），取得“毛丛分段切样器”（ZL200820003445.5）国家实用新型专利。

第一完成人：郭健

郭健，男，汉族（1964— ），副研究员，硕士生导师。长期从事羊繁殖工作。先后主持和参与完成各类科研项目18项副主编出版专著2部，参加出版2部。主笔或参加发表专业论文30篇。主持完成的“甘肃高山细毛羊细型品系和超细品系培育及推广应用”获得获甘肃省科技进步二等奖，作为参加人获得中国农业科学院科技成果一等奖2项，甘肃省农牧厅科技成果二等奖1项，兰州市科技创新成果一等奖1项，甘肃省农牧厅科技成果二等奖1项。

实际达到的性能指标：超细品系毛纤维直径 17. 97～18. 53 微米，毛长 9. 35～10. 15 厘米，净毛率平均 55. 24%，核心群 1 895 只。细型品系毛纤维直径 19. 98～20. 49 微米，羊毛长度 9. 58～10. 94 厘米，羊毛密度 6 300 根/平方厘米，核心群 4 890 只。累计推广优秀超细种公羊 240 只，细型种公羊 510 只，改良当地细毛羊 66 万只；超细与细型品系群体分别达到 6. 2 万只和 11. 3 万只。优质细毛生产羊群达到 51. 5 万只，年产优质羊毛约 2 060 吨，细毛羊总饲养量达到约 100 万只，细羊毛年产量达到约 3 500 吨。制定了“甘肃细毛羊”国家标准，已颁布。编写《甘肃高山细毛羊育种和发展》，已交印。发表相关论文 14 篇，培养研究生 4 名。取得国家实用新型专利一项：毛丛分段切样器（ZL 2008 20003445. 5）。建立了甘肃细羊毛质量控制标准体系草案（部分已颁布）。培养技术员 15 人，培训农牧民 120 人次。

为表彰在我国农业科学技术进步工作中做出突出贡献的获奖者，特颁发此证书，以资鼓励。

项目名称：甘肃高山细毛羊细型品系和超细品系培育及推广应用

奖励等级：三等奖

获 奖 者：中国农业科学院兰州畜牧与兽药研究所（第 1 完成单位）

证书编号：KJ2013-D3-033-01

二〇一三年十一月八日

“甘肃高山细毛羊细型品系和超细品系培育及推广应用”

中华农业科技三等奖

28. 西藏河谷农区草产业关键技术研究与示范

获奖时间、名称和等级：2013年西藏自治区科学技术一等奖

主要完成单位：中国科学院地理科学与资源研究所

西藏自治区农牧科学院

中国农业科学院兰州畜牧与兽药研究所

中国农业科学院北京畜牧兽医研究所

主要完成人：余成群　邵小明　李锦华　王保海　何峰　李晓忠　钟华平　孙维　邵涛　李少伟

任务来源：科技支撑计划

起止时间：2006年1月至2014年8月

内容简介：

本成果以地理资源所为牵头单位，联合西藏自治区农牧科学院、中国农业科学院兰州畜牧与兽药研究所、中国农业科学院北京畜牧兽医研究所、中国农业大学等单位，取得了一系列成果。对西藏河谷农区主要栽培的5种牧草进行了种子生产研究，为推动草种本土化生产提供了技术基础。研究了20种饲草作物与粮食或饲草作物间的套复种模式，形成了饲草高产和规模化栽培技术集成体系。研发了适合西藏特殊自然气候和饲养要求的各类草产品加工技术和规范。系统分析研究了西藏农区牛羊常用饲草料营养价值和牛羊能量与物质代谢规律；研制了西藏黄牛饲养的TMR技术和西藏高原绵羊快速育肥的综合配套技术。

项目实施期间，试验示范区累计推广种草面积10万余亩（15亩=1公顷。全书同），人工牧草地单位面积平均产草量提高了30%以上，直接经济效益5 800余万元。

主要完成人：李锦华

李锦华，男，汉族（1963—　），博士，副研究员，硕士生导师。从事牧草栽培与育种工作。现任草业饲料研究室副主任。先后主持参加省部级牧草育种及畜牧业发展项目13项，获省部级奖4项，其中省级科技进步一等奖1项。参与育成抗霜霉病苜蓿新品种“中兰1号”，通过国家审定；主持育成耐旱苜蓿新品种“中兰2号”，通过省级审定。发表论文60余篇，参编著作4部。

བོད་རང་སྐྱོང་ལྗོངས་ཚན་རིག་ལག་རྩལ་བྱ་དགའི་དཔང་ཡིག

西藏自治区科学技术奖

证　书

བོད་རང་སྐྱོང་ལྗོངས་ཚན་རིག་ལག་རྩལ་གྱི་བྱ་དགའ་ཐོབ་མཁན་ལ་
གཟེངས་བསྟོད་བྱེད་ཆེད་དཔང་ཡིག་འདི་དམིགས་བསལ་དུ་སྤྲོད་རྒྱུ།

为表彰自治区科学技术奖获得者，特颁发此证书。

རྣམ་གྲངས་མིང་།
项目名称:西藏河谷农区草产业关键技术研究与示范

བྱ་དགའི་རིམ་པ།
奖励等级:一等

བྱ་དགའ་ཐོབ་མི
获 奖 者:中国农业科学院兰州畜牧与兽药研究所

西藏自治区人民政府
二○一三年五月十三日

དཔང་ཡིག་ཨང་།
证 书 号:2013-JD-1-02-03

“西藏河谷农区草产业关键技术研究与示范”西藏自治区科学技术一等奖证书

29. 基于综合生态管理理论的草原资源保护和可持续利用研究与示范

获奖时间、名称和等级：2011 年甘肃省科技进步二等奖
2011 年甘肃省农牧渔业丰收一等奖

主要完成单位：世界银行贷款甘肃牧业发展项目管理办公室
中国农业科学院兰州畜牧与兽药研究所
兰州大学
甘肃农业大学
安定区世行贷款畜牧综合项目管理办公室

主要完成人：李国林 黄全成 花立民 杨杜录 张建宇 时永杰 龙瑞军 程耀龙 李兴福

任务来源：国际计划

起止时间：2007 年 1 月至 2009 年 12 月

内容简介：

本成果采用综合生态管理理论系统研究了中国西部草地资源利用与畜牧业生产、生物多样性保护的关系与可持续性，提出了将草地资源的经济属性、生态属性和社会属性有机结合的资源综合管理模式。开展了影响草地资源可持续利用限制性因素的调查和评估，提出了以村为基础的参与式草原管理模式。完成了安定等八个项目区的草原野生牧草种质资源野外调查，查清了当地草原野生牧草种质资源的种类、分布、植被类型等基本数据，采集当地野生牧草种质资源 19 科 50 属 68 种，并对采集、收集、征集的具有应用前景的野生牧草种质资源进行了分析、鉴定、整理与评价，建成了基于 Microsoft 软件下的 SQL Server 电子档案管理系统。建成了野生牧草种质资源更新保存圃 13 340 平方米，野生牧草种质资源观测、驯化圃 10 672 平方米，野生牧草种子繁殖田 633 365 平方米。提出了项目区野生牧草种植资源栽培技术规范及补播技

主要完成人：时永杰

时永杰，男，汉族（1961— ），学士，研究员，硕士生导师。兰州畜牧与兽药研究所草业饲料研究室主任，兼任中国草学会理事，中国畜牧业协会草业分会理事，中国草学会饲料生产委员会理事，中国草学会牧草资源专业委员会理事，中国草学会生态专业委员会理事；甘肃省草原学会理事，美国北美苜蓿协会（NAAIC）会员，《中国草食动物科学》杂志编委。主要从事牧草育种栽培、草地培育改良和草地生态环境治理等方面研究工作，先后主持和参加国家计委、农业部等各类研究课题 30 余项；获省、部级科技成果奖 12 项，院、厅级奖 5 项。编写出版学术著作 9 部，发表学术论文 120 余篇。培养硕士研究生 5 名。

术。培训项目区草业技术人员和草地经营者80人次，发表论文74篇。

该成果的单位完成为我国西部生态环境的治理、遏制荒漠化扩大蔓延、发展畜牧业做出了重要贡献，对维护西部生态平衡，实现西部经济、社会和生态的可持续发展将产生重要作用。

甘肃省科学技术进步奖

证　书

为表彰甘肃省科学技术进步奖获得者，特颁发此证书。

项目名称：基于综合生态管理理论的草原资源保护和可持续利用研究与示范

奖励等级：二等

获 奖 者：中国农业科学院兰州畜牧与兽药研究所

甘肃省人民政府

2012年02月10日

证书号：2011-J2-063-D2

“基于综合生态管理理论的草原资源保护和可持续利用研究与示范”甘肃省科技进步二等奖证书

时永杰同志：

在2011年甘肃省农牧渔业丰收奖一等奖“基于综合生态管理理论的草原资源保护和可持续利用研究与示范”项目中为第六完成人。

特发此证

甘肃省农牧厅

编号：2011-1-12-6　　二〇一一年九月九日

“基于综合生态管理理论的草原资源保护和可持续利用研究与示范”甘肃省农牧渔业丰收一等奖证书

30. 青藏高原生态农牧区新农村建设关键技术集成与示范

获奖时间、名称和等级：2013年青海省科学技术二等奖

主要完成单位：农业部规划设计研究院
青海省农林科学院
中国农业科学院兰州畜牧与兽药研究所

主要完成人：朱明 李松龄 刘永明 周新群 齐飞 阎萍 严作廷 周长吉 梁春年 荔霞 王胜义 齐志明 刘世祥

任务来源：国家计划

起止时间：2008年1月至2010年12月

内容简介：

该课题立足青藏高原生态农牧区社会主义新农村建设实践，通过对优势特色产业技术，农牧民居住环境整治技术，农牧民生产生活基础设施建设技术和农牧民公共卫生与基本医疗保健技术等集成研究，集成了青藏高原奶牛规模化养殖技术体系、牦牛健康养殖技术体系和日光温室双孢菇产业化技术体系共3套农业技术体系；集成优化了酵素菌生物有机肥产业化技术和适应高寒气候运行的干法沼气工程技术及装备，提出了“一池一灶一炉”的农牧区可再生能源开发利用模式，发明了适用于青藏高原农牧区的厌氧—滴滤池—人工湿地农村生活污水处理工艺技术；课题还研究制定了一批技术规程规范，在青海省湟源县大华镇、申中乡、日月乡和海晏县的哈勒景乡四个乡镇，建设了新农村建设示范区。

课题集成构建的青藏高原生态农业技术体系、农牧区生态农业可持续发展模式和农牧区新农村建设推进模式具有较强的实践操作性、理论创新性和现实针对性，为我国青藏高原地区的新农村建设具有指导意义。

主要完成人：刘永明

刘永明，男，汉族（1957— ），三级研究员，硕士生导师。现任中国农业科学院兰州畜牧与兽药研究所党委书记、副所长、工会主席，兼任《中兽医医药杂志》和《中国草食动物科学》杂志编委会主任、中国农业科学院思想政治工作研究会理事、中国兽医协会会员和兰州市科学技术奖励委员会委员等职务。主要从事动物营养与代谢病研究工作。先后主持国家科技支撑计划、公益性行业专项、科技成果转化基金项目、948项目以及省级科研课题或子专题12项，主持基本建设项目4项；获授权专利8项，取得新兽药证书“黄白双花口服液”1个、添加剂预混料生产文号5个；主编（主审）、副主编著作6部，参与编写著作6部，其中《中国农业百科全书中兽医卷》获全国优秀科技图书一等奖和国际文止戈图书奖；发表论文50余篇，培养硕士生5名。在农业科技推广年活动中被农业部授予科技推广活动先进个人称号。主持完成的“牛羊微量元素精准调控技术研究与应用”获得2014年甘肃省科技进步三等奖，主持完成的“新型高效牛羊微量元素舔砖和缓释剂的研制与推广”获得2013年全国农牧渔业丰收二等奖。

青海省科学技术奖励

证　书

为表彰青海省科学技术进步奖获得者，特颁发此证书。

项目名称： 青藏高原生态农牧区新农村建设关键技术集成与示范

获奖等级： 二等奖

获奖单位： 中国农科院兰州畜牧与兽药研究所

二〇一四年三月二十六日

获奖编号：2013-KJJB-2-04-D03

“青藏高原生态农牧区新农村建设关键技术集成与示范”青海省科学技术二等奖证书

31. 河西走廊牛巴氏杆菌病综合防控技术研究与推广

获奖时间、名称和等级：2014年甘肃省科技进步二等奖

2014年甘肃省农牧渔业丰收一等奖

主要完成单位：甘肃省动物疫病预防控制中心

中国农业科学院兰州畜牧与兽药研究所

张掖市动物疫病预防控制中心

武威市动物疫病预防控制中心

金昌市动物疫病预防控制中心

主要完成人：郭慧琳　高仰平　贺洞杰　何彦春　马忠　齐明　张文波　薛喜娟　李珊　李开生　杨开山　魏炳成　李国治　聂英　牛永安

任务来源：甘肃省科技重大专项计划

内容简介：

本成果通过对河西牛巴氏杆菌病从流行病学调查及病原分离鉴定研究，查清了牛巴氏杆菌病的发病、死亡情况和病原血清型，研制了适合本地血清型的A型牛巴氏杆菌灭活疫苗、高免血清，筛选了治疗特效药物和特效消毒剂。并将研究成果集成配套，在河西5市19个县区进行规模推广应用。项目实施期，申报国家发明专利1项、实用新型专利7项，制定甘肃省地方标准10项，在国家级刊物上发表论文6篇。

2011—2013年在河西5市累计防控牛共540万头，推广覆盖面达90.35%，使河西走廊牛巴氏杆菌病的发病范围有了大幅度的缩小，发病频次有了大幅度的下降，总体发病、死亡率分别由1.72%、1.12%下降到了0.81%、0.41%，分别下降了0.91、0.71个百分点，2011—2013年，分别以市、县区为单位，每年连续12个月无区域性暴发流行，发病率未超过1%，达到了有效控制标准；使1.5岁出栏肉牛的平均体重由596.2千克提高到了598.4千克，提高

主要完成人：贺洞杰

贺洞杰，男，汉族（1987—　），硕士，助理研究员，主要研究方向为植物抗逆基因研究，牧草基因工程育种等。主持在研项目3项，参与省级重点项目5项。获得甘肃省科技进步二等奖1项，三等奖1项，甘肃省农牧渔业丰收奖4项，高校科技进步奖1项。发表SCI 1篇，国内核心期刊15篇，获得国家发明专利1项，实用新型专利19项。

了2.2千克。3年已获得经济效益58 554.25万元。

本成果的实施不仅极大地提高了规模养牛的数量和质量，而且还增强了畜产品的社会信誉、品牌效应和市场竞争力。同时，又增加了社会的有效供给和农民的就业机会，促进了种植业、养殖业和食品业的发展。

甘肃省科学技术进步奖

证　书

为表彰甘肃省科学技术进步奖获得者，特颁发此证书。

项目名称：河西走廊牛巴氏杆菌病综合防控技术研究与推广

奖励等级：二等

获 奖 者：中国农业科学院兰州畜牧与兽药研究所

2015年01月16日

证书号：2014-J2-023-D2

“河西走廊牛巴氏杆菌病综合防控技术研究与推广”甘肃省科技进步二等奖证书

32. 天祝白牦牛种质资源保护与产品开发利用

获奖时间、名称和等级：2009年甘肃省科技进步三等奖

2009年兰州市科技进步一等奖

主要完成单位：西北民族大学

甘肃省天祝白牦牛育种实验场

中国农业科学院兰州畜牧与兽药研究所

主要完成人：郭宪　阎萍　梁春年　曾玉峰　裴杰

任务来源：部委计划

起止时间：2003年11月至2007年12月

内容简介：

本成果针对天祝白牦牛种质资源保护与产品开发利用进行研究，结合天祝白牦牛产区自然生态条件和生产实际，制定了《天祝白牦牛》农业行业标准，并经农业部颁布实施；建立了天祝白牦牛核心区、选育群、扩繁群和商品群，规范了天祝白牦牛选育技术和方法；系统分析和研究了天祝白牦牛肉、乳、毛（绒）产品品质特性，为天祝白牦牛产品的进一步开发利用提供了技术依据；建立了天祝白牦牛冷冻精液生产、保存、胚胎体外生产技术体系，并得到推广应用。

该成果的多项技术在天祝白牦牛产区得广泛推广应用，对天祝白牦牛品种选育、遗传改良、种质资源开发利用具有重要的现实意义。

第一完成人：郭宪

郭宪，男，汉族（1978—　），博士，副研究员，硕士生导师。中国畜牧兽医学会养牛学分会理事，中国畜牧业协会牛业分会理事，全国牦牛育种协作组理事。主要从事动物遗传育种与繁殖研究工作，重点方向包括动物生殖生理、动物生物技术、动物细胞工程。先后主持、参加项目10余项。参与制定农行标3项。主编著作7部，参编著作2部，其中主编《中国藏獒》获第24届华东地区科技出版社优秀科技图书二等奖。获得授权专利2项。发表论文20余篇，SCI收录5篇。获得2009年甘肃省科技进步二等奖和兰州市科技进步一等奖。

“天祝白牦牛种质资源保护与产品开发利用”甘肃省科技进步二等奖证书

“天祝白牦牛种质资源保护与产品开发利用”兰州市科技进步一等奖证书

33. 秦王川灌区次生盐渍化土壤的生物改良技术与应用研究

获奖时间、名称和等级：2012年甘肃省科技进步三等奖

2012年甘肃省农牧渔业丰收二等奖

主要完成单位：兰州市农业科技研究推广中心

甘肃黄土地扁桃科技有限公司

兰州大学生命科学院

兰州市动物卫生监督所

中国农业科学院兰州畜牧与兽药研究所

主要完成人：代立兰　吴彦祥　曹靖　董进明　张怀山　王平　毛志芳

任务来源：兰州市计划

起止时间：2008年1月至2010年12月

内容简介：

本成果针对兰州市引大秦王川灌区土地资源次生盐渍化日益恶化的状况，调查秦王川灌区土壤次生盐渍化状况及其盐份类型，先后引进各类生物改良材料66份以及“禾康”和“康地保”两种盐渍化土壤改良剂。引进配套垄沟栽培、覆盖栽培、施肥、灌水等农艺措施达到抑盐控盐效应。从盐渍化土壤的生物（各种植物）改良到生产资料（肥料、水、改良剂）改良以及栽培技术（醋糟、菌类基质废弃物抑盐栽培技术、垄沟、覆盖抑盐栽培技术）改良3个方面开展了12项试验研究。

该成果2008—2010年在树屏镇茅茨村、中川镇北坪村、中川镇引大节水基地和秦川镇源泰村、秦川镇陇西村、上川镇下古山村建试验、示范点6个。三年累计推广3.8万亩，其中利用玉米沟播覆膜和平播覆膜抑盐技术累计推广玉米13 500亩，同时推广废旧报纸营养钵玉米育苗技术；示范带动苜蓿面积15 000亩；在上川镇利用盐渍化土壤栽培耐盐作物枸杞，完成

主要完成人：张怀山

张怀山，男，汉族（1969—　），博士，助理研究员，现为中国草业学会会员。长期从事草类植物种质资源及育种研究。参与完成国家自然科学基金、国家科技攻关、国家科技支撑计划、地方科技攻关项目等16项，主持完成省部级、市级、院所级科研项目4项，发表论文50余篇，出版学术专著2部，获得国家发明专利及实用新型专利7项，获得省级科技成果奖2项、市级科技成果奖1项。

盐渍化土壤高效利用示范面积 3 000 亩；在树屏镇茅茨村弃耕的中度盐渍化区域利用禾康和康地宝改良剂并种植耐盐牧草后再种植啤酒大麦技术，完成盐渍化土壤改良面积 3 000 亩；在中轻度盐渍化区域利用大水压盐后种植苜蓿、披碱草等改良并种植啤酒大麦 3 500 亩。在中川镇北坪村、秦川镇陇西村和树屏镇茅茨村设“禾康”和“康地宝”两种盐渍化土壤生物改良剂示范点 30 个，带动改良剂面积 300 亩。

以中国农业科学院农业经济研究所 1991 年制定的《农业科研成果经济效益计算方法》为依据，进行计算分析，单位规模新增纯收益 504. 83 元/亩，投入产出比 5. 28 元/元，累计新增纯收益 1 848. 0 万元。该项目以点带面、试验与示范相结合，应用推广区域广，面积大，实施效果显著。

甘肃省科学技术进步奖

证　书

为表彰甘肃省科学技术进步奖获得者，特颁发此证书。

项目名称：秦王川灌区次生盐渍化土壤的生物改良技术与应用研究

奖励等级：三等

获 奖 者：中国农业科学院兰州畜牧与兽药研究所

2013年01月18日

证书号：2012-J3-082-D5

“秦王川灌区次生盐渍化土壤的生物改良技术与应用研究”甘肃省科技进步三等奖证书

三、地、市、厅级科技成果奖

1. 绿色高效饲料添加剂多糖和寡糖对鸡抗病促生长作用研究

获奖时间、名称和等级：2005 年兰州市科技进步一等奖

主要完成单位：中国农业科学院兰州畜牧与兽药研究所

主要完成人：郭福存　李万坤　李宏胜　李新圃　罗金印　魏云霞　郁杰　严作廷　蒲万霞
刘家彪　张维义　董世璧　张性兰

任务来源：省部计划

起止时间：2001 年 8 月至 2004 年 12 月

内容简介：

本成果采用微生物体外积累发酵产气法和 DNA 分子鉴定技术等先进手段，研究了香菇、银耳和黄芪多糖及酵母细胞壁甘露寡糖对肠道微生物菌群及其发酵动力学的影响，以及作为抗生素替代物对感染鸡和健康鸡的抗病、促生长作用，探讨了它们与动物肠道微生态体系和免疫系统的相关性。研究表明：①中药多糖和甘露寡糖可选择性地刺激鸡肠道中有益菌的生长和/或活性，抑制有害菌的生长，此外，中药多糖和甘露寡糖还具有稳定肠道微生态体系和减少有害气体产生的作用。作为饲料添加剂或免疫佐剂，可提高鸡的特异性细胞免疫和体液免疫应答，对鸡特别是感染鸡具有显著的抗病、促生长作用。②应用香菇（LenE）、银耳（TreE）和黄芪多糖（AstE）及甘露寡聚糖（YMO）先后对 188 万只鸡进行了抗病及增重扩大试验表明，多糖和寡糖添加饲料中，可显著提高鸡的生长速率（9%～25%），提高饲料转化率（1.5%～5%），降低鸡的发病率，使鸡的死亡率显著下降（10%～30%）。③多糖和寡糖作为免疫佐剂与疫苗一起使用时，特别是（LenE、TreE 和 AstE）可显著提高疫苗乳细菌苗（禽霍乱疫苗）、

第一完成人：郭福存

郭福存，女，汉族（1964—　），博士，副研究员，主要从事饲料添加剂方面的研究。在研究所工作期间鉴定和验收科研项目 9 项，获得各级政府奖项 6 项，在 SCI 国际期刊发表论文共 9 篇，在国内杂志发表论文 50 多篇。主持完成“绿色高效饲料添加剂多糖和寡糖对鸡抗病促生长作用研究”获得 2005 年兰州市科技进步一等奖。

病毒苗（鸡马立克和鸡新城疫苗）和寄生虫疫苗（鸡球虫活卵苗）的保护率（10%~30%）。

本成果共发表科技论文11篇，其中在相关领域国际期刊（SCI）发表8篇，国际会议上发表论文2篇，国内大型会议发表论文1篇。该项研究成果在中试期间已获得经济效益236万元，今后大规模推广应用后将产生巨大的经济和社会效益。

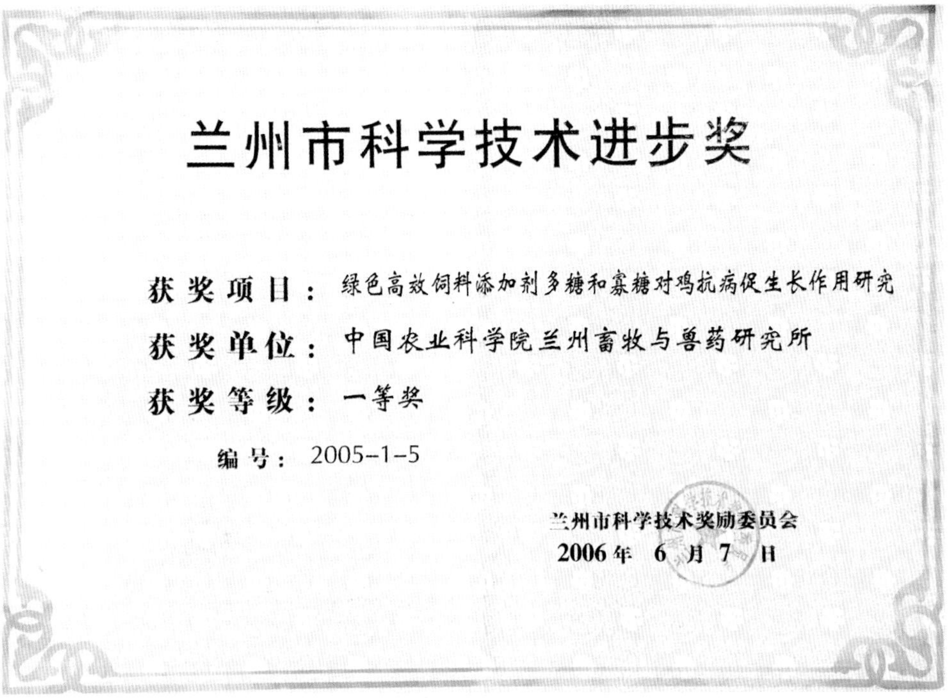

兰州市科学技术进步奖

获奖项目：绿色高效饲料添加剂多糖和寡糖对鸡抗病促生长作用研究

获奖单位：中国农业科学院兰州畜牧与兽药研究所

获奖等级：一等奖

编号：2005-1-5

兰州市科学技术奖励委员会

2006年6月7日

“绿色高效饲料添加剂多糖和寡糖对鸡抗病促生长作用研究”兰州市科技进步一等奖证书

2. 新型安全中兽药的产业化与示范

获奖时间、名称和等级：2009 年兰州市科技进步一等奖

主要完成单位：中国农业科学院兰州畜牧与兽药研究所

中国科学院近代物理研究所

甘肃省凯悦生物科技有限公司

主要完成人：梁剑平 尚若锋 崔颖 王学红 华兰英 刘宇 郭文柱 郭志廷 王曙阳 卫增泉 陶蕾 牛建荣 王玲 苗小楼 阎卫东

任务来源：国家计划部委计划

起止时间：2004 年 1 月至 2007 年 12 月

内容简介：

本成果通过完善具有增奶功能的新型天然饲料添加剂“葛根素”的提取、化学合成以及对葛根素及其衍生物的结构分析的基础上，进行熟化并组装。利用葛根素具有明显的增奶活性和提高机体免疫力的作用，研制出无抗专用催乳饲料，并在甘肃省凯悦生物科技有限公司建立完整的奶牛专用催乳饲料生产车间，进行工业化生产，使奶牛专用催乳饲料年生产能力达到 2 000 吨。在此基础上，在甘肃省凯悦生物技术有限公司、青岛玉皇岭奶牛场、青海天露乳业有限公司等应用无抗专用催乳饲料进行应用和实验示范。在建立畜产品兽药残留检测与评价方法的基础上，按照绿色食品标准，对示范单位生产的无抗畜产品进行药物残留的检测与评价，使本项目成果应用的示范单位产品达到抗生素零残留的目的。

本成果针对目前畜牧业滥用抗生素而造成畜牧产品中药物严重污染的问题，较好地解决了母犬无抗畜禽产品产业化生产中较为关键性的技术，实现了畜禽产品（奶、肉、蛋）中抗生

第一完成人：梁剑平

梁剑平，男，汉族（1962— ），博士，三级研究员，博士生导师。享受国务院政府特殊津贴农业部有突出贡献的中青年专家。西部开发突出贡献奖获得者、中央统战部“为全面建设小康社会做出贡献的先进个人”、甘肃省“陇上骄子”、九三学社甘肃省委、“十佳青年”称号。现任兰州畜牧与兽药研究所兽药研究室副主任，中国农业科学院二级岗位杰出人才，甘肃“555”创新人才。兼任中国毒理学会兽医毒理学分会及中国兽医药理学分会理事，农业部新兽药评审委员会委员，农业部兽药残留委员会委员，中国兽药典委员会委员，中国农业科学院学术委员会委员，中国农业科学院研究生院教学委员会委员、政协兰州市委常委。主要从事兽药化学合成和中草药的提取及药理研究，先后主持和参加国家和省部级重大科研项目 20 余项。发表论文 80 余篇，培养研究生 26 名。先后 2004 年甘肃省科技进步三等奖，2004 年中国农业科学院科技成果二等奖，2009 年兰州市科技进步一等奖，2010 年甘肃省技术发明三等奖，2011 年甘肃省技术发明二等奖和 2011 年兰州市技术发明一等奖。

素的零残留，并形成了一整套检测畜禽产品中抗生素残留的方法，为今后在我国彻底解决畜禽产品抗生素残留树立典范，对畜牧业发展和提高食品的安全及增加畜禽产品的出口创汇具有重要的意义。此外，各项技术之间内在结合密切，整体技术体系效能突出，经济成本较低，具有较强的针对性和可操作性，在我国北方城市乃至在全国许多养殖场有很好的生产适宜性和市场前景，对解决畜产品的抗生素残留有重要意义。

本成果的实施实现了抗生素零残留的奶、蛋、肉制品的生产，其中无抗奶 2 万吨，成品酸奶 60 吨，蛋、肉共 260 吨。解决了我国目前亟待解决的抗生素残留的突出问题，核心技术、经营模式、运行机制均有创新，产生了经济效益和社会效益。

荣誉证书

兰州市科学技术进步奖

获奖项目：新型安全中兽药的产业化与示范

获奖单位：中国农业科学院兰州畜牧与兽药研究所

获奖等级：一等奖

编　　号：2009-1-11-1

二〇一〇年一月五日

“新型安全中兽药的产业化与示范”兰州市科技进步一等奖证书

3. 新型兽用纳米载药技术的研究与应用

获奖时间、名称和等级：2013 年兰州市技术发明一等奖
2012 年中国农业科学院科技成果二等奖

主要完成单位：中国农业科学院兰州畜牧与兽药研究所

主要完成人：张继瑜　周绪正　李冰　吴培星　李剑勇　牛建荣　魏小娟　李金善　杨亚军　刘希望　刘根新

任务来源：863 计划项目

起止时间：2006 年 1 月至 2011 年 11 月

内容简介：

本技术成果合成了 1 种具有抗病毒、抗菌活性的生物纳米专利材料，研制了 1 种伊维菌素纳米载药系统、1 种青蒿琥酯纳米载药系统，利用研究的载药系统研制了伊维菌素、青蒿琥酯、多拉菌素和塞拉菌素等 6 种兽用纳米制剂及检测专利技术，并开展了技术的临床和生产应用研究。项目研制的兽用纳米载药系统及新制剂获得 3 项国家发明专利。①壳聚糖复合物纳米载体材料的合成技术选用天然、价廉、无毒的壳聚糖作为载体材料，合成了可特异性结合组织细胞表面糖链蛋白质靶位的水溶性的唾液酸寡糖-壳聚糖复合物。研究结果表明，该复合物即可作为纳米药物载体材料，同时本身还具有显著的靶向抗病毒和抗菌作用。本项技术发明获得国家发明专利 1 项（专利号：200610011918.1）。②伊维菌素纳米制剂载药技术筛选不同表面活性剂、油相、助表面活性剂等，建立了 Cremophor RH40-1，2-丙二醇（PEG400）-油酸乙酯-水体系，通过纳米生物兽药的生物活性、体外稳定性和纳米乳的性能评价，结果表明伊维

第一完成人：张继瑜

张继瑜，男，汉族（1967—　），博士，三级研究员，博（硕）士生导师，国家百千万人才工程国家级人选，有突出贡献中青年专家，中国农业科学院三级岗位杰出人才，中国农业科学院兽用药物研究创新团队首席专家，国家现代农业产业技术体系岗位科学家。现任兰州畜牧与兽药研究所副所长兼纪委书记，兼任中国兽医协会中兽医分会副会长，中国畜牧兽医学会兽医药理毒理学分会副秘书长，农业部兽药评审委员会委员，农业部兽用药物创制重点实验室常务副主任，甘肃省新兽药工程重点实验室主任，中国农业科学院学术委员会委员。主要从事兽用药物及相关基础研究工作，重点方向包括兽用化学药物的研制、药物作用机理与新药设计、细菌耐药性研究。带领的研究团队在动物寄生虫病、动物呼吸道综合征防治药物研究上取得了显著进展。在肠杆菌耐药机理、血液原虫药物作用靶标筛选的研究处于领先地位。先后主持完成国家、省部重点科研项目 20 多项，研制成功 4 个兽药新产品，其中国家一类新药 1 个，取得专利授权 5 项，发表论文 170 余篇，主编出版著作 2 部，培养研究生 21 名。先后获 2006 年兰州市科技进步二等奖，2012 年中国农业科学院科技成果二等奖，2013 年兰州市技术发明一等奖和 2013 年甘肃省科技进步一等奖。

菌素纳米乳载药性能良好，物理化学性质稳定，纳米特性显著。本项技术发明获得国家发明专利 1 项（专利号：200810150354.9）。③青蒿琥酯纳米制剂载药技术选择不同表面活性剂、油相、助表面活性剂，经过工艺优化，根据体系形成纳米乳的难易程度、载药量和稳定性等，建立了 HS-15/ SLP/丙三醇/EO/超纯水最佳体系，并采用滴定法绘制伪三元相图建立了青蒿琥酯伊维菌素纳米乳。本项技术发明获得国家发明专利 1 项（专利号：200810150353.4）。④伊维菌素和青蒿琥酯纳米新制剂的应用通过药效学和毒理学研究，对青蒿琥酯、伊维菌素纳米新制剂的进行了评价，完成了药物在羊和牛体内的药代动力学研究，以及抗动物寄生虫病、抗附红细胞体的临床药效试验，表明具有安全高效的特点。

本成果相关技术在 6 家兽药企业转让和实施，总计生产青蒿琥酯纳米制剂 12 万头份，生产伊维菌素纳米注射液 50 万头份，产生经济效益 3.62 亿元。生产的纳米新兽药在兰州市和国内 28 个省市推广应用，产生直接经济效益超过 8 825 万元，同时产生了显著的社会效益。研制的青蒿琥酯纳米药物应用于羔羊焦虫病预防约 120 余万只，发病率降低 60%以上，病死率降 90%以上。伊维菌素纳米乳临床应用牛体内外寄生虫病防治 12 万头，驱虫率达到 100%，显著降低了治疗成本和家畜体内药物残留、尤其在成本核算方面，可减少临床治疗支出 30%以上。

兰州市技术发明奖

证　书

为表彰兰州市技术发明奖获得者，特颁发此证书。

项目名称：新型兽用纳米载药技术的研究与应用

奖励等级：一等奖

获 奖 者：中国农业科学院兰州畜牧与兽药研究所

证书号：2013-1-1

“新型兽用纳米载药技术的研究与应用”

兰州市技术发明一等奖证书

中国农业科学院

科学技术成果奖证书

为表彰中国农业科学院科学技术成果奖获得者，特颁发此证书。

成果名称：新型兽用纳米载药系统研究与应用

奖励等级：二等

获 奖 者：中国农业科学院兰州畜牧与兽药研究所

证书编号：2012-2-08-D01

“新型兽用纳米载药技术的研究与应用”

中国农业科学院科技成果二等奖证书

4. 家兔饲养标准及配套饲养技术

获奖时间、名称和等级：2002年兰州市科技进步奖二等奖

主要完成单位：中国农业科学院兰州畜牧与兽药研究所

主要完成人：李宏　张力　郑中朝　王永忠　常城　马茂高　高柏绿　曹文杰　彭大惠　刘世民

任务来源：中国农业科学院科研基金自选项目

起止时间：1986年3月至1999年11月

内容简介：

本成果制定了家兔饲养标准（包括日粮适宜营养浓度和每日营养需要量），测定了部分生理阶段维持净能和净蛋白需要量；提出了估测消化能、粗蛋白、可消化粗蛋白每日需要量参数；在对家兔70多种常用饲料进行营养价值评定和对毛肉兔饲料消化率进行比较研究的基础上，制定了家兔饲料营养成分价值表；并建立了六类饲料及日粮营养价值估测公式和参数；研究了日粮铜水平对兔组织器官、铜蓝蛋白酶活力的影响，提出了日粮铜适宜添加量；优选出38个日粮配方，研制成功了家兔营养需要及配方软件。

本成果填补了国内家兔饲养的空白，也为世界家兔营养需要和饲料营养价值表增添了大量系统新颖的内容。在江苏、浙江、山东等6省16市县进行了推广应用，取得了显著经济效益。

兰州市科学技术进步奖

获奖项目：家兔饲养标准及配套饲养技术

获奖单位：中国农业科学院兰州畜牧与兽药研究所

获奖等级：二等奖

编号：　2002-2-1

兰州市科学技术奖励委员会

二〇〇二年十一月二十九日

“家兔饲养标准及配套饲养技术”兰州市科技进步奖二等奖证书

5. 活化卵白蛋白的免疫增强作用及应用研究

获奖时间、名称和等级：2003 年兰州市科技进步二等奖

主要完成单位：中国农业科学院兰州畜牧与兽药研究所

主要完成人：蒲万霞　宋秉生　董鹏程　戴凤菊

任务来源：甘肃省中青年科技基金项目

起止时间：1997 年 10 月至 2000 年 12 月

内容简介：

本成果主要内容如下：①制备出活化卵白蛋白（AEWP）；②研究了 AEWP 对小鼠腹腔感染大肠杆菌 O_1、金黄色葡萄球菌的治疗效果，对感染金黄色葡萄球菌的小鼠治愈存活率达 80%，对感染大肠杆菌 O_1 小鼠的治愈存活率较对照组高 50%；③研究了小鼠口服 AEWP 对不同途径感染大肠杆菌 O_1、O_2 的预防保护效果，保护率可达 40%～60%；④进行了 AEWP 对兔嗜中性粒细胞吞噬、杀菌功能影响试验，结果 1 000 毫克/千克剂量即可显著提高兔嗜中性粒细胞吞噬、杀菌功能（$P<0.05$，$P<0.01$）；⑤进行了口服 AEWP 对小鼠腹腔巨噬细胞吞噬功能影响研究，结果小鼠口服 AEWP 1 000 毫克/千克即可显著提高其巨噬细胞吞噬指数和吞噬百分率（$P<0.01$）；⑥研究了 AEWP 对兔红细胞免疫功能的影响，给兔每天以 250 毫克/千克的剂量连续灌服 AEWP 5 天，即可显著提高其红细胞免疫功能（$P<0.01$），且维持时间长，末次用药后第 5 天仍然保持较高水平（$P<0.01$）；⑦研究了 AEWP 对小鼠冷、热应激后，淋巴器官萎缩的影响，在冷应激中和热应激后，给小鼠每天以 1 000 毫克/千克剂量灌服 AEWP 连续 4 天，可显著减轻由冷应激造成的胸腺、脾脏萎缩（$P<0.01$，$P<0.05$）和由热应激造成的胸腺萎缩（$P<0.01$）。

通过六年多的实施推广，共预防犊牛 5 310 头，预防试验组与对照组相比，腹泻发病率和死亡率分别由 42.45%和 19.03%下降为 14.38%和 9.98%，下降 28.07 和 9.05 个百分点；共

第一完成人：蒲万霞

蒲万霞，女，汉族（1964—　），博士，四级研究员，硕士生导师，甘肃省微生物学会理事。长期从事兽医微生物与微生物制药研究，重点方向为兽用微生态制剂的研制及细菌耐药性研究，先后主持各级项目 15 项。获得授权国家发明专利 2 项。主编著作 6 部，发表论文 70 多篇，培养硕士生 11 名。获得甘肃省科技进步二等奖 1 项，中国农业科学院科技成果二等奖 1 项，兰州市科技进步一等奖 1 项，兰州市科技进步二等奖 2 项。

预防仔猪 67 120 头，预防试验组与对照组相比，仔猪的腹泻发病率和死亡率分别由 40.61%和 17.93%下降为 21.7%和 8.85%，下降 18.91 和 9.08%。目前已获经济效益 456.60 万元。预计对兰州地区 50 万头仔猪和 4 万头犊牛进行 5 年预防，可获经济效益 4 100 万元。

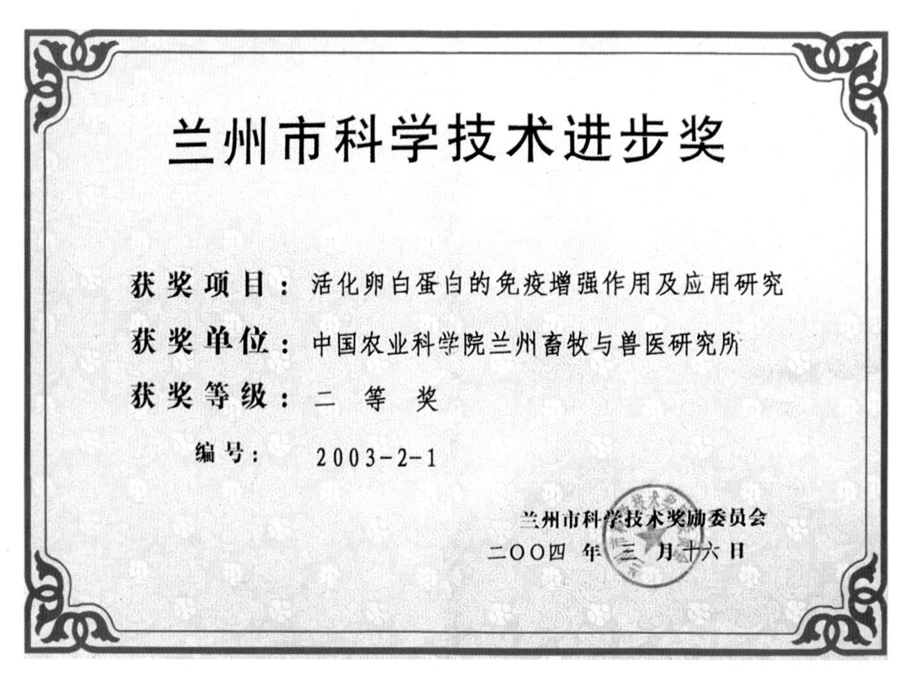

兰州市科学技术进步奖

获奖项目：活化卵白蛋白的免疫增强作用及应用研究

获奖单位：中国农业科学院兰州畜牧与兽医研究所

获奖等级：二　等　奖

编号：　2003-2-1

兰州市科学技术奖励委员会

二〇〇四 年 三 月十六日

“活化卵白蛋白的免疫增强作用及应用研究”兰州市科技进步奖二等奖证书

6. 中草药注射剂“乳源康”的研制与应用

获奖时间、名称和等级：2006年兰州市科技进步二等奖

主要完成单位：中国农业科学院兰州畜牧与兽药研究所

兰州正丰制药有限责任公司

主要完成人：张继瑜　周绪正　李剑勇　李金善　李宏胜　魏小娟　蒲万霞　牛建荣　张占峰　刘继红　胡俊杰　杨辉　王有祥　杨明成　马萍

任务来源：国家计划、地市自治洲计划

起止时间：2002年6月至2005年12月

内容简介：

本成果将中草药甘肃丹参、连翘、双花、黄连等药物抗菌有效成分经过提取、分离和纯化，收集具有抗菌和消炎活性的单体化合物以及理化性质和生物活性相近的化学成分群，按照中兽医理论组合而成“乳源康”制剂，主要用于对奶牛乳房炎和家畜敏感性病原菌引起的感染性疾病的治疗。项目完成了“乳源康”研制的药学、药物代谢动力学、药理学、毒理学、临床药效研究，并完成了产品的生产工艺以及中药原料提取工艺的研究，实现了产品的工业化生产，开展了大规模的临床推广应用，申报取得了新兽药批准文号（甘兽药字（2003）Z008567号），已申报了乳源康的国家发明专利并进入了实审期（申请号：200410073373.8）。

“乳源康”临床应用具有高效、安全、毒性小、临床使用方便、无化学药物和抗生素残留等优点。“乳源康”治疗奶牛临床型乳房炎，疗效与青、链霉素相当，其总有效率为96.32%，尤其是对急性和亚慢性乳房炎疗效比青、链霉素要好，总有效率为97.1%和66.7%。

第一完成人：张继瑜

张继瑜，男，汉族（1967—　），博士，三级研究员，博（硕）士生导师，国家百千万人才工程国家级人选，有突出贡献中青年专家，中国农业科学院三级岗位杰出人才，中国农业科学院兽用药物研究创新团队首席专家，国家现代农业产业技术体系岗位科学家。现任兰州畜牧与兽药研究所副所长兼纪委书记，兼任中国兽医协会中兽医分会副会长，中国畜牧兽医学会兽医药理毒理学分会副秘书长，农业部兽药评审委员会委员，农业部兽用药物创制重点实验室常务副主任，甘肃省新兽药工程重点实验室主任，中国农业科学院学术委员会委员。主要从事兽用药物及相关基础研究工作，重点方向包括兽用化学药物的研制、药物作用机理与新药设计、细菌耐药性研究。带领的研究团队在动物寄生虫病、动物呼吸道综合征防治药物研究上取得了显著进展。在肠杆菌耐药机理、血液原虫药物作用靶标筛选的研究处于领先地位。先后主持完成国家、省部重点科研项目20多项，研制成功4个兽药新产品，其中国家一类新药1个，取得专利授权5项，发表论文170余篇，主编出版著作2部，培养研究生21名。先后获2006年兰州市科技进步二等奖，2012年中国农业科学院科技成果二等奖，2013年兰州市技术发明一等奖和2013年甘肃省科技进步一等奖。

从 2002—2005 年，在兰州、深圳、呼和浩特、重庆、天津、西安等全国奶牛场，总计推广应用治疗奶牛乳房炎 17 669 头，累计增收节支 2102.611 万元，已取得了巨大的直接经济效益。

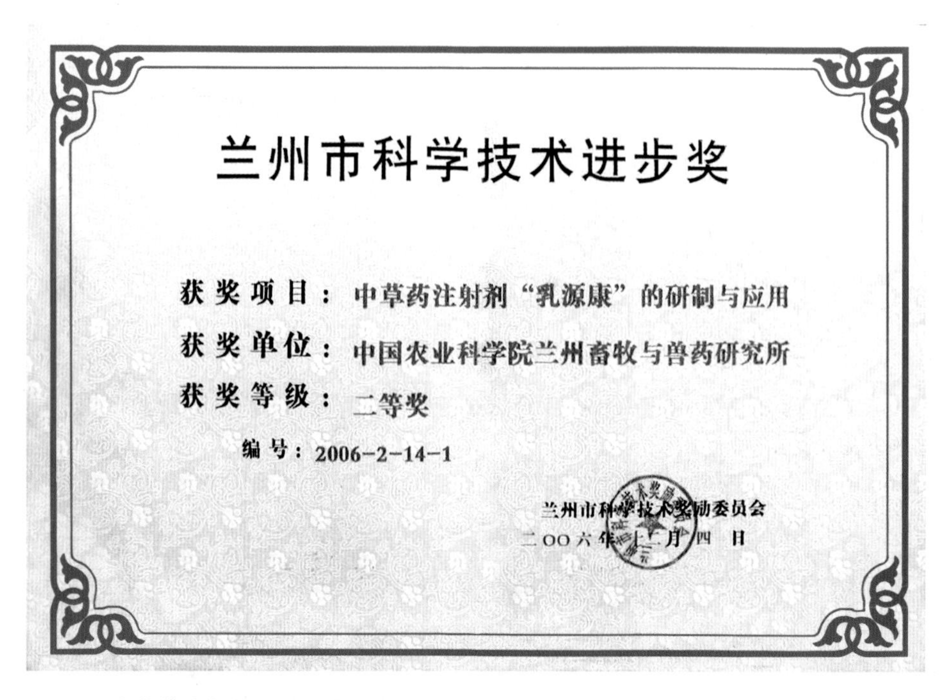
兰州市科学技术进步奖

获奖项目：中草药注射剂“乳源康”的研制与应用

获奖单位：中国农业科学院兰州畜牧与兽药研究所

获奖等级：二等奖

编号：2006-2-14-1

兰州市科学技术奖励委员会

二〇〇六年十二月四日

“中草药注射剂‘乳源康’的研制与应用”兰州市科技进步奖二等奖证书

7. 防治鸡腹泻性疾病天然药物“康毒威”的研究与应用

获奖时间、名称和等级：2007 年兰州市科技进步二等奖

主要完成单位：中国农业科学院兰州畜牧与兽药研究所

主要完成人：杨锐乐　巩忠福　谢家声　严作廷　李世宏　杨国林　李宏胜

任务来源：省部计划

起止时间：1997 年 8 月至 2005 年 12 月

内容简介：

本成果研究范围属天然药物类饲料添加剂的应用研究，适用于防治家禽各种类型腹泻的治疗或辅助治疗药物。本成果根据中兽医调整阴阳、扶正祛邪的原则，对多种腹泻性疾病临床主要症状和病理变化等症候群进行归纳分析，确立了鸡腹泻的证型和相应的治疗法则，采用传统组方法则与现代中药研究成果结合的方法，研制成功中草药浓缩型散剂“康毒威”，并完成了临床试验、药理学和毒理学试验，制定出了制剂的质量标准，取得了甘肃省四类新兽药证书；对腹泻性疾病的总有效率达到 97%以上。

丹皮提取物、地榆提取物、乌梅提取物、当归、黄芪等组成浓缩型中草药复方制剂“康毒威”增加了中兽药传统剂型的种类，填补了中兽药有效活性成分浓缩型散剂剂型的空白。本成果对于家禽疫病防治，生产无残留、无毒副作用的家禽产品，提高家禽产品的国际竞争力具有重要意义。

目前已获经济效益 1 050. 12 万元，未来还可能产生的经济效益 3 453. 62 万元。

第一完成人：杨锐乐

杨锐乐，男，汉族（1966—　），研究员，硕士生导师，从事中兽医医药学科学研究和科研管理工作。现为中国畜牧兽医学会兽医公共卫生学分会和中国畜牧兽医学学会畜牧兽医生物技术分会理事。一直从事中兽药的研究与开发工作，主持参加各类科研项目 8 项。发表科研论文 15 篇，编著学术专著 5 部。获得科技成果奖励 2 项。

兰州市科学技术进步奖

获奖项目：防治鸡腹泻性疾病天然药物"康毒威"的研究与应用

获奖单位：中国农业科学院兰州畜牧与兽药研究所

获奖等级：二等奖

编号：2007-2-27

二〇〇八年一月

"防治鸡腹泻性疾病天然药物'康毒威'的研究与应用"兰州市科技进步奖二等奖证书

8. 防治奶牛子宫内膜炎中药“产复康”的研制与应用

获奖时间、名称和等级：2010年兰州市科技进步二等奖

主要完成单位：中国农业科学院兰州畜牧与兽药研究所

主要完成人：严作廷　巩忠福　李世宏　谢家声　王东升　杨国林　梁纪兰　荔霞　严建鹏　曾宪成　郭文柱　陈道顺

任务来源：省部计划

起止时间：2002年1月至2008年10月

内容简介：

本成果根据中兽医辨证论治的原则，筛选出了防治奶牛子宫内膜炎的中药“产复康”。本成果主要技术指标有：①通过对391头分娩前的奶牛的预防和产后治疗试验，发现产前服用产复康，可降低胎衣不下和产后子宫内膜炎发病率，促进母牛子宫机能恢复；产后服用可改善母牛气虚血瘀症状，降低子宫内膜炎的发病率。②用显微鉴别和薄层鉴别方法制定了产复康的质量控制标准，确定了产品的有效期。③开展了产复康安全性评价，产复康对小鼠的生长发育、血液生理生化等未产生明显影响；产复康可升高气虚血瘀证奶牛血浆ET、Leptin水平，降低NO水平；可提高气虚血瘀证奶牛的产奶量，但对乳脂率没有明显影响。④开展了产复康药理学试验，低剂量产复康可以促进大鼠离体子宫平滑肌的收缩功能，提高子宫的活动性，高剂量则对子宫呈抑制作用；⑤初步明确了产复康治疗和预防奶牛产后疾病的作用机制：产复康对催产素引起的大鼠离体子宫平滑肌收缩功能具有抑制作用，且呈剂量—效应关系；产复康与环磷酰胺合用，能显著提高免疫抑制小鼠的脾脏指数、胸腺指数、腹腔巨噬细胞吞噬功能、小鼠血清溶血素、溶菌酶含量、IL-1β、IL-2及TNFa脾脏和胸腺TAOC水平、SOD活性水平，降低脾脏、胸腺MDA水平，且呈剂量—效应关系。

第一完成人：严作廷

严作廷，男，汉族（1962—　），博士，四级研究员，硕士生导师。现任中国农业科学院兰州畜牧与兽药研究所中兽医（兽医）研究室副主任，农业部兽药评审委员会委员，中国畜牧兽医学会家畜内科学分会常务理事，中国畜牧兽医学会中兽医学分会理事，中国农业科学院临床兽医学研究中心副主任，西北地区中兽医研究会常务理事，科技型中小企业技术创新基金评审专家。长期从事中兽医临床科研和奶牛疾病防治技术研究，在奶牛疾病的诊断、综合防治、治疗药物的开发方面积累了丰富的经验。先后主持20多项省部级项目。取得国家级新兽药证书2个，获得国家发明专利10个，实用新型专利5个，培养研究生4名，发表论文70余篇，出版著作14部。先后获得2010年兰州市科技进步二等奖，2013年兰州市科技进步二等奖。

该成果已在甘肃、宁夏回族自治区、青海等地 4.41 万头奶牛上推广应用，获得经济效益 4 297.83 万元。

荣誉证书

兰州市科学技术进步奖

获奖项目：防治奶牛子宫内膜炎中药“产复康”的研究与应用

获奖单位：中国农业科学院兰州畜牧与兽药研究所

获奖等级：二等奖

编　　号：2010-2-34

二〇一〇年十月十八日

“防治奶牛子宫内膜炎中药‘产复康’的研制与应用”兰州市科技进步奖二等奖证书

9. 蕨麻多糖免疫调节作用机理研究与临床应用

获奖时间、名称和等级：2010 年兰州市科技进步二等奖

2010 年中国农业科学院科学技术成果二等奖

主要完成单位：中国农业科学院兰州畜牧与兽药研究所

主要完成人：陈炅然　胡庭俊　程富胜　张霞　高芳　孟聚诚　帅学宏　董鹏程　魏兴军　孙治雄　高丽萍　李倬　严作廷　梁纪兰　崔东安

起止时间：2000 年 1 月至 2006 年 12 月

任务来源：省部计划

内容简介：

该项目对广泛分布于西北等地的藏药蕨麻（鹅绒委陵菜，Potentilla anserine L.）中所含蕨麻多糖进行了系统的生物学研究：①首次开展了蕨麻多糖的免疫调节作用及机理研究。结果表明，蕨麻多糖可促进体外培养的脾淋巴细胞的增殖，提高小鼠血清中的 IFN、IL-6 和 TNF 等细胞因子水平，改善中性粒细胞呼吸爆发功能，拮抗 CY 所致的免疫抑制效应，升高小鼠血清溶菌酶含量；蕨麻多糖可通过调节细胞内信号分子水平、相关基因的表达、免疫细胞凋亡及激活信号通道，介导免疫细胞的氧化还原信号转导，抑制免疫细胞凋亡等途径，达到免疫增强和调控作用。②首次开展了蕨麻多糖免疫调节作用与机体自由基反应相关性研究。结果表明，蕨麻多糖能通过清除体内自由基，降低免疫抑制状态下体内自由基产生酶的水平，而提高机体抗氧化能力，发挥免疫调节功能。③首次将蕨麻多糖作为高效畜禽免疫增强剂应用于临床，结果表明，通过不同剂量蕨麻多糖配合新城疫疫苗免疫鸡只，可提高新城疫疫苗效价 10%~30%，日增重提高 10%~50%，饲料转化率提高 1.5%~4%，对整群鸡的发病率和死亡率都有明显的影响，可显著降低鸡的发病率和死亡率 10%~30%，提高存活率；同时由于减少了化学药物的使用量，明显改善了畜产品的风味，极大幅度地增加了经济收益。

第一完成人：陈炅然

陈炅然，女，汉族（1968— ），博士，副研究员，硕士生导师。先后主持参加科研课题 10 项，主要从事兽用抗病毒新药病毒力克的研制、兽用抗血液原虫新药“血虫立克”的产业化开发、畜禽用疫苗新型免疫佐剂的研究与开发、兽用疫苗新型免疫佐剂剂量配比效应研究、中兽药防治犬腹泻症的研究等，发表学术论文 50 余篇，其中 SCI 收录 1 篇。先后获 2010 年兰州市科技进步二等奖和 2010 年中国农业科学院科学技术成果二等奖。

该成果初步探明了蕨麻多糖的免疫调节机理，明确了蕨麻多糖对细胞凋亡、免疫细胞呼吸爆发以及细胞内自由基和氧化还原状态的调节作用。该研究成果达到国际同类研究的先进水平。

“蕨麻多糖免疫调节作用机理研究与临床应用”兰州市科技进步奖二等奖证书

“蕨麻多糖的免疫调节作用机理研究与临床应用”中国农业科学院科学技术成果二等奖证书

10. 富含活性态微量元素酵母制剂的研究

获奖时间、名称和等级：2012 年兰州市科技进步二等奖

主要完成单位：中国农业科学院兰州畜牧与兽药研究所

主要完成人：程富胜　胡振英　张霞　辛蕊华　罗永江　李建喜　董鹏程　刘宇　王慧

任务来源：省部委计划

起止时间：2008 年 1 月至 2010 年 12 月

内容简介：

本成果以啤酒酵母为原始菌种，利用诱变技术选育出生产性能优良的富含微量元素锌、硒、铁的新一代酵母菌株。经多代驯化使菌株对微量元素无机盐浓度耐受性能、富集微量元素的高产性能以及遗传性状的稳定性能上较基础菌株有很大提高，培养环境中酵母菌株对无机微量元素锌的耐受量由 800 毫克/千克增加到 25 000 毫克/千克，硒由 5 毫克/千克增加到 150 毫克/千克，铁由 400 毫克/千克增加到 5 000 毫克/千克，富集微量元素能力以微量元素占单位重量的干酵母中含量计，锌 60 毫克/克、硒 2 500 微克/克、铁 50 毫克/克，从而完成了利用酵母载体将无机微量元素转化为有机微量元素的技术转变，研制出了一种安全、无毒副作用，能促进畜禽生长的全细胞型“酵母微量元素”微生态调节剂。

该研究成果通过集成国内外技术，经过诱变提高了酵母菌富集微量元素的能力，培育出新型富含微量元素酵母菌种，在同行业处于领先地位。为畜禽补充微量元素提供新方法，提高了微量元素的吸收与利用，同时极大地降低了无机微量元素代谢物对环境的污染。

经过近两年的时间在甘肃省玉门、兰州的部分鸡场进行了初步的临床应用，涉及多个品种共计 500 余万只鸡。临床结果表明，酵母微量元素对肉鸡的增重作用和免疫调节有明显的影响。添加微量元素锌、硒、铁后，较基础日粮饲喂组料肉比分别降低：10%～12%、18%～22%和 11%～13%。日增重率提高 10%～40%，对整群鸡的发病率和死亡率都有明显的影响，

第一完成人：程富胜

程富胜，男，汉族（1971—　），博士，副研究员，硕士生导师。主持参加国家科研课题 15 项，主要从事富含活性态微量元素免疫增强剂酵母生物转换技术及产业化研究，防治家畜寄生虫病研究，中草药防治奶牛腐蹄病制剂等研究。参与研制成功饲料添加剂“敌球灵”，“禽健散”。发表学术论文 50 余篇，获得 2012 年兰州市科技进步二等奖。

可显著降低鸡的发病率和死亡率 18%～30%，存活率高达 95%～99%，同时由于减少了化学药物的使用量，明显改善了畜产品的风味，直接增加经济收入 2 110.3 万元，经济效益显著。

兰州市科学技术进步奖

证　书

为表彰兰州市科学技术进步奖获得者，特颁发此证书。

项目名称：富含活性态微量元素酵母制剂的研究

奖励等级：二等奖

获 奖 者：中国农业科学院兰州畜牧与兽药研究所

2013 年 02 月 25 日

证书号：2012-2-20

“富含活性态微量元素酵母制剂的研究”兰州市科技进步奖二等奖证书

11. 奶牛子宫内膜炎综合防治技术的研究与应用

获奖时间、名称和等级：2013 年兰州市科技进步二等奖

主要完成单位：中国农业科学院兰州畜牧与兽药研究所

主要完成人：严作廷　巩忠福　李世宏　杨国林　王东升　谢家声　张世栋　梁纪兰　严建鹏

任务来源：国家科技攻关项目

起止时间：1986 年 1 月至 2012 年 10 月

内容简介：

本成果研究制定了奶牛子宫内膜炎综合防治技术，并进行了示范和推广；研制出防治奶牛子宫内膜炎的中西结合药剂“清宫液”和纯中药制剂“清宫液 2 号”、“清宫液 3 号”和“产复康”；开展了中药治疗奶牛子宫内膜炎的研究和应用。主要技术指标：①通过对我国 41 个奶牛场 9 754 头母牛展开调查，明确了奶牛子宫内膜炎的发病原因，查明了引起奶牛子宫内膜炎的主要病原菌。开展了子宫内膜炎诊断技术和子宫内膜炎病理学研究，研制出奶牛子宫内膜活检器，进行了奶牛子宫内膜炎病理学诊断研究，确定了子宫内膜炎病理特征及病理细胞类型，并制定了以子宫颈口白细胞计数为主的奶牛子宫内膜炎的诊断标准。②研制出第一个治疗奶牛子宫内膜炎的中西结合药剂“清宫液 2 号”、“清宫液 3 号”和“产复康”；研究表明服用产复康后可改善奶牛异常的血液流变学指标，提高气虚血瘀证奶牛血浆 leptin 和 ET 水平、降低 NO 水平；免疫学试验表明，产复康具有增强免疫的作用。③进行了药物防治奶牛子宫内膜炎的临床试验。用“清宫液”、“清宫液 2 号”和“清宫液 3 号”治疗子宫内膜炎的治愈率分别为 87.84%、85.7%和 85.69%，有效率分别是 94.55%、98.63%和 97.56%。产前用“产复康”可降低胎衣不下和产后子宫内膜炎发病率，促进母牛子宫机能恢复，使母牛提早发情配种，提

第一完成人：严作廷

严作廷，男，汉族（1962—　），博士，四级研究员，硕士生导师。现任中国农业科学院兰州畜牧与兽药研究所中兽医（兽医）研究室副主任，农业部兽药评审委员会委员，中国畜牧兽医学会家畜内科学分会常务理事，中国畜牧兽医学会中兽医学分会理事，中国农业科学院临床兽医学研究中心副主任，西北地区中兽医研究会常务理事，科技型中小企业技术创新基金评审专家。长期从事中兽医临床科研和奶牛疾病防治技术研究，在奶牛疾病的诊断、综合防治、治疗药物的开发方面积累了丰富的经验。先后主持 20 多项省部级项目。取得国家级新兽药证书 2 个，获得国家发明专利 10 个，实用新型专利 5 个，培养研究生 4 名，发表论文 70 余篇，出版著作 14 部。先后获得 2010 年兰州市科技进步二等奖，2013 年兰州市科技进步二等奖。

高受胎率；产后应用可使产后第一次发情时间缩短 20.07 天、第一次配种时间缩短 14.94 天、产后 85 天配孕率提高了 18.75%、子宫内膜炎降低了 18.75%。

根据国内外奶牛子宫内膜炎的最新研究成果，结合我们的研究成果，将诊断技术、药物治疗、饲养管理和产后监控技术等进行集成与组装，研究制订出以中药为主的奶牛子宫内膜炎的综合防治技术，制订了奶牛子宫内膜炎防治技术规范，大大降低了该病的发病率。

该成果已在甘肃、内蒙古自治区、天津、宁夏回族自治区、青海等地 57.15 万头奶牛上进行推广应用，取得了巨大的经济效益与社会效益，在推广期间已获经济效益 55 152.84 万元；未来还能产生的经济效益 73 406.82 万元，平均年经济效益 16 069.96 万元。

兰州市科学技术进步奖

证　书

为表彰兰州市科学技术进步奖获得者，特颁发此证书。

项目名称：奶牛子宫内膜炎综合防治技术的研究与应用

奖励等级：二等奖

获 奖 者：中国农业科学院兰州畜牧与兽药研究所

兰州市人民政府

2014 年 12 月

证书号：2013-2-14

“奶牛子宫内膜炎综合防治技术的研究与应用”兰州市科技进步奖二等奖证书

12. “阿司匹林丁香酚酯”的创制及成药性研究

获奖时间、名称和等级：2015年兰州市技术发明三等奖

主要完成单位：中国农业科学院兰州畜牧与兽药研究所

主要完成人：李剑勇 刘希望 杨亚军 张继瑜 周绪正 李冰

任务来源：部委计划

起止时间：2006年1月至2015年6月

内容简介：

本成果为防治家畜宠物疾病的新兽药候选药物阿司匹林丁香酚酯（AEE）的创制及其成药性研究。项目主要开展以下研究。AEE的设计、合成及制备工艺研究。以具有多种药理活性的丁香酚和传统药物阿司匹林为原料，通过结构拼合，合成出新型药用化合物AEE。对化合物结构进行了波谱鉴定，优化了制备工艺。授权国家发明专利1项，申请国家发明专利1项。AEE的制剂学研究。研究筛选了适用于AEE的药物剂型，首次制备了原料药的纳米乳制剂，建立了片剂、栓剂的制备方法，各种剂型的研制为该药物在畜牧养殖和宠物饲养领域的应用提供了物质基础。授权国家发明专利1项，申请国家发明专利1项。AEE的药理学研究。对AEE的药理学进行了系统研究，结果表明，AEE较原药阿司匹林和丁香酚的稳定性好，刺激性和毒副作用小，具有持久和更强的抗炎、镇痛、解热、抗血栓及降血脂作用，是一种新型、高效的兽用化学药物候选药物。AEE的毒理学研究。系统全面的对AEE进行了毒理学研究，包括急性毒性、长期毒性、特殊毒理学（致突变、致畸、生殖毒性）研究，结果显示该化合物实际无毒，可长期使用。发表相关学术论文18篇，其中SCI收录7篇。

AEE为高效、安全、低毒的动物专用化学药物候选药物，适用于畜牧养殖业和宠物饲养

第一完成人：李剑勇

李剑勇，男，汉族（1971— ），研究员，博士，硕（博）士生导师，国家百千万人才工程国家级人选，国家有突出贡献中青年专家。现任中国农业科学院科技创新工程兽用化学药物创新团队首席专家，农业部兽用药物创制重点实验室副主任，甘肃省新兽药工程重点实验室副主任，甘肃省新兽药工程研究中心副主任，农业部兽药评审专家，甘肃省化学会色谱专业委员会副主任委员，中国畜牧兽医学会动物药品学分会理事，中国畜牧兽医学会兽医药理毒理学分会理事，国家自然基金项目同行评议专家，《PLOS ONE》、《Medicinal Chemistry Research》等SCI杂志审稿专家。一直从事兽用药物创制及与之相关的基础和应用基础研究工作。曾先后完成国家级省部级药物研究项目40多项。获得授权发明专利8项。发表论文200余篇，其中SCI收录21篇，出版著作4部，培养研究生15名。先后获2007年度甘肃省科技进步一等奖，2009年度国家科技进步二等奖，第八届甘肃青年科技奖，第十二届中国青年科技奖，2013年度中国农业科学院科技成果二等奖。

业，可作为家畜、宠物感染性疾病、普通疾病的辅助治疗药物，也可降血脂、降血压，作为宠物肥胖症及老年病的防治药物。在家畜养殖场及宠物医院推广使用效果显著，产生经济效益437.1万元。

兰州市技术发明奖

证　书

为表彰兰州市技术发明奖获得者，特颁发此证书。

项目名称：“阿司匹林丁香酚酯”的创制及成药性研究

奖励等级：三等奖

获 奖 者：中国农业科学院兰州畜牧与兽药研究所

2016年3月

证书号：2015-F3-2-1

“‘阿司匹林丁香酚酯’的创制及成药性研究”兰州市技术发明三等奖证书

13. 奶牛乳房炎联合诊断和防控新技术研究及示范

获奖时间、名称和等级：2014年甘肃省农牧渔业丰收一等奖

主要完成单位：中国农业科学院兰州畜牧与兽药研究所
中国农业科学院中兽医研究所药厂
定西市安定区动物疫病预防控制中心
兰州市秦王川奶牛场

主要完成人：王学智　李建喜　杨志强　王旭荣　张景艳　田华　李宏胜　王瑜　陈华琦　郭爱国　马军福　韩积清　石广录　赵惠春　韦海宇

任务来源：省部计划

起止时间：2008年1月至2010年12月

内容简介：

本成果研发出具有自主知识产权的改良型兰州隐性乳房炎检测技术LMT，与改良前相比准确性提高到98%，与进口同类试剂CMT相比成本降低了50%，已申报了国家专利、国家标准和新兽药注册；建立了乳房炎主要致病菌金黄色葡萄球菌、无乳链球菌、大肠杆菌的多重PCR检测方法，准确性分别为97.24%、96.79%和95.06%；从乳汁中筛选出了辅助诊断奶牛隐性乳房炎的2种活性蛋白酶NAG和MPO；在乳汁体细胞-蛋白因子-分子遗传特性3个层次上集成上述技术，研发出了奶牛乳房炎联合诊断新技术，诊断准确性为96±4%；利用多重PCR技术，通过牛源Ia型和Ⅱ型无乳链球菌sip基因遗传进化及生物学特性分析和耐药菌株的检测，筛选出与中国株亲缘关系近的Ia型优势无乳链球菌，以此为菌种结合金黄色葡萄球菌生物学特性，制备出了针对Ia型无乳链球菌和金黄色葡萄球菌的二联油佐剂疫苗，免疫2次后抗体持续期可达6个月，保护期为4.6个月左右；根据奶牛乳房炎发病的证型特点，研发出了2种防治奶牛隐性乳房炎的中药“乳宁散”和“银黄可溶性粉”，可显著降低乳汁体细胞

第一完成人：王学智

王学智，男，汉族，(1969—　)，研究员、博士，硕士研究生导师。主要从事科技管理工作和兽医临床科研工作。在中兽药、动物营养代谢病等兽医临床学方面开展基础应用研究，先后主持参加各类科研项目26项。先后获得“2012—2013年度中国农业科学院优秀共产党员”、“甘肃省基础研究工作先进管理工作者（2013）”和“甘肃省科普工作先进工作者（2013）”等荣誉称号。发表学术论文15篇，其中SCI 7篇，参编著作17部，主编5部，获得专利22个。获得2014年甘肃省农牧渔业丰收一等奖。

数、细菌总数和炎症积分值，显著降低隐性乳房炎和临床乳房炎发病率。制定了适合我国规模奶牛场乳房炎管理评分方案，在奶牛场乳房炎发病监测体系中导入了DHI技术，以DHI体细胞监测值、LMT检测积分值、乳房炎管理评分值、乳汁蛋白酶活性水平4个方面动态分析为依据，首次构建出了适合我国规模化奶牛场乳房炎发病的风险预警配套技术方案。

该成果不仅可有效降低乳房炎发病率，还能显著降低推广牧场的化学药物用量和弃奶量，改善乳品质，对公共卫生和食品安全具有重要意义，经济、社会、生态效益显著。

经过研究与推广，课题组建立了乳房炎“联合”诊断新技术1套，制定了“奶牛隐性乳房炎快速检测技术”行业标准1项，申报5项专利，发表文章11篇，出版专著3部，培养研究生5名，培训技术人员600人次，构建出我国规模化牧场奶牛乳房炎发病风险预警配套技术1套，研制出了2种防治奶牛隐性乳房炎新中药，制备出了1种奶牛乳房炎二联油佐剂灭活疫苗。2011—2013年相关技术示范推广规模达50多万头，已获得经济效益14 602.12万元，未来4年还可能产生经济效益32 016.37万元。

奖状

中国农业科学院兰州畜牧与兽药研究所：

在2014年甘肃省农牧渔业丰收奖一等奖“奶牛乳房炎联合诊断和防控新技术研究及示范”项目中为第一完成单位。

特发此证

编号：2014-1-9-1

甘肃省农牧厅
2014年8月5日

“奶牛乳房炎联合诊断和防控新技术研究及示范”甘肃省农牧渔业丰收一等奖证书

14. 益蒲灌注液的研制与推广应用

获奖时间、名称和等级：2015 年甘肃省农牧渔业丰收一等奖

2015 年兰州市科技进步二等奖

主要完成单位：中国农业科学院兰州畜牧与兽药研究所

中国农业科学院中兽医研究所

主要完成人：苗小楼　王瑜　尚小飞　潘虎　陈化琦　杨建春　王宝东　汪晓斌　焦增华　马金保　孙秉睿　王兴堂　任殿玉　何建斌　李升桦

任务来源：部委计划，行业专项

起止时间：2007 年 1 月至 2012 年 12 月

内容简介：

项目执行期间，完成了奶牛子宫内膜炎治疗药“益蒲灌注液”药理、毒理、药学、质量标准、工艺研究、中试、临床等试验，研发出拥有独立自主知识产权的治疗奶牛子宫内膜炎的纯中药制剂“益蒲灌注液”。2013 年取得国家 3 类新兽药注册证书，并于 2014 年取得兽药生产批准文号，在全国大面积推广应用。“益蒲灌注液”是我国在治疗奶牛子宫内膜炎方面取得的第一个新兽药注册证书和兽药生产批准文号的的纯中药子宫灌注剂。与抗生素、激素等同类产品相比，具有疗效相等且不产生耐药性、治疗期间不弃奶、不影响食品安全和公共卫生及情期受胎率高等特点。

“益蒲灌注液”治疗奶牛子宫内膜炎的推广应用，以及奶牛子宫内膜炎综合防治措施和奶牛主要疾病防治技术的推广应用，不仅有效地治疗奶牛子宫内膜炎、降低奶牛主要疾病的发病率、减少弃奶、降低奶牛饲养管理和生产成本，提高奶业效益，增加奶农收入；而且对公共卫生和食品安全具有重要意义。

2012—2014 年在甘肃、河北廊坊、青海、内蒙古自治区等地奶牛养殖场进行“益蒲灌注

第一完成人：苗小楼

苗小楼，男，汉族，（1972—　），副研究员，主要从事兽药研发、传统兽医药物研究工作，主持参加多个省部课题，发表论文 20 余篇，获得授权专利 3 项，主持研制的中兽药“益蒲灌注液”获得国家三类新兽药证书，参与研制的一类兽药“喹烯酮”曾先后获国家科技进步二等奖和甘肃省科技进步一等奖。主持研发的“益蒲灌注液”新兽药于 2013 年获得新兽药证书。

液”治疗奶牛子宫内膜炎的推广应用，共收治患子宫内膜炎奶牛 2.88 万余头，治愈率达到 85%以上，总有效率达到 93%以上，隐性子宫内膜炎的治愈率为 100%，3 个情期内的受胎率达到 93%以上。同时开展奶牛子宫内膜炎综合防治措施和奶牛主要疾病防治技术的推广应用，使奶牛子宫内膜炎的发病率降低了 8.9%，奶牛乳房炎降低了 12%，奶产量明显增加，在节约饲养管理成本的同时还增加了奶牛场的收入，已经获得经济效益 11 890.56 万元，未来 4 年内还可能产生经济效益 32 275.67 万元，经济效益明显。

奖状

中国农业科学院兰州畜牧与兽药研究所：

在 2015 年甘肃省农牧渔业丰收奖一等奖““益蒲灌注液”的研制与推广应用”项目中为第一完成单位。

特发此证

编号：2015-1-9-1

甘肃省农牧厅
2015 年 8 月 17 日

“益蒲灌注液的研制与推广应用”

甘肃省农牧渔业丰收一等奖证书

兰州市科学技术进步奖

证书

为表彰兰州市科学技术进步奖获得者，特颁发此证书。

项目名称：“益蒲灌注液”的研制与推广应用

奖励等级：二等奖

获奖者：中国农业科学院兰州畜牧与兽药研究所

兰州市人民政府
2016 年 3 月

证书号：2015-J2-8-1

“益蒲灌注液的研制与推广应用”

兰州市科技进步二等奖证书

15. 鸽Ⅰ型副粘病毒病胶体金免疫层析快速诊断试剂条的研究与应用

获奖时间、名称和等级：2014 年甘肃省农牧渔业丰收二等奖

主要完成单位：甘肃省动物疫病预防控制中心

中国农业科学院兰州畜牧与兽药研究所

武威市动物疫病预防控制中心

主要完成人：孟林明　杨明　贺洞杰　张登基　张小宁　车小蛟　漆晶晶　王伟峰　刘渊　道吉吉　周海军　王文元　谭正锋

内容简介：

本成果建立了一种适合基层兽医部门诊断鸽Ⅰ型副粘病毒病的快速、简便的鸽Ⅰ型副粘病毒的胶体金免疫层析方法。本项目首先纯化鸽Ⅰ型副粘病毒，以鸽Ⅰ型副粘病毒为包被抗原，建立间接 ELISA 检测方法，然后原核表达鸽Ⅰ型副粘病毒 F 蛋白，纯化后作为免疫原，免疫 BALB/C 小鼠，制备单克隆抗体，采用柠檬酸钠还原法制备胶体金，把制备的胶体金标记单抗，组装成胶体金免疫层析试纸条，进行质量检测。

鸽Ⅰ型副粘病毒病胶体金免疫层快速诊断试纸条推广应用，可缩短该病的确诊时间，缩短防治措施采取的准备时间，可降低鸽Ⅰ型副粘病毒病和鸡新城疫的死亡率，杜绝该病的蔓延，降低企业的防疫费用，减少养殖企业的经济损失，促进养禽产业的发展，本项目的经济效益和社会效益十分显著，具有广阔的推广应用前景。申报国家发明专利 1 项，实用新型专利 5 项。

在项目实施期间，制备鸽Ⅰ型副粘病毒免疫胶体金层析试纸条，2011—2013 年在甘肃省各养鸽场和养鸡场用鸽Ⅰ型副粘病毒病的免疫胶体金层析快速诊断试纸检测疑似鸽Ⅰ型副粘病毒病和鸡新城疫 1 500 例，确诊 800 例，对 130 万羽的鸽子和鸡采取防疫措施，使得鸽场和鸡场的发病率和死亡率降为显著降低。减少直接经济损失 1 530 多万元。

主要完成人：贺洞杰

贺洞杰，男，汉族（1987—　），硕士，助理研究员，主要研究方向为植物抗逆基因研究，牧草基因工程育种等。主持在研项目 3 项，参与省级重点项目 5 项。获得甘肃省科技进步二等奖 1 项，三等奖 1 项，甘肃省农牧渔业丰收奖 4 项，高校科技进步奖 1 项。发表 SCI 1 篇，国内核心期刊 15 篇，获得国家发明专利 1 项，实用新型专利 19 项。

奖 状

中国农业科学院兰州畜牧与兽药研究所：

在2014年甘肃省农牧渔业丰收奖二等奖“鸽Ⅰ型副粘病毒病胶体金免疫层析快速诊断试纸条的研究与应用”项目中为第二完成单位。

特发此证

甘肃省农牧厅

编号：2014-2-28-2　　　　2014年8月5日

“鸽Ⅰ型副粘病毒病胶体金免疫层析快速诊断试剂条的研究与应用”甘肃省农牧渔业丰收二等奖证书

16. 甘南牦牛良种繁育及健康养殖技术集成与示范

获奖时间、名称和等级：2015 年甘肃省农牧渔业丰收二等奖

主要完成单位：中国农业科学院兰州畜牧与兽药研究所
合作市畜牧工作站
夏河县畜牧工作站
玛曲县阿孜畜牧科技示范园区

主要完成人：梁春年　郭宪　包鹏甲　丁学智　阎萍　喻传林　东智布　姬万虎　石生光　杨胜元　杨振　訾云南　庞生久

任务来源：国家计划，省重大专项

起止时间：2011 年 1 月至 2014 年 12 月

内容简介：

本成果是在甘肃省科技重大专项计划项目和国家肉牛牦牛产业技术体系牦牛选育岗位资助下完成的。成果建立了由育种核心群、扩繁群（场）、商品生产群三部分组成的甘南牦牛繁育技术体系，使良种甘南牦牛制种供种效能显著提高。建立了甘南牦牛良种繁育基地 2 个，组建甘南牦牛基础母牛核心群 5 群 1 075 头，种公牛 82 头，种公牛后备群 2 群 320 头，累计生产甘南牦牛良种种牛 2 600 头。建立牦牛改良示范基地 4 个，示范点 20 个。大通牦牛与甘南牦牛杂交 F_1 代生产性能显著提高，产肉性能提高 10%以上，累计改良牦牛 33.55 万头。

在测定牦牛生产性能的基础上，克隆鉴定牦牛产肉性状功能基因，并分析结构和功能，与生产性能进行关联分析，寻找遗传标记位点，挖掘牦牛基因资源，与传统育种技术有机结合，建立了甘南牦牛分子育种技术体系。通过遗传改良和健康养殖技术有机结合，调整畜群结构、改革放牧制度、实施营养平衡调控和供给技术，示范带动育肥牦牛 34 000 头。组装集成了牦牛适时出栏、补饲、暖棚培育、错峰出栏、牧区饲草料种植、粗饲料加工调制、驱虫防疫等技

第一完成人：梁春年

梁春年，男，汉族（1973—　），博士，副研究员，硕士生导师。现为中国畜牧兽医学会养羊学分会理事。从事动物遗传育种与繁殖工作。先后主持参加各级各类科技项目 20 项，已通过成果鉴定 12 项，参与制定农业行业标准 5 项。出版著作 2 部，发表科技论文 65 篇。获甘肃省科技进步二等奖 3 项，中国农业科学院科技进步一等奖 2 项，兰州市科技创新成果一等奖 1 项。

术，边研究边示范，边集成边推广，综合提高牦牛健康养殖水平，增加养殖效能。

项目实施期，新增经济效益 19 870.5 万元。未来 3 年预计产生经济效益 22 400 万元。通过项目实施，培训农技人员 16 场（次）1 200 余人（次）。制定了国家标准《甘南牦牛》（报批稿）和农业行业标准《牦牛生产性能测定技术规范》（报批稿），甘肃省地方标准《甘南牦牛健康养殖技术规范》1 项。发表文章 18 篇，出版专著 2 部，培养研究生 5 名，授权发明专利 1 项，授权实用新型专利 10 项。成果对促进甘南牦牛业的发展及生产性能的提高，改善当地少数民族人们的生活水平，繁荣民族地区经济，稳定边疆具有重要现实意义，其经济、社会、生态效益显著。

奖状

中国农业科学院兰州畜牧与兽药研究所：

在 2015 年甘肃省农牧渔业丰收奖二等奖“甘南牦牛良种繁育及健康养殖技术集成与示范”项目中为第一完成单位。

特发此证

编号：2015-2-25-1

甘肃省农牧厅
2015 年 8 月 17 日

“甘南牦牛良种繁育及健康养殖技术集成与示范”甘肃省农牧渔业丰收二等奖证书

17. 肉牛养殖生物安全技术的集成配套与推广

获奖时间、名称和等级：2015年甘肃省农牧渔业丰收二等奖

主要完成单位：张掖市动物疫病预防控制中心
中国农业科学院兰州畜牧与兽药研究所
甘州区动物疫病预防控制中心
临泽县动物疫病预防控制中心

主要完成人：袁涛　魏玉明　王瑜　张文波　韦鹏　李春佑　孙延林　王凯　齐明　李珊　胡立国　李生静　孔吉有

任务来源：省科技支撑项目

起止时间：2010年1月至2014年12月

内容简介：

该项目提出了“肉牛养殖生物安全集成技术理论”，并创新16项集成技术；提出了“设计和建造符合北方地区肉牛养殖生物安全要求的肉牛场的技术”，研究并创新确定了肉牛场建场选址的4个景观环境参数；提出了“双列全封闭式透光板暖棚肉牛舍”，研究并创新确定了“四大功能区”布局的生物安全设计参数2个；提出了“适合于A级绿色畜产品肉牛生产中使用的绿色饲料添加剂。使用的A级绿色饲料添加剂共六大类167种（类）；提出了“肉牛无公害全混合日粮”，研究与制定了12~18月龄和18~24月龄两阶段配方2个，2年研制与推广肉牛无公害全混合日粮（TMR）160.02万吨；提出了“肉牛绿色全混合日粮”，研究与制定了张掖肉牛300~400千克和400~500千克配方2个，研制与推广肉牛绿色全混合日粮（TMR）20.21万吨；研究与制定了“绿色食品张掖肉牛饲养技术规程”DB/1359—2014）等七项创新成果。

主要完成人：王瑜

王瑜，男，汉族（1974—　），硕士，助理研究员。主持完成参加各级各类科研项目12项；发表科技论文14篇，其中主笔6篇；出版著作3部；参与并取得国家新兽药注册证书1项，获授权国家发明专利3项。获农业部农牧渔业丰收二等奖1项，甘肃省科技进步三等奖1项，甘肃省农牧渔业丰收一等奖2项，甘肃省农牧渔业丰收二等奖1项，兰州市科技进步二等奖1项。

奖状

中国农科院兰州畜牧与兽药研究所：

在 2015 年甘肃省农牧渔业丰收奖二等奖“肉牛养殖生物安全技术的集成配套与推广”项目中为第二完成单位。

特发此证

甘肃省农牧厅

编号：2015-2-35-2　　2015 年 8 月 17 日

“肉牛养殖生物安全技术的集成配套与推广”甘肃省农牧渔业丰收二等奖证书

18. 肃北县河西绒山羊杂交改良技术研究与应用

获奖时间、名称和等级：2013 年获得酒泉市科学技术进步三等奖

主要完成单位：甘肃省肃北县畜牧兽医局

中国农业科学院兰州畜牧与兽药研究所

主要完成人：赵双全　陈学俊　于志平　郭天芬　于天军　刘玉华　傲巴义尔

内容简介：

本项目六年引进 1 800 只优质绒山羊种羊，全县建成 26 个河西绒山羊选育提高示范点，六年提供优质的河西绒山羊 12 万只的良种繁育体系；核心产区周岁产绒量达到 350 克，2 岁产绒量达到 400 克，3 岁产绒量达到 450 克，群体平均产绒量达到 400 克以上；核心产区羊绒品质普遍提高，2011 年的平均产绒量为 502. 65 克。与项目实施前的平均产绒量为 220. 5 克，相比，增加 282. 15 克。净增 127. 96%。绒长度达 5 厘米以上，绒细度小于 16. 0 微米，单纤维断裂强力达到 2. 0cN 以上，伸长率超过 1. 5%，绒层厚度达到 4 厘米以上，净绒率达到 50% 以上；育成河西绒山羊成年母羊繁殖率达到 90% 以上；核心产区羊只病死率在 5% 以内。通过本品种选育和杂交改良，最显著的效果是产绒量明显提高。其他如体重、绒厚及体尺指标都有明显的增加。

经采用中国农业科学院科技成果经济效益测算方法计算，本项目六年新增纯收益 3 868. 5864 万元，年平均增收 644. 7644 万元，至 2011 年，项目区户均年增收 0. 9 万元。本项目的实施，一是促进了河西绒山羊产业的发展，奠定了坚实的基础；二是增加了牧民收入，推动了牧农村经济的发展；三是充分发挥了河西绒山羊的生产性能，增收不增羊，对减轻草场压力，缓解草畜矛盾，保护生态环境，起到了积极的作用。

主要完成人：郭天芬

郭天芬，女，汉族（1974—　），学士，副研究员。从事动物营养、毛皮质量检测及标准研究制定工作。工作期间参加十余项国家级省部级科研项目，撰写制定十余项标准制定项目，主持完成多项科研项目。获实用新型专利十余项，获甘肃省科学技术进步奖一项。发表学术期刊论文 100 余篇，参与撰写专著 6 部，其中副主编的 3 部。

酒泉市科学技术进步奖

证　书

为表彰酒泉市科学技术进步奖获得者，特颁发此证书。

项目名称：肃北县河西绒山羊杂交改良技术研究与应用

奖励等级：三　等

获 奖 者：郭天芬

2013年08月26日

证书号:2013-J3-50-R4

"肃北县河西绒山羊杂交改良技术研究与应用"酒泉市科技进步三等奖证书

19. 奶牛乳房炎综合防制关键技术集成与示范

获奖时间、名称和等级：2009 年天津市农业科学院二等奖

主要完成单位：天津市畜牧兽医研究所

中国农业科学院兰州畜牧与兽药研究所

主要完成人：杨国林　李世宏

任务来源：省部级科技计划

起止时间：2004 年 7 月至 2008 年 12 月

内容简介：

本成果明确了天津地区奶牛乳房炎的发病情况和发病规律；掌握了天津地区奶牛乳房炎的主要病原菌区系；制定出“奶牛乳房炎诊断技术规范（天津市地标）”和“奶牛乳房炎无公害综合防制技术规程（试行）”及“奶牛乳房炎主要病原菌的分离和鉴定程序（试行）”；建立奶牛隐性乳房炎现场快速诊断方法 1 个，研制出奶牛隐性乳房炎诊断试剂 1 种；研制出奶牛乳房炎无公害防治中药新制剂 2 个，申报发明专利 1 项；应用纯中药制剂治疗奶牛乳房炎和子宫内膜炎的总有效率分别达到 92.6%和 93.7%。

成果开展了集成创新、引进消化吸收再创收和自主创新，引进的技术先进，集成创新取得重大成果，自主创新获得突破；结合科技入户工程和“351”绿色证书培训工程，采用“科技人员直接到场、良种良法直接到圈、技术要领直接到人”的新模式，通过举办技术培训、技术讲座和国际学术交流会及入场咨询指导，提高了基层科技人员和广大养殖户的技术水平。重点区县业务主管部门直接参与项目的推广工作，市该项目核心技术得到大规模的推广应用，提高了天津市奶牛乳房炎、奶牛子宫内膜炎等奶牛重大疾病的防控水平。

近 3 年累计推广奶牛 19 万头次，市奶牛临床性乳房炎的月发病率下降 0.8%，子宫内膜炎的发病率降低 2%，隐性乳房炎的检出率减少 28%，大罐奶体细胞数控制在 40 万个/毫升以

第一完成人：杨国林

杨国林，男，汉族（1957—　），研究员，硕士生导师。《中国兽药典》委员，农业部兽药评审专家。主要从事动物普通病等课程的教学工作和奶牛疾病防治技术和中兽医药的研究工作。主持课题 10 余项。研发的“清宫液”、“清宫液 2 号”、“清宫液 3 号”和“产复康”均取得新兽药证书和生产批文。取得授权发明专利 2 项。发表论文 60 余篇。获 2010 年甘肃省科技进步二等奖。

下。新增社会经济效益 7 360. 8 万元。

天津市农业科学院科学技术进步奖

證書

项目名称：奶牛乳房炎综合防制关键技术集成与示范

类别等级：二等奖

完成单位：天津市畜牧兽医研究所
中国农业科学院兰州畜牧与兽药研究所

编　号：2009T-2-07

二00九年六月一日

“奶牛乳房炎综合防制关键技术集成与示范”天津市农业科学院二等奖证书

20. 抗球虫中兽药常山碱的研制与应用

获奖时间、名称和等级：2015年大北农科技奖成果奖二等奖

主要完成单位：中国农业科学院兰州畜牧与兽药研究所

石家庄正道动物药业有限公司

主要完成人：郭志廷　刘宏　罗晓琴　王玲　徐海城　刘志国　陈宁宁　雷宏东　薛丛丛　陈必琴　杨珍

任务来源：部委计划

起止时间：2009年1月至2014年12月

内容简介：

鸡球虫病是一种全球流行、无季节性、高发病率和高死亡率的肠道寄生性原虫病。全球每年由本病造成的经济损失高达50亿美元，我国在30亿元人民币以上，其中抗球虫药物费用每年为6亿元左右。本研究表明，从中药常山中提取得到的常山碱具有良好的抗球虫效果和免疫增强活性。目前，本成果已经完成常山碱的临床前研发和中试生产，获得临床试验批件。已实现成果转让，正在和企业联合申报新兽药证书。迄今，本成果已经申请国家发明专利3项（1项已授权），实用新型专利2项；发表核心期刊文章15篇；培养博士研究生1名，硕士研究生5名，培训企业各类技术人员160余人。

本成果应用现代中药分高技术，将中药常山中的常山碱充分提取出来，并首次将常山碱用于防控鸡球虫病，具有抗球虫疗效好、低毒低残留和不易产生耐药性等优点，可以填补目前国内外抗球虫药物的市场空白。常山碱作为一类中药提取物，不仅可以直接杀灭球虫，还可提高机体自身抗感染的免疫力，从而大幅提高药物抗球虫效果和疫苗保护效果；本成果也为今后常山碱治疗畜禽球虫病和疫苗免疫接种提供了免疫学参考。

第一完成人：郭志廷

郭志廷，男，汉族（1979—　），硕士研究生，助理研究员，执业兽医师，九三学社兰州市青年委员会委员，中国畜牧兽医学会中兽医分会理事。2007年毕业于吉林大学，获中兽医硕士学位。近年主要从事中药抗球虫、免疫学和药理学研究。迄今主持或参加国家、省部级科研项目5项，包括中央级公益性科研院所专项基金，抗球虫中兽药常山碱的研制（1610322011004，主持人）；“十一五”国家科技支撑计划，安全环保型中兽药的研制与应用（2006BAD31B05，第一执行人）。作为参加人获得兰州市科技进步一等奖1项，兰州市技术发明一等奖1项，完成甘肃省科技成果鉴定4项，授权国家发明专利5项（1项为第一完成人），参编国家级著作2部。在国内核心期刊上发表学术论文80余篇（第一作者30篇）。

近3年来，常山碱在河北、甘肃、山东、广西壮族自治区、天津、江西等省（区、市）进行了大面积的临床，推广应用，共用常山碱散剂约500千克，口服液1 000多箱，防治鸡和兔子球虫病5 000多万只，直接和间接经济效益1.8亿多元，受到了广大养殖户和业内人士的一致好评。常山碱正式上市后，可以填补国内外抗球虫药物市场的空白，按上市新药利润30%~35%计算，预计上市三个月将收回全部研究费用及投资，投入生产后每年可获得数亿元的直接经济效益。常山碱是中药提取物，具有安全高效、低毒低残留、不易产生耐药性和提高机体免疫力等优点，不仅对鸡球虫病育良好的杀灭效果，而且对其他动物的球虫病均有良好的防治效果，完全符合我国畜禽产品出口和环境友好的需要，同时对于维护常山药材种质资源的可持续发展以及提升我国中兽药自主研发水平和畜禽产品的国际贸易竞争力意义重大。

大北农科技奖

证书

项目名称：抗球虫中兽药常山碱的研制与应用

获奖者：郭志廷

奖励等级：成果奖二等奖

主要完成单位：中国农业科学院兰州畜牧与兽药研究所
石家庄正道动物药业有限公司

获奖年份：2015年

北京大北农科技集团股份有限公司

总裁

二〇一五年十一月

证书编号：2015-DBNSTA-03-0090号

“抗球虫中兽药常山碱的研制与应用”大北农科技奖成果奖二等奖证书

21. 农业纳米药物制备新技术及应用

获奖时间、名称和等级：2014—2015 年度中华农业科技二等奖

主要完成单位：中国农业科学院农业环境与可持续发展研究所
深圳诺普信农化股份有限公司
中国农业科学院兰州畜牧与兽药研究所
中国农业科学院兰州兽医研究所
中国农业大学
中国农业科学院植物保护研究所
中国农业科学院哈尔滨兽医研究所

主要完成人：崔海信 李谱超 张继瑜 景志忠 周文忠 刘国强 宁君 曹明章 吴东来 孙长娇 王琰 李正 崔博 赵翔 刘琪

任务来源：部委计划

起止时间：2003 年 12 月至 2012 年 12 月

成果简介

本成果针对农药、兽药与疫苗制剂所存在的有效利用率低、毒副作用和残留污染等突出问题，在“863”重大项目等课题支持下，采用纳米技术与新材料等前沿科技方法开展多学科交叉研究，系统地突破了提高传统农兽药有效性和安全性的关键技术瓶颈，创造了高效与低残留农业纳米药物制备技术与系列新产品。针对大吨位、主流农兽药功能化合物的理化性质与功能特性，采用分子组装、复合改性和化学修饰等纳米材料制备技术，合成与筛选了一批低成本、

第一完成人：张继瑜

张继瑜，男，汉族（1967— ），博士，三级研究员，博（硕）士生导师，国家百千万人才工程国家级人选，有突出贡献中青年专家，中国农业科学院三级岗位杰出人才，中国农业科学院兽用药物研究创新团队首席专家，国家现代农业产业技术体系岗位科学家。现任兰州畜牧与兽药研究所副所长兼纪委书记，兼任中国兽医协会中兽医分会副会长，中国畜牧兽医学会兽医药理毒理学分会副秘书长，农业部兽药评审委员会委员，农业部兽用药物创制重点实验室常务副主任，甘肃省新兽药工程重点实验室主任，中国农业科学院学术委员会委员。主要从事兽用药物及相关基础研究工作，重点方向包括兽用化学药物的研制、药物作用机理与新药设计、细菌耐药性研究。带领的研究团队在动物寄生虫病、动物呼吸道综合征防治药物研究上取得了显著进展。在肠杆菌耐药机理、血液原虫药物作用靶标筛选的研究处于领先地位。先后主持完成国家、省部重点科研项目 20 多项，研制成功 4 个兽药新产品，其中国家一类新药 1 个，取得专利授权 5 项，发表论文 170 余篇，主编出版著作 2 部，培养研究生 21 名。先后获 2006 年兰州市科技进步二等奖，2012 年中国农业科学院科技成果二等奖，2013 年兰州市技术发明一等奖和 2013 年甘肃省科技进步一等奖。

无毒性与次生污染的纳米载体、助剂和佐剂，构建了纳米微乳、微囊、微球和固体脂质体等新型、高效的载药系统，揭示了利用其小尺寸和界面效应以及智能传输与控释作用提高靶向传输效率、延长持效期和增强药效功能的作用机制，创立了高效与低残留的纳米农兽药制备模式、载体组装、结构调控与功能修饰方法，突破了提高农兽药有效利用率和降低毒性与残留等关键技术瓶颈。发明了水基化纳米乳剂与纳米微囊缓释剂等纳米农药制备技术，创制了35种大吨位与主导型的杀虫剂、杀菌剂和除草剂纳米农药新产品，突破了传统农药制剂有效利用率低、大量使用有机溶剂与助剂等关键技术瓶颈。在主要粮食、蔬菜、果树和经济作物的病虫草害防治获得了广泛应用。作为乳油、可湿性粉剂等传统农药替代产品，显著改善了农药叶面沉积、滞留与控释性能，可以抑制液滴滚落、粉尘飘移、淋溶分解等药剂损失，提高有效利用率30%以上，杜绝“三苯”等有害溶剂排放，降低农产品残留与环境污染。发明了纳米乳注射剂、固体脂质体等纳米兽药制备技术，创制了阿维菌素类、青蒿琥酯、替米考星等广谱抗微生物纳米兽药新产品。突破了传统剂型药物溶解性、稳定性和长效性差，溶剂与助剂毒副作用与残留危害大等技术难题。其中，青蒿琥酯和阿维菌素类纳米乳以水取代了传统制剂中80%有机溶剂，首次攻克了的水溶性问题。替米考星脂质体纳米制剂实现了肺靶向性，生物利用度提高40%以上。发明了缓释靶向纳米佐剂制备技术，构建了重组质粒和脂质体纳米载药系统，首创了CpG DNA、CpG-IFN、CpG-IL4和IL2等纳米免疫佐剂与疫苗系列产品，突破了传统兽用疫苗免疫持续期短、效果不全面、佐剂毒副作用大等瓶颈问题。克服了口蹄疫、猪瘟和猪圆环病毒病等疫苗免疫功能缺陷，提高了以Th1型为主的免疫反应，免疫效果增强40%以上，持效期延长30%以上，显著降低了毒副作用。CpG DNA纳米免疫佐剂高效口蹄疫疫苗已在全国范围内示范推广和应用。

本成果获26项授权发明专利，发表学术论文132余篇，35种纳米农兽药新产品取得国家登记证书，填补了国内外多项相关技术与产品空白。核心技术与产品已被20家相关企业实施产业化开发，近三年累计新增产值20亿元，获间接经济效益390亿元。其中，纳米农药累计推广面积4.78亿亩，纳米兽药与疫苗产品累计推广9 270万头份。

中华农业科技奖

证　书

为表彰在我国农业科学技术进步工作中做出突出贡献的获奖者，特颁发此证书，以资鼓励。

成果名称：农业纳米药物制备新技术及应用

奖励等级：二等奖

获 奖 者：中国农业科学院兰州畜牧与兽药研究所（第3完成单位）

证书编号：KJ2015-D2-033-03

2015年9月18日

“农业纳米药物制备新技术及应用”中华农业科技二等奖证书

22. 中药提取物治疗仔猪黄白痢的试验研究

获奖时间、名称和等级：2014—2015 年度中华农业科技三等奖

主要完成单位：甘肃省畜牧兽医研究所

中国农业科学院兰州畜牧与兽药研究所

甘肃省动物疫病预防控制中心

甘肃省农业广播电视学校

主要完成人：郭慧琳 张保军 杨明 于轩 容维中 张登基 陈伯祥 朱新强 杨楠 常亮

任务来源：甘肃省技术研究与开发专项计划项目

起止时间：2003 年 7 月至 2010 年 12 月

成果简介

本成果为研制低毒、高效、无残留的预防仔猪黄白痢的中药复方注射剂，通过试验筛选出低毒、止泻、退热快的中草药黄连、黄芩、白头翁、秦皮、铁苋菜、四季青、苦参和穿心莲，依其有效成分的性质，对各药有效成分进行提取；通过对各有效成分提取物及各提取物组方进行体外抑菌试验，筛选出制备新制剂的最佳组方，按照制剂学要求制备成 pH 值 7. 5~8. 0 的复方注射剂，通过外观、理化性质、无菌检验、粘膜刺激、肌肉刺激、溶血和热原检查，结果均符合制剂学要求；通过稳定性试验和腹腔注射小白鼠 LD50 的测定，表明注射剂稳定安全；通过对人工复制仔猪黄白痢的疗效观察试验、疗效对比试验及临床试验，证明复方注射剂对仔猪黄白痢治愈率达 98%以上。并在各地州市及养猪场进行临床应用。

本成果获得授权发明专利一项，实用新型专利 5 项，制定地方标准一项。研制出一种低毒、高效、安全、无残留、治疗仔猪黄白痢的复方注射剂，将复方注射液和临床常用的硫酸庆大霉素注射液、诺氟沙星注射液、头孢噻呋混悬注射液、硫酸黄连素注射液和博落回注射液对人工感染的仔猪黄白痢进行疗效对比试验，结果表明复方注射剂的治疗效果最好，治愈率达 98. 0%，明显优于博落回和硫酸小檗碱两种中草药注射剂，也优于头孢噻呋混悬注射液、硫酸庆大霉素注射液和诺氟沙星注射液。发表国内外文章 10 篇。

2010—2014 年在甘肃武威、张掖、榆中等地推广应用复方注射液，治疗仔猪黄白痢 70. 3 万头，新增纯收益 17 387. 8 万元，取得了显著地经济效益和社会效益。

中华农业科技奖

证　书

为表彰在我国农业科学技术进步工作中做出突出贡献的获奖者，特颁发此证书，以资鼓励。

成果名称：中药提取物治疗仔猪黄白痢的试验研究

奖励等级：三等奖

获 奖 者：中国农业科学院兰州畜牧与兽药研究所（第2完成单位）

证书编号：KJ2015-D3-015-02　　　　2015年9月18日

“中药提取物治疗仔猪黄白痢的试验研究”中华农业科技三等奖证书

四、中国农业科学院科技成果奖

1. 动物远缘杂交杂种不育多样性及其遗传机理的研究

获奖时间、名称和等级：2002 年中国农业科学院科技成果奖一等奖

主要完成单位：中国农业科学院兰州畜牧与兽药研究所

主要完成人：赵振民

任务来源：中国农业科学院院长基金

起止时间：1992 年 1 月至 2000 年 12 月

内容简介：

本成果是遗传学关于远缘杂种不育机理的基础理论性研究。通过对马、驴及其杂种和黄牛、牦牛及 F_1-F_3杂种等进行的减数分裂与精子发生的对比观察；并对可育母骡及其后代进行了 DNA 指纹鉴定和血清蛋白、酯酶电泳分析及染色体核型分析等内容的研究。发现少数性腺发育较好的个体，精母细胞核内存在有联合复合体结构，观察到精母细胞完成减数分裂、直至产生配子的完整细胞学过程。研究结果从 DNA 分子水平确凿证明了母骡生育的事实，并从 7 个血清蛋白基因座上的基因差异，证明马、驴的种间差异以及可育母骡及其后代的杂种身份特征；核型分析证明，异源二倍体的骡可以产生异源的类单倍体配子，其染色体组合具有多样性。进一步确证了远缘杂种不育多样性与可育渐进性，不为马、驴种间杂种所独有，在牛属动物的种间杂种中同样存在，并且表现得更为明显。综合大量其他种、属动物的远缘杂交文献，认为上述现象是自然界广泛存在的客观规律。从而否证了解释杂种不育及母骡可育现象的传统理论绝对化和片面性的观点。对其遗传机理，提出了异种间核、质工作的复杂影响是其根源而并不单纯是异源杂色体的原因的见解。

该成果对于正确认识和理解杂种不育以及探求克服其生殖障碍的方法，具有重要的理论和指导实践的意义。

奖状

为表彰在农业科学技术和农村经济发展中作出显著成绩的单位，特授予中国农业科学院科学技术一等奖，以资鼓励。

受奖项目：动物种间杂种不育多样性及其遗传机理的研究

受奖单位：中国农业科学院兰州畜牧与兽药研究所（第一主要完成单位）

编 号： 2002-5-9

中国农业科学院
2002年6月

“动物远缘杂交杂种不育多样性及其遗传机理的研究”中国农业科学院科技成果奖一等奖证

2. 中国野牦牛种质资源库体系及利用

获奖时间、名称和等级：2005年中国农业科学院科技进步一等奖

主要完成单位：中国农业科学院兰州畜牧与兽药研究所

主要完成人：姚军 杨博辉 阎萍 梁春年 韩凯 郭健 焦硕 郎侠 郭宪 程胜利 冯瑞林 何晓林 牛春娥 孙晓萍 魏云霞 赵昕 王槐田

任务来源：省部计划

起止时间：2001年2月至2004年6月

内容简介：

中国野牦牛种质资源库及利用是以国家科技基础性工作专项研究“中国野牦牛种群动态调查及种质资源库建设”项目的研究为基础，经过3年不懈地工作而完成的。在青藏高原严酷的自然条件下，课题组深入实地，通过采集数据，对中国野牦牛种群动态进行调查与分析，基本查清了中国野牦牛种群数量和地理分区，并绘制出相对准确的野牦牛地理分布图。捕获野牦牛，建立了50头规模群体水平的野牦牛保护利用繁育基地。制作冻精和冷冻胚胎，建立了年产2万支野牦牛细管冷冻精液的动态保存库和0.1万~0.15万枚野牦牛冷冻胚胎动态保存条件。并利用现代计算机技术构建了野牦牛遗传资源信息数据库（包括文字版、光盘版、网络版），该数据库以目前流行的DELPHI高级语言为前台设计语言，以SQL SERVER 2000为后台数据库开发的局域网络共享数据库软件，是全新的可视化编程环境，提供了一种方便、快捷的Windows应用程序开发工具。并根据我国野生动物相关法律法规，以中国农业科学院网站为平台，联合我国相关野生动物保护组织、行业、协会、自然保护区、科研机构、企业、公众，并有条件地接轨国际上有关野生动物保护组织，为现代、高效、动态、监测、可持续性保护利用的牦牛遗传资源共享平台。其形式以文字版、光盘版和Internet网络形式与全社会共享。通过

第一完成人：姚军

姚军，男，汉族（1963—2005），研究员。1983年毕业于甘肃农业大学畜牧系，1990年9月分配到中国农业科学院兰州畜牧研究所工作；1995年3月任中国农业科学院兰州畜牧研究所科研管理处副处长，1997年任中国农业科学院兰州畜牧与兽药研究所副所长。期间兼任中国畜牧兽医学会养羊学分会副理事长、秘书长。主持完成的“中国野牦牛种质资源库及利用”获得2005年中国农业科学院科技进步一等奖，“优质肉羊规模化生产综合配套技术研究示范”获得2007年中国农业科学院科技进步一等奖。

采用现代繁殖技术，成功完成了世界首例含 3/4 野血牦牛在高寒放牧条件下的超数排卵。

该数据库的构建填补了我国乃至世界上野牦牛遗传资源数据库的空白，更为重要的是它为野牦牛遗传资源的保存利用探索出了一条新路。对青藏高原生态及生物多样性的保护和促进我国牦牛业的发展，提高高寒生境的生态效益和社会效益具有重要的现实意义。

奖状

为表彰在农业科学技术和农村经济发展中作出显著成绩的单位，特授予中国农业科学院科学技术成果一等奖，以资鼓励。

受奖项目：中国野牦牛种质资源库体系及利用

受奖单位：中国农业科学院兰州畜牧与兽药研究所（第一完成单位）

编　　号：2005－10－1

中国农业科学院

2005 年 5 月

“中国野牦牛种质资源库体系及利用”中国农业科学院科技进步一等奖证书

3. 优质肉羊规模化生产综合配套技术研究示范

获奖时间、名称和等级：2007 年中国农业科学院科技进步一等奖

主要完成单位：中国农业科学院兰州畜牧与兽药研究所
甘肃农业大学
甘肃省永昌县农牧局
白银市畜牧站
甘肃省临夏州畜牧站
甘肃省永昌肉用种羊场
甘肃省红光园艺场

主要完成人：姚军 郭健 赵有璋 张力 郁杰 杨锐乐 梁春年 程胜利 杨博辉 孙晓萍 罗金印 赵昕 焦硕 冯瑞林 苗小林

任务来源：部委计划

起止时间：2001 年 10 月至 2004 年 10 月

内容简介：

本成果属于农业领域肉羊产业化高新技术开发应用研究成果。在国内首先筛选出西北生态条件下肉羊选种的动物模型，开发出 BLUP 育种值估计及计算机模型优化分析系统（中文版）；研究了肉用绵羊各杂交（系）群的群体遗传结构和分子遗传学基础，确定了杂交组合和杂交进程；初步创建了肉用绵羊重要经济性状的分子标记辅助选择技术体系，筛选出 3 个可能与生长发育性状关联的分子标记，2 个可能与繁殖性状关联的分子标记。JIVET 技术的国产化研究获得初步成功，每只供体羔羊每次超排平均可获得成熟卵母细胞 45～80 枚，最多达 113 枚，并通过体外授精和胚胎移植试验研究；设计了肉用绵羊 MOET 核心群培育规划优化生产系

第一完成人：姚军

姚军，男，汉族（1963—2005），研究员。1983 年毕业于甘肃农业大学畜牧系，1990 年 9 月分配到中国农业科学院兰州畜牧研究所工作；1995 年 3 月任中国农业科学院兰州畜牧研究所科研管理处副处长，1997 年任中国农业科学院兰州畜牧与兽药研究所副所长。期间兼任中国畜牧兽医学会养羊学分会副理事长、秘书长。主持完成的“中国野牦牛种质资源库及利用”获得 2005 年中国农业科学院科技进步一等奖，“优质肉羊规模化生产综合配套技术研究示范”获得 2007 年中国农业科学院科技进步一等奖。

统。建立了羔羊早期断奶、肉羊繁殖调控、肉羊优化杂交组合、肉羊高效饲养及管理、肉羊现代医药保健及疫病虫防制等高效技术；研制出“羊痢康合剂”和牛羊舔砖手工制砖机；开发肉羊生产专家系统；制定7项肉羊产业化生产技术规范。培育肉羊新品种（系）群5.34万只，核心群母羊8 300只，种公羊270只；繁殖率多胎品系170%～230%，肥羔品系150%；1～3月龄羔羊平均日增重250克。已获中国农业科学院一等奖1项，获国家发明专利1个，获新兽药生产许可文号1个，发表论文56篇，SCI收录2篇，出版专著2部，培养博、硕士研究生18名。

本成果为快速培育我国专门化肉羊新品种、提高肉羊产业化水平，提升肉羊业在国际市场上的竞争力提供理论和技术支撑。

截至2007年底，已大面积应用，累计杂交改良地方绵羊67.69万头，生产各代杂交羊及横交后代37.86万只，实现肉羊产值137 571.20万元，新增产值58 770.32万元，新增利润17 658.10万元，新增税收1 057.87万元。同时，推动了肉羊企业产业化升级及农牧户生产模式的转变，形成肉羊产业化发展格局，取得了显著社会经济效益。

奖状

为表彰在农业科学技术和农村经济发展中作出显著成绩的单位，特授予中国农业科学院科学技术成果一等奖，以资鼓励。

受奖项目：优质肉羊规模化生产综合配套技术研究示范

受奖单位：中国农业科学院兰州畜牧与兽药研究所（第一完成单位）

编　　号：2007－1－03－1

中国农业科学院
2007年5月

“优质肉羊规模化生产综合配套技术研究示范”中国农业科学院科技进步一等奖证书

4. 抗霜霉病苜蓿新品种“中兰 1 号”选育

获奖时间、名称和等级：2005 年中国农业科学院科学技术成果一等奖

主要完成单位：中国农业科学院兰州畜牧与兽药研究所

主要完成人：马振宇　李锦华　易克贤　侯天爵

任务来源：部委计划

起止时间：1986 年 1 月至 2004 年 11 月

内容简介：

本项目历时 15 年，综合利用了抗病性田间接种和室内幼苗鉴定综合法、综合品种选育法、品种接种淘汰改良法、无性系大棚扦插法和网罩隔离多元杂交等方法，育成了抗霜霉病苜蓿新品种“中兰 1 号”。

该品种大面积推广产生了显著的经济效益和社会效益。“抗霜霉病苜蓿新品种‘中兰 1 号’选育”成果 2004 年 12 月通过了甘肃省科学技术厅组织的鉴定，认为“中兰 1 号”填补了我国牧草抗病品种选育的空白，达到国内同类研究的领先水平。

奖状

为表彰在农业科学技术和农村经济发展中作出显著成绩的单位，特授予中国农业科学院科学技术成果一等奖，以资鼓励。

受奖项目：抗霜霉病苜蓿新品种“中兰 1 号”选育

受奖单位：中国农业科学院兰州畜牧与兽药研究所（第一完成单位）

编　　号：2005－27－1

中国农业科学院
2005 年 5 月

“抗霜霉病苜蓿新品种‘中兰 1 号’选育”中国农业科学院科学技术成果二等奖证书

5. 青蒿琥酯在牛体内的药物代谢及焦虫净的研制应用

获奖时间、名称和等级：2005 年中国农业科学院科技成果一等奖

主要完成单位：中国农业科学院兰州畜牧与兽药研究所

主要完成人：薛明　夏文江　罗永江　霍继曾　周宗田　张彬　史彦斌　崔颖　杨立　李万坤　赵朝忠　陈少云　许开云　卢旺银　王丽娟

任务来源：部委计划

起止时间：1988 年 1 月至 2003 年 12 月

内容简介：

该项目在国内外首次研究了青蒿琥酯在牛体内的生物转化与药代动力学，明确了青蒿琥酯及其活性代谢产物的药代动力学模型和参数。在牛体内分离出五种主要代谢产物。其中脱氧双氢青蒿素和脱氧青蒿素系首次从牛体中分离并报道。通过在牛以多种剂量、三种不同的给药途径，全面系统地进行了青蒿琥酯及其活性代谢产物双氢青蒿素的生物转化及药代动力学研究，表明了青蒿琥酯在牛体内的分布无明显品系差异，在试验剂量范围内无剂量依赖关系，静注和内服后均不能维持较长时间的血药浓度。在此基础上，成功研制了一种安全有效的青蒿琥酯速效缓释肌肉注射剂——焦虫净（已获生产批准文号）。该项目研究达到了国际同类研究先进水平。

该成果不仅丰富了兽医药理学的内容，对指导临床合理用药具有重要的理论意义，而且为防治家畜血液寄生虫病研制出理想的新兽药制剂，产生了显著的经济与社会效益。

焦虫净预防和治疗家畜血孢子虫病安全、效果显著，总有效率达 95%~100%，治愈率为 87%~98%。焦虫净综合预防治疗效果优于国内外同类药物，产生直接经济效益 1 039.42 万元，间接经济效益 1.96 亿元。

第一完成人：薛明

薛明，男，汉族（1962—　）研究员，教授，主要从事药物代谢与药物动力学方向的工作，现任中国药理学会理事北京药理学会常务理事、北京生理科学会理事、中国药理学会药物代谢专业委员会委员、北京药学会药理专业委员会委员、《中国药理通讯》副主编、Asian Journal of Pharmacodynamics and Pharmacokinetics，《中国药理学通报》，《神经药理学报》，《国际药学研究杂志》编委、International Journal of Pharmaceutics，Journal of Pharmacy and Pharmacology，Pharmacutical Biology 等杂志审稿人、国家自然科学基金委员会生命科学部项目评议专家，国家科学技术奖励评审专家库成员等。发表高水平 SCI 文章 16 篇，主编的著作 5 部。获 2006 年甘肃省科技进步三等奖。

奖状

为表彰在农业科学技术和农村经济发展中作出显著成绩的单位，特授予中国农业科学院科学技术成果一等奖，以资鼓励。

受奖项目：青蒿琥酯在牛体内的药物代谢及焦虫净的研制应用

受奖单位：中国农业科学院兰州畜牧与兽药研究所（第一完成单位）

编 号：2005-28-1

中国农业科学院

2005年5月

“青蒿琥酯在牛体内的药物代谢及焦虫净的研制应用”中国农业科学院科技成果一等奖证书

6. 新型微生态制剂“断奶安”对仔猪腹泻的防治作用及机理研究

获奖时间、名称和等级：2009 年中国农业科学院科技成果二等奖

主要完成单位：中国农业科学院兰州畜牧与兽药研究所

主要完成人：蒲万霞 王玲 郭福存 王雯慧 陈国顺 杨立 董鹏程 李金善 张德祯 王辉太 孟晓琴 扎西英派

任务来源：省市计划

起止时间：2003 年 1 月至 2008 年 12 月

内容简介：

本项目研究了“断奶安”对动物免疫功能的影响，结果表明“断奶安”可显著提高动物机体非特异免疫功能；运用病例组织和电子显微等技术，从宏观、微观与亚微观水平探讨了“断奶安”对仔猪肠道结构及黏膜免疫功能的影响，证实“断奶安”能维持和提高仔猪肠道黏膜免疫水平，提高仔猪抗病能力；利用 PCR/DGGE 结合 16S rDNA 分析技术，跟踪研究腹泻仔猪肠道菌群的演变过程及“断奶安”对其影响，发现“断奶安”可增加不同日龄断奶仔猪回肠、盲肠、结肠有益菌数量而降低有害菌数量，提高断奶仔猪肠道挥发性脂肪酸含量，有效酸化断奶仔猪肠道环境，降低仔猪盲肠、结肠内容物中氨态氮含量，促进和稳定肠道微生态平衡。临床预防及生产性能试验结果表明：添加服用“断奶安”可增加仔猪料重比，显著提高仔猪的日增重、日采食量（$P<0.01$）；在仔猪断奶前 5 天开始灌服“断奶安”，每天一次，每次 10 毫升，连续服用 5 天，可使其断奶后腹泻发病率和死亡率分别下降 50%以上。实际推广应用过程中在各地腹泻发病率平均下降了 57%（由 38.5%下降至 16.54%），死亡率下降达 69.4%（由 16.1%下降至 4.3%）。

“断奶安”是由卵白（蛋清）经发酵获得，原料来源广，生产过程对环境无污染，产品无毒副作用，是一种绿色的免疫增强剂和微生态制剂，它的开发应用给生猪健康养殖带来极大的

第一完成人：蒲万霞

蒲万霞，女，汉族（1964— ），博士，四级研究员，硕士生导师，甘肃省微生物学会理事。长期从事兽医微生物与微生物制药研究，重点方向为兽用微生态制剂的研制及细菌耐药性研究，先后主持各级项目 15 项。获得授权国家发明专利 2 项。主编著作 6 部，发表论文 70 多篇，培养硕士生 11 名。获得甘肃省科技进步二等奖 1 项，中国农业科学院科技成果二等奖 1 项，兰州市科技进步一等奖 1 项，兰州市科技进步二等奖 2 项。

福利，社会效益显著。

项目在甘肃、宁夏回族自治区、河南、安徽、北京等地区建立了 25 个防治示范区，现已推广预防仔猪约 256 余万头，使仔猪项目实施期间已累计取得经济效益 17 435. 89 万元。

奖状

为表彰在农业科学技术和农村经济发展中作出显著成绩的单位，特授予中国农业科学院科学技术成果二等奖，以资鼓励。

受奖成果：新型微生态制剂“断奶安”对仔猪腹泻的防治作用及机理研究

受奖单位：中国农业科学院兰州畜牧与兽医研究所

编　号：2009－14

中国农业科学院

2009 年 6 月

“新型微生态制剂‘断奶安’对仔猪腹泻的防治作用及机理研究”中国农业科学院科技成果二等奖证书

7. 新型天然中草药饲料添加剂“杰乐”的研制与应用

获奖时间、名称和等级：2010年中国农业科学院科学进步二等奖

主要完成单位：中国农业科学院兰州畜牧与兽药研究所

主要完成人：蒲万霞 陈国顺 陈亚民 邓海平 李银霞 刘博涛 魏云霞 胡振英 李国智 谢家声 李世宏 严作廷 徐振飞 高海霞

任务来源：省市计划

起止时间：2005年10月至2009年12月

内容简介：

本成果运用中兽医理论和现代药理学、营养学理论选取当归、丹参、地榆、黄芩、黄芪等11味中草药组方，利用超微粉碎技术研制出天然中草药饲料添加剂“杰乐”，并制定了相应的质量标准。研究了该添加剂对白羽鸡生产性能、肉质风味的影响，证实“杰乐”可以显著提高白羽鸡屠宰性能、肌肉品质、改善肉质风味；研究了中草药饲料添加剂“杰乐”对三黄鸡生产性能、肉质风味及血液生理生化指标的影响，结果表明“杰乐”可提高饲料转化效率、增强机体的代谢水平，提高营养物质的利用率，改善肉质风味，并且检测到50多种影响风味的挥发性物质；还首次进行了中草药饲料添加剂对獭兔生产性能、肉质风味及皮毛质量影响研究，证实“杰乐”可以提高獭兔肉中人体必需脂肪酸含量和风味物质含量，并且可以提高毛皮厚度、皮张面积、抗张强度、负荷伸长率等指标；实验证实“杰乐”还可提高伊莎蛋鸡和罗曼蛋鸡产蛋性能，降低料蛋比0.21。经专家鉴定，该项目紧密结合生产实际和市场需求，目标明确，实验手段先进，数据翔实，结果可信，具有良好的应用前景和一定的创新性，成果达到国际先进水平。

“杰乐”为天然饲料添加剂，可以部分或全部替代化药及抗生素类添加剂。在减少抗菌药物使用量的同时，还可减少药物在动物及环境中的残留，亦可改善肉质风味。该添加剂的研制

第一完成人：蒲万霞

蒲万霞，女，汉族（1964— ），博士，四级研究员，硕士生导师，甘肃省微生物学会理事。长期从事兽医微生物与微生物制药研究，重点方向为兽用微生态制剂的研制及细菌耐药性研究，先后主持各级项目15项。获得授权国家发明专利2项。主编著作6部，发表论文70多篇，培养硕士生11名。获得甘肃省科技进步二等奖1项，中国农业科学院科技成果二等奖1项，兰州市科技进步一等奖1项，兰州市科技进步二等奖2项。

与应用将对食品安全及公共卫生做出较大贡献，具有深远的社会意义。

试验研究和推广期间，在甘肃、宁夏回族自治区等地共计销售“杰乐”285.442 吨，销售收入达到 856.3302 万元，税后利润总额达到 156.2311 万元。此外，因为“杰乐”为纯天然源饲料添加剂，使用后不会引起畜产品中违禁药物的残留，故以绿色或无公害畜产品论价，则每吨“杰乐”带来的间接经济效益至少在 12 万元以上，销售 285.442 吨“杰乐”的间接经济效益至少是 3 425 万元。

奖状

为表彰在农业科学技术和农村经济发展中作出显著成绩的单位，特授予中国农业科学院科学技术成果二等奖，以资鼓励。

受奖项目：新型天然中草药饲料添加剂“杰乐”的研制与应用

受奖单位：中国农业科学院兰州畜牧与兽药研究所（第一完成单位）

编　号：2010－13－1

中国农业科学院

2010 年 5 月

“新型天然中草药饲料添加剂‘杰乐’的研制与应用”中国农业科学院科技成果二等奖证书

8. 甘肃省绵羊品种遗传距离研究及遗传资源数据库建立

获奖时间、名称和等级：2011 年中国农业科学院科技成果二等奖

主要完成单位：中国农业科学院兰州畜牧与兽药研究所

主要完成人：郎侠　王彩莲　刘建斌　郭健　王联国　冯瑞林　吕潇潇　张鹏俊　李仲海　杨博辉　岳耀敬

任务来源：省市计划

起止时间：2007 年 1 月至 2009 年 12 月

内容简介：

本项目采用微卫星分析技术，引用 FAO 推荐的标记引物对甘肃省 6 个地方绵羊品种（岷县黑裘皮羊、兰州大尾羊、滩羊、蒙古羊、藏羊、甘肃高山细毛羊）及 7 个引进绵羊品种（小尾寒羊、澳洲美利奴、无角陶赛特、波德代、特克赛尔、萨福克、德国美利奴）在 15 个微卫星座位进行了遗传多样性分析和品种间遗传距离研究。结果表明：甘肃省地方绵羊品种的遗传多样性丰富，遗传变异较大。选用的 15 个微卫星座位都属于高度多态座位，可用于绵羊遗传多样性分析。13 个绵羊品种的 Nei 氏遗传距离介于 0.1116~0.2427，Nei 氏标准遗传距离介于 0.0758~0.3878。通过聚类分析，13 个绵羊品种可以分为三大类，第一支：兰州大尾羊、滩羊、蒙古羊、小尾寒羊、藏羊、岷县黑裘皮羊；第二支：甘肃高山细毛羊、德国美利奴羊、澳洲美利奴羊；第三支：波德代羊、特克赛尔羊、萨福克羊和无角陶赛特羊。同时，采用 Web 数据库语言，针对甘肃省绵羊品种或类群资源数据，按照品种名称、英文名、俗名、图片、产区环境、数量动态、外貌特征、生产性能、饲养方式、利用等分类，根据规定格式构建了包括研究单位介绍、专家介绍、甘肃省地方绵羊品种、遗传标记信息等十大模块的信息容量大、数据齐全、可全球共享甘肃省绵羊遗传资源信息专题数据库。

本项目为甘肃省绵羊品种资源的保护和利用积累了大量的分子遗传学基础数据，为甘肃省

第一完成人：郎侠

郎侠，男，汉族（1976—　），博士，副研究员，主要从事绵羊育种和动物遗传资源保护利用方面的研究工作。现为中国畜牧兽医学会养羊学分会理事；青藏高原研究会会员。主持参与完成国家、省部级科研项目 10 余项，获中国农业科学院科技进步一等奖 1 项，中国农业科学院科技进步二等奖 1 项，甘肃省科技进步二等奖 1 项、中华神农科技奖 1 项。出版著作 12 部，参编著作 3 部，在国内外学术期刊发表学术论文 100 余篇，获得授权国家专利 4 项。

地方绵羊品种和引进品种的杂交组合筛选及杂种优势预测提供了坚实的理论依据和实践指导，对传播甘肃省绵羊遗传资源研究、保护和持续利用信息，促进甘肃省绵羊遗传资源保护和持续利用事业的发展，具有重要的现实目的和长远的战略意义。

项目成果的推广应用在甘肃省绵羊品种的保护和改良中发挥了积极的实践指导作用，产生了显著的社会效益和经济效益。

奖状

为表彰在农业科学技术和农村经济发展中作出显著成绩的单位，特授予中国农业科学院科学技术成果二等奖，以资鼓励。

受奖成果：甘肃省绵羊品种遗传距离研究及遗传资源数据库建立

受奖单位：中国农业科学院兰州畜牧与兽药研究所（第一完成单位）

编　　号：2011-2-9-01

中国农业科学院

2011年5月

“甘肃省绵羊品种遗传距离研究及遗传资源数据库建立”中国农业科学院科技成果二等奖证书

9. 新型中兽药饲料添加剂“参芪散”的研制与应用

获奖时间、名称和等级：2011 年中国农业科学院科技成果二等奖

主要完成单位：中国农业科学院兰州畜牧与兽药研究所

主要完成人：李建喜　王学智　杨志强　张凯　张景艳　孟嘉仁　冯霞　罗超应　李锦宇　胡振英　郑继方　王贵波　秦哲　辛蕊华　谢家声　陈化琦

任务来源：国家计划

起止时间：2007 年 1 月至 2010 年 12 月

内容简介：

本成果成功从鸡肠道内容物中分离到了可用于发酵补益类中药黄芪和党参的菌株 FGM9 和 LZMYFGM9，鉴定其分别为乳杆菌和链球菌。利用均匀设计、遗传算法和人工神经网络相结合的方法，将产物中总多糖含量变化和菌种增殖作为评价指标，开展补益类中药黄芪和党参体外发酵及有效成分多糖的转化体系研究，确定了发酵培养基组分及比例、发酵条件（温度/pH 值/时间）、接菌量和药物加入量等，形成了益生菌发酵补益类中药并转化有效成分多糖的工艺技术路线。该技术工艺发酵黄芪后产物提取物中多糖含量为 70.88%，比生药黄芪提取物中多糖含量 33.53%有极显著提高（$P<0.01$）；党参发酵产物中多糖含量为 82.47%比生药党参提取物多糖含量 38.57%也有极显著提高（$P<0.01$）。根据临床有效性实验结果，筛选出了“参芪散”的基础配方，黄芪和党参发酵产物比例为 80/20（W/W）时效果最好。分别开展了“参芪散”的药理、药效、毒理、质量标准和临床添加试验研究，结果显示该产品属实际无毒，50 000 毫克/千克。体重连续灌服小鼠 3d，连续观察 7d，体征指标、血细胞和病理学检验均无异常变化；以 1%和 0.5%的剂量添加饲喂黄羽肉鸡 60d 后，血液、生化和病理等指数未见异常；1%剂量“参芪散”添加于鸡饲料中从 25～54 日龄连续饲喂，70 日龄出栏时体重比

第一完成人：李建喜

李建喜，男，汉族（1971—　），研究员，博士，硕士研究生导师。现任中国农业科学院兰州畜牧与兽药研究所中兽医（兽医）研究室主任，中国农业科学院科技创新工程中兽医与临床创新团队首席专家，甘肃省中兽药工程技术研究中心副主任，农业部新兽药中药组评审专家，国家自然基金项目同行评议专家，国家现代农业（奶牛）产业技术体系后备人选等。主要从事科研工作，先后从事兽医病理学、动物营养代谢病与中毒病、兽医药理与毒理、奶牛疾病防治、中兽医药现代化等研究工作。完成国家和省部级科研项目 40 余项，研发新产品 6 个，获得授权发明专利 9 项，培养硕士研究生 23 名，博士研究生 8 名。发表学术论文 99 篇，SCI 收录 6 篇，编写著作 7 部。先后获 2011 年获中国农业科学院科技成果二等奖，2013 年获甘肃省科技进步三等奖，2014 年获中国农业科学院科技成果二等奖。

生药对照组平均增重 20.25%，料肉比与生药对照组相比下降了 10.67%；1%剂量“参芪散”添加于饲料中连续饲喂育肥猪 2 个月，具有促生长和降低料肉比效果。实验结果表明，添加该产品后消化道疾病如腹泻的发病率有明显下降，有改善鸡非特异性力的效果。

“参芪散”的研发科学依据充分，生产过程质量可控，饲喂动物后无毒、无残留；利用微生物强大的代谢作用充分发挥了益生菌和补益类中药在饲料添加剂方面的生物学优势具有创新意义；研究成果对改善中兽药的机体内生物利度、健康养殖技术发展和中兽药现代化创新领域的拓展具有重要意义。

项目期间分别在甘肃、四川、宁夏、青海等地区推广实验动物鸡 1 064.7 万羽、猪 35.84 万头，共推广“参芪散”515 吨，利润以 9.8 元/千克计，推广期间共创经济效益 3 097.50 万元，其中直接经济效益约为 150 万元。

奖状

为表彰在农业科学技术和农村经济发展中作出显著成绩的单位，特授予中国农业科学院科学技术成果二等奖，以资鼓励。

受奖成果：新型中兽药饲料添加剂“参芪散”的研制与应用
受奖单位：中国农业科学院兰州畜牧与兽药研究所（第一完成单位）
编　　号：2011-2-8-01

中国农业科学院
2011 年 5 月

“新型中兽药饲料添加剂‘参芪散’的研制与应用”中国农业科学院科技成果二等奖证书

10. 河西走廊退化草地营养循环及生态治理模式研究

获奖时间、名称和等级：2012 年中国农业科学院科技成果二等奖

主要完成单位：中国农业科学院兰州畜牧与兽药研究所

主要完成人：常根柱　周学辉　杨红善　路远　苗小林　马军福　李兴福　冯明斑　那·巴特尔　焦婷　侯彦会

任务来源：国家计划

起止时间：2007 年 4 月至 2010 年 10 月

内容简介：

本成果以技术培训为起点，以河西走廊放牧利用退化草地生态系统的营养循环及盈缺研究为突破口，取得了如下成果。①通过技术培训，使项目区技术人员和农牧民技术骨干增强了合理利用草地资源的意识，提高了科学放牧与管理水平。编写并印发科普培训教材 350 本，在景泰、肃南、肃北、永昌县的项目区共培训人员 247 人次。②通过草地生态环境资源和科学放牧管理方法的调查研究，针对当地生产实际，发现总结出了制约项目区草地生态畜牧业发展的 6 个问题；挖掘整理出 10 条科学放牧管理方法及乡土知识。③通过河西走廊放牧利用退化草地营养循环动态研究，得出了不同放牧方法对退化草地生态系统具有显著影响的结论；提出了荒漠类草原的家畜采食率等于牧草利用率的 50% 为中牧，低于 50% 为轻牧，高于 50% 为重牧的技术指标；提出了高寒半荒漠草地的合理载畜量为 0.5~1 羊单位/公顷；提出了高山细毛羊冷季放牧补饲技术方案。④通过将氮素示踪技术应用于退化荒漠草地的营养研究结果表明，科学施氮有利于退化草地生态系统的恢复。提出了退化草地的合理施氮量：轻度、中度和重度退化草地分别为 20~30 克·米$^{-2}$、15~20 克·米$^{-2}$、12~15 克·米$^{-2}$。⑤完成了河西走廊放牧利用

第一完成人：常根柱

常根柱，男，汉族（1956— ），四级研究员，硕士生导师。兼任中国草学会理事，国家农业领域科技项目评审专家，中国农业科学院论文评审专家，甘肃省第一层次领军人才，甘肃省草品种审定委员会委员，甘肃省航天育种工程中心专家委员会委员。长期从事草业科学推广与研究工作，先后主持主持完成了国家、省部级课题 12 项。主编、副主编出版学术专著 4 部，发表论文 68 篇，获国家授权发明专利 1 项，审定登记甘肃省牧草新品种 2 个，培养硕士研究生 5 名，博士研究生 1 名。在国内率先开展了牧草航天诱变育种技术研究，选育出了“兰航 1 号紫花苜蓿”新品系并研制出了中试产品；在兰州建成了牧草航天诱变搭载材料资源圃（入圃搭载材料 12 个）和试验区。研究提出了中国西北干旱草地生态区及耐旱牧草生态型的划分标准，开展了生态耦合研究；研究提出并建立了甘肃省苜蓿产业化示范模式。先后获得 2006 年甘肃省科技进步二等奖，2012 年中国农业科学院科技成果二等奖。

荒漠草原生态系统退化的成因分析及等级划分。以未退化放牧草地为对照，将荒漠退化草原分为轻度退化、中度退化和重度退化三级；研究提出了《河西走廊放牧利用退化荒漠草原等级划分技术方案》。⑥在完成退化草地成因分析及等级划分的基础上，研究提出了《河西走廊放牧利用退化荒漠草原生态系统综合治理技术及模式》。⑦引进、栽培驯化成功蓝茎冰草、中间偃麦草（引进品种）和黄花矶松（自主驯化野生栽培种）等旱生草品种用于荒漠草原补播更新，使草原植被覆盖度由30%提高到75%；取得发明专利1项。⑧培养草业科学博士、硕士研究生各1名；出版研究论文专辑1本；在国内核心期刊发表论文25篇，其中一级学报4篇（被引用37次）。

成果在项目区推广应用3年，累计新增产值1.59亿元，新增利润1.14亿元，增收节支1.28亿元，经济效益和社会、生态效益明显。

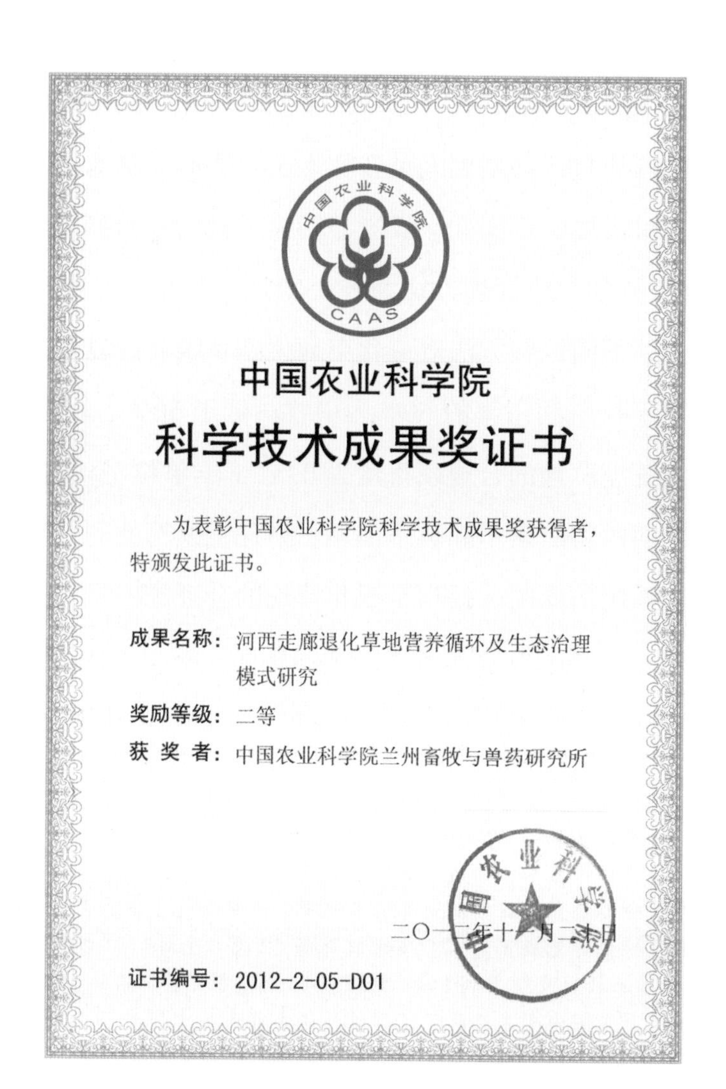
中国农业科学院

科学技术成果奖证书

为表彰中国农业科学院科学技术成果奖获得者，特颁发此证书。

成果名称：河西走廊退化草地营养循环及生态治理模式研究

奖励等级：二等

获 奖 者：中国农业科学院兰州畜牧与兽药研究所

二○一二年十一月二十日

证书编号：2012-2-05-D01

“河西走廊退化草地营养循环及生态治理模式研究”中国农业科学院科技成果二等奖证书

11. 新型兽用纳米载药系统研究与应用

获奖时间、名称和等级：2012 年中国农业科学院科技成果二等奖

主要完成单位：中国农业科学院兰州畜牧与兽药研究所

主要完成人：张继瑜　周绪正　李冰　吴培星　李剑勇　牛建荣　魏小娟　李金善　刘更新　胡宏伟　杨亚军　刘希望　王婧　张杰　李均亮

任务来源：国家计划

起止时间：2006 年 1 月至 2011 年 11 月

内容简介：

本成果研制筛选出了适合兽用药物的壳聚糖纳米药物载体 1 种；构建了具有缓释与靶向功能的兽药纳米载药系统 2 种；创制了具有缓释与靶向功能、半衰期延长的伊维菌素、青蒿琥酯纳米兽药新剂型 2 种；完成了青蒿琥酯纳米兽药的体外筛选及临床药效研究；完成了青蒿琥酯纳米载药系统的安全性评价；通过对青蒿琥酯纳米载药系统在靶动物羊的体内代谢研究，评价了其缓释功能、半衰期延长及生物利用度提高等特点。本项成果获得国家发明专利 3 项，发表学术论文 20 余篇，知识产权为兰州畜牧与兽药研究所所有。

新型兽用纳米载药系统的研究可广泛应用于抗动物寄生虫病和病毒等微生物疾病防治药物的制备开发，解决了兽用药物在体内半衰期短、靶向性差、药物利用率低以及药物溶解性特定要求等问题，可开发出新型、高效、安全的纳米生物药物剂型。

本技术应用前景广阔，可适用于同类药物新型制剂的开发，具有重要的经济效益、社会效益和推广应用前景，可推动我国兽药研究和生产技术的进步，增强我国兽药企业在国内外的兽

第一完成人：张继瑜

张继瑜，男，汉族（1967— ），博士，三级研究员，博（硕）士生导师，国家百千万人才工程国家级人选，有突出贡献中青年专家，中国农业科学院三级岗位杰出人才，中国农业科学院兽用药物研究创新团队首席专家，国家现代农业产业技术体系岗位科学家。现任兰州畜牧与兽药研究所副所长兼纪委书记，兼任中国兽医协会中兽医分会副会长，中国畜牧兽医学会兽医药理毒理学分会副秘书长，农业部兽药评审委员会委员，农业部兽用药物创制重点实验室常务副主任，甘肃省新兽药工程重点实验室主任，中国农业科学院学术委员会委员。主要从事兽用药物及相关基础研究工作，重点方向包括兽用化学药物的研制、药物作用机理与新药设计、细菌耐药性研究。带领的研究团队在动物寄生虫病、动物呼吸道综合征防治药物研究上取得了显著进展。在肠杆菌耐药机理、血液原虫药物作用靶标筛选的研究处于领先地位。先后主持完成国家、省部重点科研项目 20 多项，研制成功 4 个兽药新产品，其中国家一类新药 1 个，取得专利授权 5 项，发表论文 170 余篇，主编出版著作 2 部，培养研究生 21 名。先后获 2006 年兰州市科技进步二等奖，2012 年中国农业科学院科技成果二等奖，2013 年兰州市技术发明一等奖和 2013 年甘肃省科技进步一等奖。

药市场竞争能力。

中国农业科学院

科学技术成果奖证书

为表彰中国农业科学院科学技术成果奖获得者，特颁发此证书。

成果名称：新型兽用纳米载药系统研究与应用

奖励等级：二等

获 奖 者：中国农业科学院兰州畜牧与兽药研究所

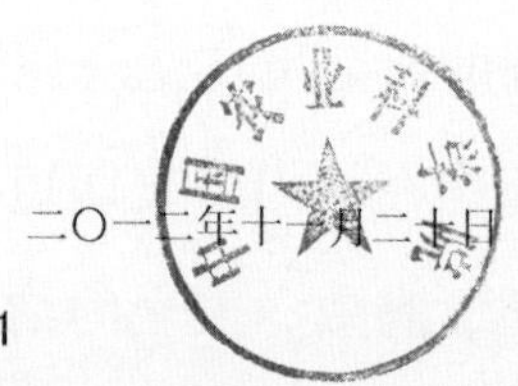

二〇一二年十一月二十日

证书编号：2012-2-08-D01

“新型兽用纳米载药系统研究与应用”中国农业科学院科技成果二等奖证书

12. 药用化合物“阿司匹林丁香酚酯”的创制及成药性研究

获奖时间、名称和等级：2013年中国农业科学院技术发明二等奖

主要完成单位：中国农业科学院兰州畜牧与兽药研究所

主要完成人：李剑勇　张继瑜　杨亚军　刘希望　周绪正　李冰　牛建荣　魏小娟　李金善　于远光　王琪文　孔晓军　李永祥

任务来源：甘肃省科技支撑计划项目

起止时间：2006年1月至2012年11月

内容简介：

本成果以植物中分离的具有多种药理活性的丁香酚和具有相似药理作用的阿司匹林为原料，进行结构拼合，制备出新型药用化合物AEE，并优化了制备工艺（简洁，易于工业化生产）；研究筛选了适用于AEE的药物剂型，首次制备了原料药的纳米乳制剂，建立了片剂、栓剂的制备方法；对AEE的药理学进行了系统研究，结果表明，该化合物较原药阿司匹林和丁香酚的稳定性好，刺激性和毒副作用小，具有持久和更强的抗菌、抗炎、镇痛、解热、抗血小板凝集、抗氧化等作用，是一种新型、高效的兽用化学药物；系统全面的对该化合物进行了毒理学研究，结果显示该化合物实际无毒，可长期使用。本项成果获得国家发明专利2项、发表学术论文10余篇，知识产权为兰州畜牧与兽药研究所所有。

AEE为高效、安全、低毒的动物专用化学药物，该产品适用于畜牧养殖业和宠物疾病防治，可作为家畜、宠物感染性疾病、普通疾病的辅助治疗药物，也可治疗各种炎症性疾病。在宠物医院及家畜养殖场推广使用效果显著，如以保守估计每年替代阿司匹林5%的计算，每年可以产生约5亿元的直接经济效益。

第一完成人：李剑勇

李剑勇，男，汉族（1971—　），研究员，博士，硕（博）士生导师，国家百千万人才工程国家级人选，国家有突出贡献中青年专家。现任中国农业科学院科技创新工程兽用化学药物创新团队首席专家，农业部兽用药物创制重点实验室副主任，甘肃省新兽药工程重点实验室副主任，甘肃省新兽药工程研究中心副主任，农业部兽药评审专家，甘肃省化学会色谱专业委员会副主任委员，中国畜牧兽医学会动物药品学分会理事，中国畜牧兽医学会兽医药理毒理学分会理事，国家自然基金项目同行评议专家，《PLOS ONE》、《Medicinal Chemistry Research》等SCI杂志审稿专家。一直从事兽用药物创制及与之相关的基础和应用基础研究工作。曾先后完成国家级省部级药物研究项目40多项。获得授权发明专利8项。发表论文200余篇，其中SCI收录21篇，出版著作4部，培养研究生15名。先后获2007年度甘肃省科技进步一等奖，2009年度国家科技进步二等奖，第八届甘肃青年科技奖，第十二届中国青年科技奖，2013年度中国农业科学院科技成果二等奖。

中国农业科学院

科学技术成果奖证书

为表彰中国农业科学院科学技术成果奖获得者，特颁发此证书。

成果名称： 药用化合物“阿司匹林丁香酚酯”的创制及成药性研究

奖励等级： 二等

获 奖 者： 中国农业科学院兰州畜牧与兽药研究所

二〇一三年八月一日

证书编号：2013-2-04-D01

“药用化合物‘阿司匹林丁香酚酯’的创制及成药性研究”中国农业科学院技术发明二等奖证书

13. 重金属镉/铅与喹乙醇抗原合成、单克隆抗体制备及 ELISA 检测技术研究

获奖时间、名称和等级：2014 年中国农业科学院科技成果二等奖

主要完成单位：中国农业科学院兰州畜牧与兽药研究所

主要完成人：李建喜　王学智　张景艳　王磊　杨志强　王旭荣　秦哲　张凯　孟嘉仁　陈化琦　孔晓军

任务来源：甘肃省科学技术攻关计划项目，中央级公益性科研院所基本科研业务费专项资金项目，甘肃省科技支撑计划—农业类项目

起止时间：2007 年 7 月至 2012 年 12 月

内容简介：

本成果利用丁二酸酐法，成功合成出喹乙醇半琥珀酸酯（OLA-HS），采用 IR、TLC、MS、NMR 等方法完成了相关表征分析，其分子量为 363，熔点为 192～196℃。分别采用络合剂双位点桥接法和活泼酯化法，建立、优化重金属 Cd^{2+}、Pb^{2+} 及 OLA 全抗原的合成方法，合成出免疫、检测抗原共 7 种。并采用 AAS、UV、TNBS 等方法完成了 7 种全抗原的表征分析，其中 Cd^{2+}、Pb^{2+} 与 OLA 免疫全抗原的偶联比为 55.8、57.1、7.8。利用间接 ELISA 法考察载体蛋白、免疫方法、免疫剂量等条件对抗血清的效价及特异性的影响，确定有效免疫抗原为 KLH-IEDTA-Cd、KLH-DTPA-Pb、OLA-HS-BSA，包被抗原为 BSA-IEDTA-Cd、BSA-DTPA-Pb、OVA-HS- OLA。按 100 微克/只的最佳剂量免疫 Balb/C 小鼠，分别获得抗血清效价为128 000（镉，5 免）、204 800（铅，5 免）、16 000 以上（喹乙醇，4 免）的试验用小鼠，并取其脾脏细胞用于细胞融合，融合率可达 95%以上。采用优化后的细胞融合技术，分别得到 3 株可稳定传代的阳性杂交瘤细胞株 1A1、3H12、1H9，并制备出抗镉、铅及喹乙醇腹水型单克隆抗体，其亚类分别为 IgG1、IgG1、IgG2a 型，腹水效价分别为 2.56×10^5 以上、2.56×10^5 以上、$1.6\times$

第一完成人：李建喜

李建喜，男，汉族（1971—　），研究员，博士，硕士研究生导师。现任中国农业科学院兰州畜牧与兽药研究所中兽医（兽医）研究室主任，中国农业科学院科技创新工程中兽医与临床创新团队首席专家，甘肃省中兽药工程技术研究中心副主任，农业部新兽药中药组评审专家，国家自然基金项目同行评议专家，国家现代农业（奶牛）产业技术体系后备人选等。主要从事科研工作，先后从事兽医病理学、动物营养代谢病与中毒病、兽医药理与毒理、奶牛疾病防治、中兽医药现代化等研究工作。完成国家和省部级科研项目 40 余项，研发新产品 6 个，获得授权发明专利 9 项，培养硕士研究生 23 名，博士研究生 8 名。发表学术论文 99 篇，SCI 收录 6 篇，编写著作 7 部。先后获 2011 年获中国农业科学院科技成果二等奖，2013 年获甘肃省科技进步三等奖，2014 年获中国农业科学院科技成果二等奖。

10^7；蛋白浓度为15.04、12.14、3.24（纯化后）毫克/毫升。利用所获得的抗镉、铅及喹乙醇单克隆抗体，建立并优化间接竞争ELISA检测方法，并进行了应用研究，在1.5~128.00微克/升的浓度范围内，Cd^{2+}、Pb^{2+}浓度与抑制率有良好的线性关系，IC_{50}分别为11.35、9.84微克/升。与其他金属元素与抗体无明显交叉反应性；在1~243纳克/毫升的范围内，OLA浓度与抑制率有良好的线性关系，IC_{50}为9.97±3.50纳克/毫升，与MQCA、QCA及其他喹喔啉类药物几乎无反应性，通过与HPLC、AAS方法的比较，证明该方法结果可靠，可用于重金属镉、铅及喹乙醇的定量、半定量分析。

本成果利用小分子化合物免疫分析技术，开展了镉、铅与喹乙醇抗原合成、单克隆抗体制备及ELISA检测技术研究，旨在为重金属镉、铅与喹乙醇的批量筛查和快速检测提供理论支撑和技术支持。

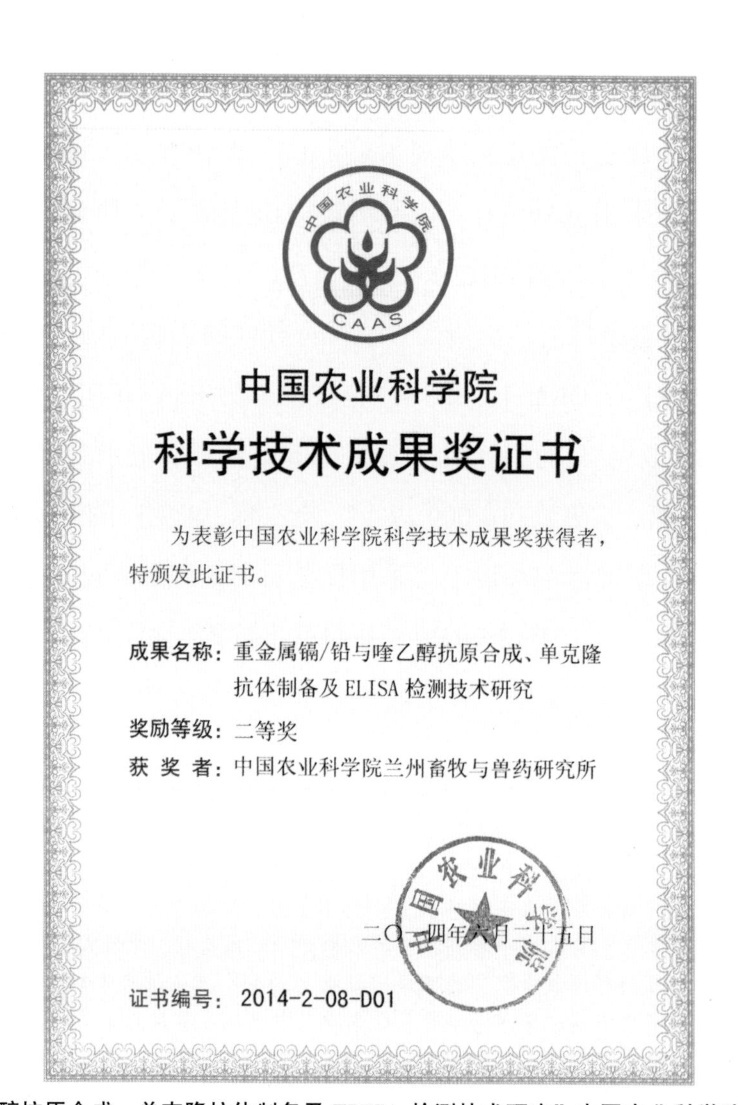
中国农业科学院

科学技术成果奖证书

为表彰中国农业科学院科学技术成果奖获得者，特颁发此证书。

成果名称：重金属镉/铅与喹乙醇抗原合成、单克隆抗体制备及ELISA检测技术研究

奖励等级：二等奖

获 奖 者：中国农业科学院兰州畜牧与兽药研究所

二〇一四年六月二十五日

证书编号：2014-2-08-D01

“重金属镉/铅与喹乙醇抗原合成、单克隆抗体制备及ELISA检测技术研究”中国农业科学院科技成果二等奖证书

第二章　新兽药

1. 2003年度新兽药证书

名　　称	等级和证书号	发证部门及时间	主要完成人
喹烯酮原料药	（2003）新兽药证字第29号	农业部　　2003年8月	赵荣材
喹烯酮预混剂	（2003）新兽药证字第30号	农业部　　2003年8月	赵荣材
消炎醌浸膏	甘兽药字（2003）Z006564	甘肃省畜牧厅　2003年6月	崔颖
消炎醌混悬液	甘兽药字（2003）Z006565	甘肃省畜牧厅　2003年6月	崔颖
复方杨黄灌注液	甘兽药字（2003）Z006568	甘肃省畜牧厅　2003年6月	苗小楼
安普泰乐粉针	甘兽药字（2003）X006158	甘肃省畜牧厅　2003年6月	胡振英
安普泰乐可溶性粉	甘兽药字（2003）X006157	甘肃省畜牧厅　2003年6月	胡振英
复方连丹注射液（乳源康）	甘兽药字（2003）Z008567	甘肃省畜牧厅　2003年6月	张继瑜
复方金芩连口服液（菌毒清）	甘兽药字（2003）Z006566	甘肃省畜牧厅　2003年6月	张继瑜
复方益母散（产复康）	甘兽药字（2003）Z006562	甘肃省畜牧厅　2003年6月	严作廷
丹翘灌注液（清宫液2号）	甘兽药字（2003）Z006560	甘肃省畜牧厅　2003年6月	巩忠福
紫丹油灌注液（清宫液3号）	甘兽药字（2003）Z006563	甘肃省畜牧厅　2003年6月	杨国林
复方蒲公英合剂（乳康2号合剂）	甘兽药字（2003）Z006558	甘肃省畜牧厅　2003年6月	罗金印
复方氨苄西林钠（乳康1号）	甘兽药字（2003）Z006159	甘肃省畜牧厅　2003年6月	罗金印
复方芍连合剂（羊痢康合剂）	甘兽药字（2003）Z006559	甘肃省畜牧厅　2003年6月	罗金印
注射用茜草素（菌立杀）	甘兽药字（2003）Z006570	甘肃省畜牧厅　2003年6月	王玲
茜草素	甘兽药字（2003）Z006569	甘肃省畜牧厅　2003年6月	王玲
双连翘粉针（喘克星）	甘兽药字（2003）Z006555	甘肃省畜牧厅　2003年6月	药厂
双连翘可溶性粉（呼肠净）	甘兽药字（2003）Z006556	甘肃省畜牧厅　2003年6月	药厂
康毒威	甘兽药字（2003）Z006561	甘肃省畜牧厅　2003年6月	巩忠福

2. 金石翁芍散

新兽药注册证书号：（2010）新兽药证字 34 号

注册分类：三类

研制单位：中国农业科学院兰州畜牧与兽药研究所

研制人员：李锦宇 郑继方 罗超应 王东升 胡振英 罗永江 严作廷 王贵波 汪晓斌 朱海峰

发证日期：2010 年 11 月 8 日

内容简介：

“金石翁芍散”是运用中兽医扶正祛邪和异病同治的辨证论治理论，结合现代免疫学机理研制而成的中药复方制剂。该药由中药金银花、石膏、白头翁、赤芍、甘草等 11 味药物组成的新型复方制剂，具有清热解毒，除湿止痢，扶正祛邪，活血化瘀等功能，是治疗鸡大肠杆菌病和鸡白痢的有效组方。用法与用量为：鸡（2~3 周龄）1 克连用 3~5 天。对鸡白痢治愈率为 80. 0%，有效率均 90. 0%。对鸡大肠杆菌病治愈率为 75%，有效率为 90. 0%。

中华人民共和国

新兽药注册证书

证号：（2010）新兽药证字 34 号

新兽药名称：金石翁芍散

注册分类：三类

研制单位：中国农业科学院兰州畜牧与兽药研究所

根据《兽药管理条例》，该兽药符合规定，准予注册，特发此证。

发证日期：二〇一〇年十一月八日

“金石翁芍散”新兽药证书

金石翁芍散

第一完成人：李锦宇

李锦宇，男，汉族（1973— ），学士学位，副研究员。主要从事中兽医针灸研究、中兽药新药研发工作。现主持科技部成果转化项目“抗禽感染疾病中兽药复方新药‘金石翁芍散’的推广应用”和甘肃省科技支撑课题，参加其它国家科研课题 15 项。获甘肃省科技进步奖二等奖一项（第二完成人），农科院科技进步二等奖一项。申报获取国家三类新药-金石翁芍散（第一完成人）；获取专利 16 项（第一完成人 3 项），参与编写著作 10 部（副主编 2 部）；在国内外正式刊物发表科技论文公开发表各种学术论文 50 篇。

3. 益蒲灌注液

新兽药注册证书号：（2013）新兽药证字 28 号

注册分类：三类

研制单位：中国农业科学院兰州畜牧与兽药研究所

研制人员：苗小楼　杨耀光　苏鹏　王瑜　焦增华

发证日期：2013 年 6 月 18 日

内容简介：

益蒲灌注液在治疗奶牛子宫内膜炎方面的应用，可有效替代和降低抗生素类药物治疗奶牛子宫内膜炎，降低或减少兽药对动物源性食品的污染。经在我国不同地区奶牛场治疗奶牛子宫内膜炎临床推广应用，该制剂疗效好、见效快、疗效稳定、安全、未见不良反应，与同类产品相比其治愈率和总有效率相同，情期受胎率优于抗生素类产品，治愈率达 85%以上，总有效率 95%左右，治愈后 3 个情期受胎率达到 85%以上；对患隐性子宫内膜炎的奶牛，治愈率为 100%。

中华人民共和国
新兽药注册证书
证号：（2013）新兽药证字 28 号

新兽药名称：益蒲灌注液
注 册 分 类：三类
研 制 单 位：中国农业科学院兰州畜牧与兽药研究所
根据《兽药管理条例》，该兽药符合规定，准予注册，特发此证。

发证日期：二〇一三年六月十八日

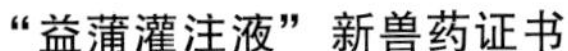
“益蒲灌注液”新兽药证书

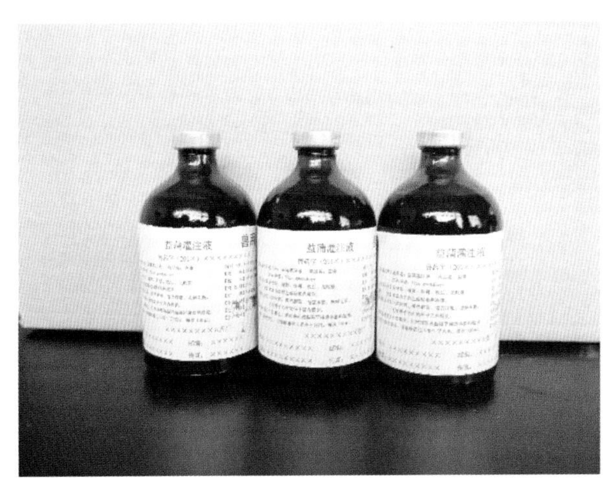
益蒲灌注液

第一完成人：苗小楼

苗小楼，男，汉族，（1972—　），副研究员，主要从事兽药研发、传统兽医药物研究工作，主持参加多个省部课题，发表论文 20 余篇，获得授权专利 3 项，主持研制的中兽药“益蒲灌注液”获得国家三类新兽药证书，参与研制的一类兽药“喹烯酮”曾先后获国家科技进步二等奖和甘肃省科技进步一等奖。主持研发的“益蒲灌注液”新兽药于 2013 年获得新兽药证书。

4. 黄白双花口服液

新兽药注册证书号：（2013）新兽药证字 22 号

注册分类：三类

研制单位：中国农业科学院兰州畜牧与兽药研究所

研制人员：刘永明

发证日期：2013 年 6 月 18 日

内容简介：

黄白双花口服液针对犊牛湿热型腹泻病的病因、病理、诊断和治疗研究的基础上，在传统中兽医理论指导下，结合现代中药药理研究和临床用药研究，研制的治疗犊牛湿热型腹泻病的纯中药口服液，治疗犊牛湿热型腹泻病临床疗效确实，使用方便，治疗效果与同类产品相比优于或等于，平均治愈率为 85.00%，总有效率为 94.70%。

中华人民共和国

新兽药注册证书

证号：（2013）新兽药证字 22 号

新兽药名称：黄白双花口服液

注 册 分 类：三类

研 制 单 位：中国农业科学院兰州畜牧与兽药研究所

根据《兽药管理条例》，该兽药符合规定，准予注册，特发此证。

发证日期：二〇一三年六月十八日

“黄白双花口服液”新兽药证书

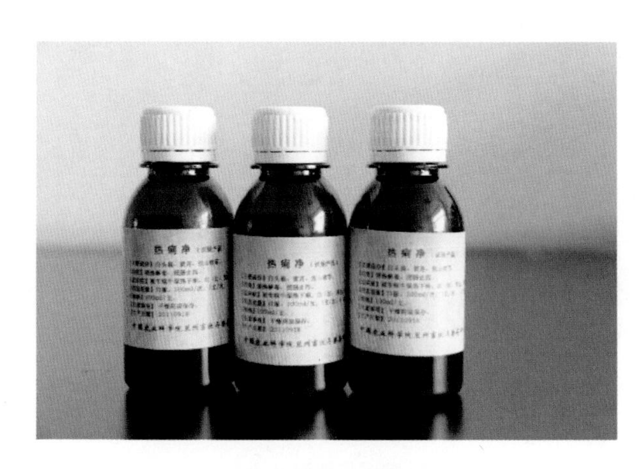

黄白双花口服液

第一完成人：刘永明

刘永明，男，汉族（1957—　），三级研究员，硕士生导师。现任中国农业科学院兰州畜牧与兽药研究所党委书记、副所长、工会主席，兼任《中兽医医药杂志》和《中国草食动物科学》杂志编委会主任、中国农业科学院思想政治工作研究会理事、中国兽医协会会员和兰州市科学技术奖励委员会委员等职务。主要从事动物营养与代谢病研究工作。先后主持国家科技支撑计划、公益性行业专项、科技成果转化基金项目、948 项目以及省级科研课题或子专题 12 项，主持基本建设项目 4 项；获授权专利 8 项，取得新兽药证书“黄白双花口服液”1 个、添加剂预混料生产文号 5 个；主编（主审）、副主编著作 6 部，参与编写著作 6 部，其中《中国农业百科全书中兽医卷》获全国优秀科技图书一等奖和国际文止戈图书奖；发表论文 50 余篇，培养硕士生 5 名。在农业科技推广年活动中被农业部授予科技推广活动先进个人称号。主持完成的“牛羊微量元素精准调控技术研究与应用”获得 2014 年甘肃省科技进步三等奖，主持完成的“新型高效牛羊微量元素舔砖和缓释剂的研制与推广”获得 2013 年全国农牧渔业丰收二等奖。

5. 射干地龙颗粒

新兽药注册证书号：（2015）新兽药证字 17 号

注册分类：三类

研制单位：中国农业科学院兰州畜牧与兽药研究所

研制人员：郑继方　谢家声　辛蕊华　罗永江　李锦宇　罗超应　王贵波

发证日期：2015 年 4 月 10 日

内容简介：

“射干地龙颗粒”是针对鸡传染性喉气管炎，应用中兽医辨证施治理论、采用现代制剂工艺所研制出的新型高效安全纯中药口服颗粒剂；射干地龙颗粒是从中兽医整体观出发，在《金匮要略》射干麻黄汤的基础上，辨证加减，并根据鸡传染性支气管炎临床症状和病理表现，而开发的中兽药颗粒剂。该制剂治疗产蛋鸡呼吸型传染性支气管炎的效果显著；能够对抗组胺、乙酰胆碱所致的气管平滑肌收缩作用，从而起到松弛气管平滑肌和宣肺的功效；同时能明显减少咳嗽的次数，并能增强支气管的分泌作用，表现出镇咳、平喘、祛痰、抗过敏的作用。射干地龙颗粒主要由射干、地龙、北豆根、五味子中药组成，具有清咽利喉、化痰止咳、收敛固涩等功能。

第一完成人：郑继方

郑继方，男，汉族（1958—　），研究员，硕士生导师。甘肃省中兽药工程技术研究中心主任，中国农业科学院兰州畜牧与兽药研究所学术委员会委员，《中兽医医药杂志》编委，亚洲传统兽医学会常务理事，中国畜牧兽医学会中兽医分会理事，中国生理学会甘肃分会理事，西北地区中兽医学术研究会常务理事，中国畜牧兽医学会高级会员，农业部项目评审专家，农业部新兽药评审委员会委员，科技部国际合作计划评价专家，西南大学客座教授。从事中兽医药学的研究工作。先后主持省部级项目 20 多项。获国家新兽药证书 3 个，授权发明专利 11 项。主编著作 10 部，发表论文 80 余篇。先后获得 2011 年甘肃省科技进步二等奖。

中华人民共和国

新兽药注册证书

证号：（2015）新兽药证字 17 号

新兽药名称 ：射干地龙颗粒

注 册 分 类 ：三类

研 制 单 位：中国农业科学院兰州畜牧与兽药研究所

根据《兽药管理条例》，该兽药符合规定，准予注册，特发此证。

发证日期：二〇一五年四月十日

“射干地龙颗粒”新兽药证书

第三章　牧草新品种

1. 陇中黄花矶松

类别：野生栽培品种

育成人：路远　常根柱　周学辉　杨红善　张茜

品种登记号：GCS013

内容简介：

“陇中黄花矶松”源于极干旱环境，是我国北方荒漠戈壁的广布种。陇中黄花矶松属于观赏草野生驯化栽培品种，该品种的原始材料源于荒漠戈壁植物，为多年生草本。这次培育成的新品种主要用于园林绿化、植物造景、防风固沙、饲用牧草和室内装饰等多种用途，具有抗旱性极强，高度耐盐碱、耐贫瘠，耐粗放管理；株丛较低矮，花朵密度大，花色金黄，观赏性强的显著特点。花期长达200天左右，青绿期210~280天（地域不同），花形花色保持力极强，花干后不脱落、不掉色，是理想的干花、插花材料与配材。能适应我国北方极干旱地区的大部分荒漠化生态条件。

第一完成人：路远

路远，女，汉族（1980—　），硕士研究生，副研究员。主要从事牧草新品种选育及植物组培研究。主持院所长基金项目“美国杂交早熟禾引进驯化及种子繁育技术研究”、和“黄花矶松驯化栽培及园林绿化开发应用研究”，曾参与并完成了973合作子课题项目“气候变化对西北春小麦单季玉米区粮食生产资源要素的影响机理研究”，全球环境基金（GEF）项目“野生牧草种质资源应用研究”、“放牧利用与草原退化关系研究”和国家科技基础条件平台工作项目子课题“牧草种质资源的实物共享及标志性数据采集”、“牧草种质资源的标准化整理和整合”、国家科技支撑计划项目子课题“西北优势和特色牧草生产加工关键技术研究与示范”等项目20余项。发表论文20余篇，主编著作1部，获甘肃省科技进步二等奖1项，选育牧草新品种1个，获专利5项。

品种登记号：GCS013

品种名称：陇中黄花矶松

申报单位：中国农业科学院兰州畜牧与兽药研究所

申报人：路远、常根柱、周学辉、杨红善、张茜

适应区域：北方干旱、半干旱、湿润、半湿润及干旱荒漠地区

经甘肃省第一届草品种审定委员会审定，该品种登记为野生栽培品种，并报省农牧厅备案，准予在适应区域正式推广应用。

甘肃省草品种审定委员会

二〇一四年六月十一日

“陇中黄花矶松”牧草新品种证书

陇中黄花矶松单株

陇中黄花矶松群体

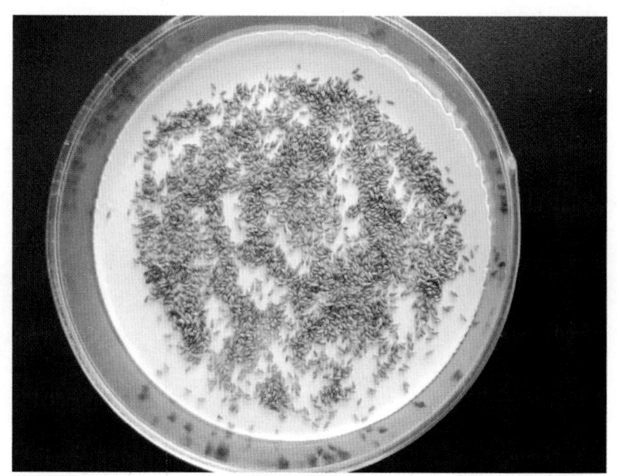

陇中黄花矶松种子

2. 中兰2号紫花苜蓿

类别：育成品种

育成人：李锦华　师尚礼　田福平　何振刚　刘彦江

品种登记号：GCS001

内容简介：

中兰2号紫花苜蓿适用于在黄土高原半干旱半湿润地区旱作栽培，可直接饲喂家畜，调制、加工草产品等，生产性能优越。在饲用品质方面，该苜蓿营养成分高，适口性好。该品种是适于黄土高原半干旱半湿润地区旱作栽培的丰产品种，产草量超过当地农家品种15%以上，超过当地推广的育成品种和国外引进品种10%以上，能解决现有推广品种在降雨较少的生长季或年份产草量大幅下降的问题，在干旱缺水的西部地区，该品种对提高单位草地生产率，推动区域苜蓿产业化的发展具有重要意义。

品种登记号：GCS001

品 种 名 称：中兰2号紫花苜蓿

申 报 单 位：中国农业科学院兰州畜牧与兽药研究所、甘肃农业大学

申　报　人：李锦华、师尚礼、田福平、何振刚、刘彦江

适 应 区 域：适宜在甘肃省半干旱和半湿润地区的苜蓿旱作栽培区以及黄土高原类似区域种植利用。

经甘肃省第 一 届草品种审定委员会审定，该品种登记为　育成　品种，并报省农牧厅备案，准予在适应区域正式推广应用。

二〇一[illegible]年四月[illegible]日

“中兰2号紫花苜蓿”牧草新品种证书

中兰2号紫花苜蓿全株

主要完成人：李锦华

李锦华，男，汉族（1963—　），博士，副研究员，硕士生导师。从事牧草栽培与育种工作。现任草业饲料研究室副主任。先后主持参加省部级牧草育种及畜牧业发展项目13项，获省部级奖4项，其中省级科技进步一等奖1项。参与育成抗霜霉病苜蓿新品种“中兰1号”，通过国家审定；主持育成耐旱苜蓿新品种“中兰2号”，通过省级审定。发表论文60余篇，参编著作4部。

中兰 2 号紫花苜蓿叶片

中兰 2 号紫花苜蓿花

中兰 2 号紫花苜蓿种子

3. 陆地中间偃麦草

类别：引进品种

育成人：杨红善　常根柱　师尚礼　周学辉　路远

品种登记号：GCS006

内容简介：

陆地中间偃麦草，禾本科多年生草本，具横走根茎，根系较发达，分蘖多。2002—2004 年完成驯化栽培和引种观察试验，2005—2011 年完成了引种试验、区域试验和生产试验。该品种具有产草量高、营养丰富、茎叶嫩绿的显著特点，有较高的产草量和种子产量，对土壤要求不严，是优良的多年生禾本科牧草，宜可作为生态草用于退化草地补播。适应区域为黄土高原半干旱区、黄土高原半湿润区、河西走廊荒漠绿洲区及北方类似地区。

品种登记号：GCS006

品 种 名 称：陆地中间偃麦草

申 报 单 位：中国农业科学院兰州畜牧与兽药研究所、甘肃农业大学

申　报　人：杨红善、常根柱、师尚礼、周学辉、路远

适 应 区 域：适宜在甘肃省黄土高原半干旱区、半湿润区河西走廊荒漠绿洲及北方类似地区种植利用。

经甘肃省第 一 届草品种审定委员会审定，该品种登记为 引进 品种，并报省农牧厅备案，准予在适应区域正式推广应用。

二〇一三年四月二日

“陆地中间偃麦草”牧草新品种证书

第一完成人：杨红善

杨红善，男，汉族（1981—　），硕士研究生、助理研究员，研究方向为牧草常规育种和航天诱变育种。主要从事牧草种质资源搜集与新品种选育研究工作，主持在研项目 3 项，其中甘肃省青年基金项目 1 项、甘肃省农业生物技术研究与应用开发项目 1 项、中央级公益性科研院所基本科研业务费专项资金项目 1 项，参加国家支撑计划子课题等各类项目共计 3 项。工作期间以第一完成人或参加人审定登记甘肃省牧草新品种 4 个。获中国农业科学院科技进步二等奖 1 项（第三完成人）。参加编写《高速公路绿化》著作 1 本（副主编）。在各类期刊发表论文 20 篇，其中主笔 13 篇。

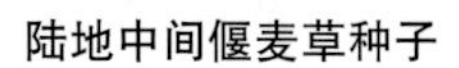
陆地中间偃麦草种子

陆地中间偃麦草群体

4. 海波草地早熟禾

类别：引进品种

育成人：常根柱　路远　周学辉　杨红善　张二喜

品种登记号：GCS007

内容简介：

该品种能够自行繁种，可降低建植成本；抗旱性强及缓生性状，可降低养护成本，在生产中具有重要意义；叶片柔软，叶宽适中，颜色深绿有光泽，成坪草层均匀整齐，青绿期长，草坪景观效果好，可用于建植各类草坪。区域试验表明：在黄土高原半干旱区、半湿润区及河西走廊荒漠绿洲区具有良好的生态适应性，表现出抗旱、耐寒、缓生、耐践踏、青绿期长且能正常繁种和降低草坪建植、养护成本的优良性状，在类似地区的草坪生产中可推广应用。

品种登记号：GCS007

品种名称：海波草地早熟禾

申报单位：中国农业科学院兰州畜牧与兽药研究所、天水市农业科学研究所

申报人：常根柱、路远、周学辉、杨红善、张二喜

适应区域：适宜在甘肃省温带、寒温带区域建植各类草坪和用于草坪草种子繁殖。

经甘肃省第 一 届草品种审定委员会审定，该品种登记为 引进 品种，并报省农牧厅备案，准予在适应区域正式推广应用。

甘肃省草品种审定委员会

二〇一三年四月二日

“海波草地早熟禾”牧草新品种证书

第一完成人：常根柱

常根柱，男，汉族（1956—　），四级研究员，硕士生导师。兼任中国草学会理事，国家农业领域科技项目评审专家，中国农业科学院论文评审专家，甘肃省第一层次领军人才，甘肃省草品种审定委员会委员，甘肃省航天育种工程中心专家委员会委员。长期从事草业科学推广与研究工作，先后主持主持完成了国家、省部级课题12项。主编、副主编出版学术专著4部，发表论文68篇，获国家授权发明专利1项，审定登记甘肃省牧草新品种2个，培养硕士研究生5名，博士研究生1名。在国内率先开展了牧草航天诱变育种技术研究，选育出了“兰航1号紫花苜蓿”新品系并研制出了中试产品；在兰州建成了牧草航天诱变搭载材料资源圃（入圃搭载材料12个）和试验区。研究提出了中国西北干旱草地生态区及耐旱牧草生态型的划分标准，开展了生态耦合研究；研究提出并建立了甘肃省苜蓿产业化示范模式。先后获得2006年甘肃省科技进步二等奖，2012年中国农业科学院科技成果二等奖。

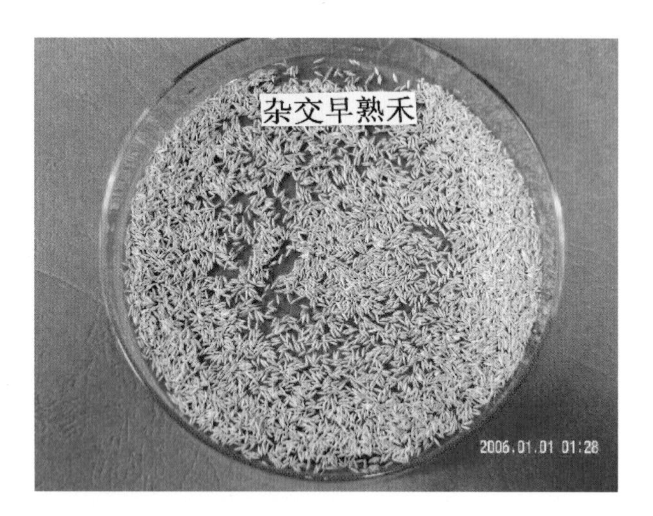

海波草地早熟禾种子

海波草地早熟禾种子生产基地

5. 航苜 1 号紫花苜蓿

类别：育成品种

育成人：常根柱

品种登记号：GCS014

内容简介：

“航苜 1 号紫花苜蓿”新品种是我国第一个航天诱变多叶型紫花苜蓿新品种。该品种基本特性是优质、丰产，表现为多叶率高、产草量高和营养含量高。叶以 5 叶为主，多叶率达 41.5%，叶量为总量的 50.36%；干草产量 15 529.9 千克/公顷，平均高于对照 12.8%；粗蛋白质含量 20.08%，平均高于对照 2.97%；18 种氨基酸总量为 12.32%，平均高于对照 1.57%；种子千粒重 2.39g，牧草干鲜比 1∶4.68。该品种适宜于黄土高原半干旱区、半湿润区，河西走廊绿洲区及北方类似地区推广种植，对改善生态环境和提高畜牧业生产效益具有重要意义。

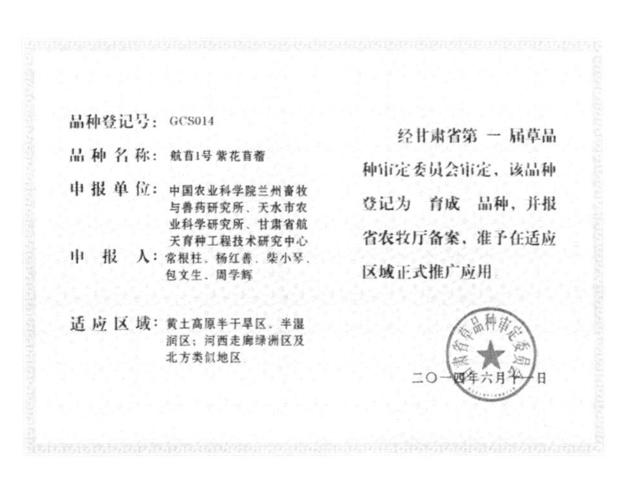
品种登记号：GCS014
品 种 名 称：航苜1号 紫花苜蓿
申 报 单 位：中国农业科学院兰州畜牧与兽药研究所、天水市农业科学研究所、甘肃省航天育种工程技术研究中心
申　报　人：常根柱、杨红善、柴小琴、包文生、周学辉
适 应 区 域：黄土高原半干旱区、半湿润区；河西走廊绿洲区及北方类似地区

经甘肃省第 一 届草品种审定委员会审定，该品种登记为 育成 品种，并报省农牧厅备案，准予在适应区域正式推广应用。

二〇一四年六月十一日

“航苜 1 号紫花苜蓿”牧草新品种证书

航苜 1 号紫花苜蓿叶片

航苜 1 号紫花苜蓿单株

第四章 动物新品种

1. 大通牦牛

完成单位：中国农业科学院兰州畜牧与兽药研究所

青海省大通种牛场

品种颁布时间：2005 年

品种颁布单位：中华人民共和国农业部

品种证号：（农 02）新品种证字第 2 号

主要完成人：陆仲麟 阎萍 何晓林 王敏强 韩凯 马振朝 杨博辉 马有学 柏家林 满财 李孔亮 贾永红 李吉业 芦志刚 乔存来

品种简介：

“大通牦牛”新品种的培育密切结合青藏高原高寒牧区牦牛生存的自然与社会经济环境的实

第一完成人：陆仲璘

陆仲璘，男，汉族（1940— ），研究员。1986 年调到中国农业科学院兰州畜牧研究所从事研究和管理工作。先后任副所长、《中国草食动物》杂志主编。曾担任中国牛品种审定委员会委员、全国牦牛品种协会常务副理事长兼秘书长。农业部有突出贡献的中青年专家，享受政府特殊津贴。一直致力于高寒草地畜牧业、牦牛的遗传、育种及其生产性能的研究。为了重视和保护濒临灭绝的野牦牛栖息地，与同行共同努力，在 FAD 的直接支持下，分别于 1994 年、1997 年、1998 年促成了第一届、第二届、第三届国际牦牛研究学术讨论会在中国兰州、西宁、拉萨召开，并在第一届国际会议之后，在中国成立了国际牦牛研究信息中心，出版国际牦牛研究通讯英文刊物，开展多项合作研究和人才培养，有力地推动了牦牛研究在国内外的发展。发表论文 40 多篇，主笔编写了《牦牛科学研究论文集》和《牦牛育种及高原肉牛业》等著作。主持完成的“‘大通牦牛’新品种及培育技术”获得 2005 年甘肃省科技进步一等奖和 2007 年国家科技进步二等奖。

际，在系统研究牦牛、野牦牛的遗传繁殖、生理生化、行为生态等特点的基础上，深入探索在家牦牛群体中导入野牦牛遗传基因提高牦牛生产性能，实施新品种培育的理论与技术，育成了牦牛新品种并创立配套的育种技术和完整的繁育体系，使其成为青藏高原牦牛产区及毗邻地区可广泛推广应用的新品种和新技术。

通过有计划地捕获、驯化野牦牛，探索并解决采集精液、研制冻精和大面积野外牦牛人工授精等一系列技术难点，大量繁殖含 1/2 野牦牛基因的杂种牦牛。应用低代牛（F1）横交理论建立育种核心群，强化选择与淘汰，确定主选性状及主要育种指标等技术措施，建设野牦公牛站和牦牛育种、繁育体系，系统研究野、家杂种及横交牛和其他牦牛地方类群的遗传、繁殖、生产性能、生理生化等方面的特性与区别。适度利用近交、闭锁繁育等项技术，培育生产性能高，特别是产肉性能、繁殖性能、抗逆性能远高于家牦牛的体型外貌毛色高度一致、品种特性能稳定遗传的含 1/2 野牦牛基因的肉用型牦牛新品种。

大通牦牛的育种父本是野牦牛。野牦牛长年生活于海拔 4 500~6 000 米的高山寒漠地带，由于严酷的自然选择和特殊的闭锁繁育，野牦牛身高、体重、生长速度、抗逆性、生活力等性状的平均遗传水平远高于家牦牛，成年野牦牛体重 800~1 200 千克，三月龄体重 90 千克，具有极显著的优势。历史的实践也证明：野牦牛和家牦牛杂交后代具有很强的优势表现。1982 年捕获野牦牛经调教驯化，于 1983 年采精、制作冻精获得成功。1985 年兰州畜牧研究所和大通种牛场共同建立了“牦公牛站”。“大通牦牛”的育种母本是从大通种育种过程和方法二十多年来，在青海省大通种牛场适龄母牛群中，挑选健康、毛色为黑色的母牦牛组成基础母牛群。

（农02）新品种证字第　2号

畜禽新品种（配套系）证书

新品种（配套系）名称　大通牦牛

培　育　单　位　中国农业科学院兰州畜牧与兽药研究所、青海省大通种牛场

该品种业经审定，根据国务院《种畜禽管理条例》，特发此证。

发证机关

二00五年　三月　六日

中华人民共和国农业部统一印制

"大通牦牛"动物新品种证书

大通牦牛公牛

大通牦牛群体

2. 高山美利奴羊

完成单位：中国农业科学院兰州畜牧与兽药研究所
　　　　　甘肃省绵羊繁育技术推广站

品种颁布时间：2015 年

品种证号：（农 03）新品种证字第 14 号

品种颁布单位：国家畜禽遗传资源委员会

主要完成人：杨博辉　郭健　李范文　岳耀敬　王天翔　刘建斌　李桂英　孙晓萍　牛春娥　李文辉　黄静　冯瑞林　张军　王学炳　安玉峰　张万龙　陈灏　郭婷婷　王喜军　刘继刚　王凯　梁育林　冯明廷　张海明　王建军　刘长明　苏文娟　文亚洲　罗天照　杨剑锋　王丽娟　袁超　郎侠　梁春年　王延宏　陈永华　金智　李吉国　常伟　汪磊　刘发辉　何梅兰　马秀山　陈宗芳

品种简介：

高山美利奴羊（高山毛肉兼用美利奴羊）是以澳洲美利奴羊为父本，甘肃高山细毛羊为母本，由中国农业科学院兰州畜牧与兽药研究所和甘肃省绵羊繁育技术推广站等单位，集成创新现代绵羊先进育种技术，历经 20 年系统育成的国内外唯一一个适应海拔 2 400~4 070 米青藏高原高山寒旱生态区的羊毛纤维直径以 19. 1~21. 5 米为主体的毛肉兼用美利奴羊新品种。

高山美利奴羊的生产性能和综合品质达到了国际同类生态区细毛羊的领先水平，填补了我国青藏高原生态区及类似地区羊毛纤维直径以 19. 0~21. 5 米为主体的细毛羊品种空白；育种技术和设备的创新发明领先国内外，突破了利用现代先进育种技术 BLUP 选择种羊和分子标记技术评估群体遗传稳定性的技术瓶颈，引领了我国细毛羊品种生态差异化的育种方向，实现了澳洲美利奴羊在青藏高原生态区及类似地区的国产化，是世界独特生态区先进羊品种培育的成

第一完成人：杨博辉

杨博辉，男，汉族（1964—　），博士，四级研究员，博士生导师。“国家绒毛用羊产业技术体系”分子育种岗位科学家，中国农业科学院兰州畜牧与兽药研究所细毛羊资源与育种创新团队首席。兼任中国畜牧兽医学会养羊学分会副理事长兼秘书长，中国博士后基金评审专家，中国畜牧业协会羊业分会特聘专家，中国农业科学院三级岗位杰出人才。主要从事绵羊新品种（系）培育、分子育种及产业化研发。主要研究动物分子育种理论、技术和方法。先后主持完成省部级项目 20 余项。制定国颁标准 6 项，部颁标准 5 项。获得国家发明专利 2 项，实用新型专利 8 项。发表论文 120 篇，其中 7 篇 SCI，获国际论文一等奖 1 篇。出版著作 6 部。培养博、硕士研究生 21 名，其中国际留学生 1 名。已与澳大利亚、阿根廷等国家建立了长期科技合作关系。主持完成的“优质肉羊产业化高新高效技术的研究与应用”获 2008 年甘肃省科技进步二等奖。

功范例，是我国细毛羊品种生态差异化培育的典型代表，是藏族、裕固族等少数民族地区农牧民赖以奔小康的当家培育绵羊品种，具有不可替代的生态地位、经济价值和社会意义。

我国羊毛纺织能力约45万吨，国内仅能满足约22万吨（其中细羊毛8万吨），每年进口约23万吨（其中以细羊毛为主）。目前我国约有以羊毛纤维直径20.1~23.0米（64~66支）为主体的细毛羊3 000万只，羊毛偏粗，净毛产量约6万吨但仅有很少量低于21.5米，不能满足精仿工业对21.5米以细羊毛的需求，细羊毛供给缺口很大，特别是用于精仿的21.5米以细羊毛主要依赖进口。新品种育成后，在青藏高原生态区及类似地区近5年累计可推广种公羊约40 000只，累计改良细毛羊约800万只，改良羊毛纤维直径由21.6~25.0米（60~64支）降低到19.0~21.5米（66~70支），体重提高10.0千克/只，这对于满足我国毛纺工业对高档精纺羊毛的需求，缓解我国羊肉刚性需求大的矛盾，保住广大农牧民的生存权、国毛在国际贸易中话语权和议价权，维护青藏高原少数民族地区的繁荣稳定和国家的长治久安等方面均将产生重大影响，具有广阔的推广应用前景。

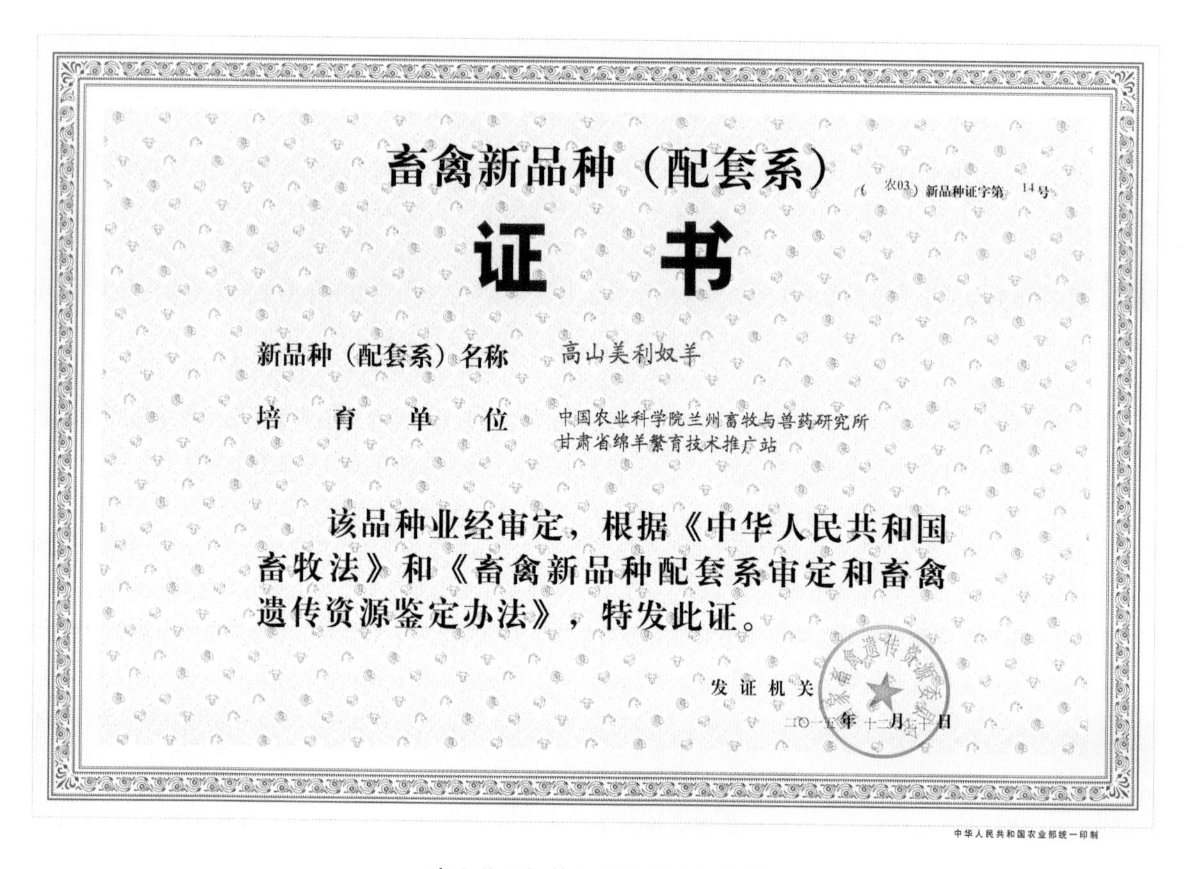
畜禽新品种（配套系）

（农03）新品种证字第 14号

证　书

新品种（配套系）名称　高山美利奴羊

培　育　单　位　中国农业科学院兰州畜牧与兽药研究所
甘肃省绵羊繁育技术推广站

该品种业经审定，根据《中华人民共和国畜牧法》和《畜禽新品种配套系审定和畜禽遗传资源鉴定办法》，特发此证。

发证机关

二〇一五年十二月十日

中华人民共和国农业部统一印制

“高山美利奴羊”动物新品种证书

高山美利奴羊母羊群

高山美利奴羊种母羊

高山美利奴羊种公羊

第五章　授权专利

一、发明专利

1. 一种用于治疗牛子宫内膜炎的中药

专利号：ZL200410073447.8

发明人：杨国林　巩忠福　严作廷　李世宏　谢家声　梁纪兰

授权公告日：2006年8月9日

摘要：

本发明涉及一种兽用中药，特别是用天然植物药物组合而成的，治疗牛子宫内膜炎的药物。本发明的药物是由丹参、千里光、红花、忍冬藤和连翘等组成。本发明具有活血化瘀、通经止痛、凉血消肿；有显著的抗菌消炎、促进伤口愈合、抗自由基及抗脂质过氧化的作用；有较温和的雌激素活性，对金黄色葡萄球菌、大肠杆菌、绿脓杆菌等有较强的抗菌作用，且具有无抗生素残留、使用安全的优点。

证书号第325907号

发明专利证书

发明名称：一种用于治疗牛子宫内膜炎的中药

发明人：杨国林；巩忠福；梁纪兰；李世宏；谢家声
严作廷；李宏胜

专利号：ZL 2004 1 0073533.9

专利申请日：2004年12月21日

专利权人：中国农业科学院兰州畜牧与兽药研究所

授权公告日：2007年5月23日

本发明经过本局依照中华人民共和国专利法进行审查，决定授予专利权，颁发本证书并在专利登记簿上予以登记。专利权自授权公告之日起生效。

本专利的专利权期限为二十年，自申请日起算。专利权人应当依照专利法及其实施细则规定缴纳年费。缴纳本专利年费的期限是每年12月21日前一个月内。未按照规定缴纳年费的，专利权自应当缴纳年费期满之日起终止。

专利证书记载专利权登记时的法律状况。专利权的转移、质押、无效、终止、恢复和专利权人的姓名或名称、国籍、地址变更等事项记载在专利登记簿上。

局长　田力普

中华人民共和国国家知识产权局

2007年5月23日

第1页（共1页）

2. 一种治疗牛子宫内膜炎的中药

专利号：ZL200410073533.9

发明人：杨国林　巩忠福　梁纪兰　李世宏　谢家声　严作廷　李宏胜

授权公告日：2007 年 5 月 23 日

摘要：

本发明涉及一种兽用中药，特别是用天然植物药物组合而成的，治疗牛子宫内膜炎的药物。本发明的药物是由丹参、千里光、红花、忍冬藤和连翘等组成。本发明具有活血化淤、通经止痛、凉血消肿；有显著的抗菌消炎、促进伤口愈合、抗自由基及抗脂质过氧化的作用；有效温和的雌激素活性，对金黄色葡萄球菌、大肠杆菌、绿脓杆菌等有较强的抗菌作用，且具有无抗生素残留、使用安全的优点。

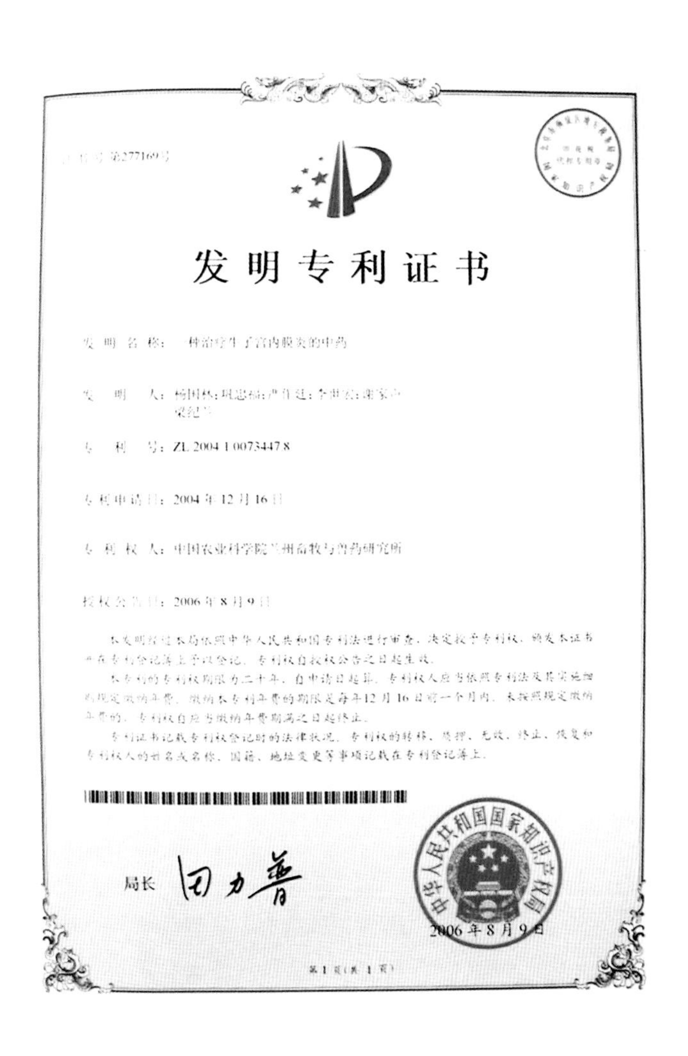

证书号第277169号

发明专利证书

发明名称：一种治疗牛子宫内膜炎的中药

发明人：杨国林;巩忠福;严作廷;李世宏;谢家声;梁纪兰

专利号：ZL 2004 1 0073447.8

专利申请日：2004 年 12 月 16 日

专利权人：中国农业科学院兰州畜牧与兽药研究所

授权公告日：2006 年 8 月 9 日

本发明经过本局依照中华人民共和国专利法进行审查，决定授予专利权，颁发本证书并在专利登记簿上予以登记。专利权自授权公告之日起生效。

本专利的专利权期限为二十年，自申请日起算。专利权人应当依照专利法及其实施细则规定缴纳年费。缴纳本专利年费的期限是每年12月16日前一个月内。未按照规定缴纳年费的，专利权自应当缴纳年费期满之日起终止。

专利证书记载专利权登记时的法律状况。专利权的转移、质押、无效、终止、恢复和专利权人的姓名或名称、国籍、地址变更等事项记载在专利登记簿上。

局长 田力普

中华人民共和国国家知识产权局

2006 年 8 月 9 日

第 1 页（共 1 页）

3. 防治禽类呼吸道病毒与细菌感染药物组合物及其制备方法

专利号：ZL200510041707. 8

发明人：张继瑜　李剑勇　周绪正　李金善　李宏胜　蒲万霞　魏小娟　徐忠赞

授权公告日：2007 年 8 月 8 日

摘要：

本发明公开一种防治禽类呼吸道病毒与细菌感染药物组合物及其制备方法，以 1 500 毫升药液计算，含各味中药以生药材计算的量以及敷料量配比为：板蓝根 350~450 克，黄连 150~250 克，金银花 225~275 克，黄芩 270~330 克，山豆根 180~220 克，干草 135~165 克，95% 乙醇 225~250 毫升，亚硫酸氢钠 3 克，其余为蒸馏水。并采用水提、醇沉、药液配制三步骤制成口服剂。本发明通过大量的临床使用，证明该药物具有抗病毒，抗菌，消热解毒，消炎，增强免疫力功能，对多种病毒和细菌引起的禽类呼吸道感染，甚至顽固性、久治不愈的病症治疗效果十分明显，其应用对于推动我国家禽业的发展将起到积极作用。

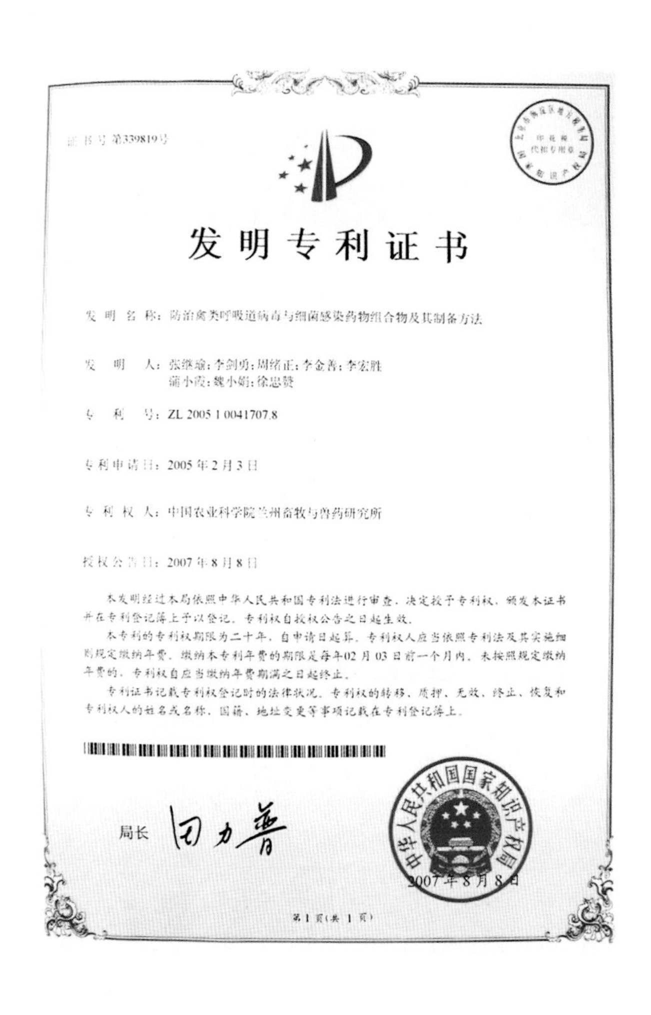

证书号第339819号

发明专利证书

发明名称：防治禽类呼吸道病毒与细菌感染药物组合物及其制备方法

发明人：张继瑜；李剑勇；周绪正；李金善；李宏胜
蒲小霞；魏小娟；徐忠赞

专利号：ZL 2005 1 0041707.8

专利申请日：2005 年 2 月 3 日

专利权人：中国农业科学院兰州畜牧与兽药研究所

授权公告日：2007 年 8 月 8 日

本发明经过本局依照中华人民共和国专利法进行审查，决定授予专利权，颁发本证书并在专利登记簿上予以登记。专利权自授权公告之日起生效。

本专利的专利权期限为二十年，自申请日起算。专利权人应当依照专利法及其实施细则规定缴纳年费。缴纳本专利年费的期限是每年02 月 03 日前一个月内。未按照规定缴纳年费的，专利权自应当缴纳年费期满之日起终止。

专利证书记载专利权登记时的法律状况。专利权的转移、质押、无效、终止、恢复和专利权人的姓名或名称、国籍、地址变更等事项记载在专利登记簿上。

局长 田力普

中华人民共和国国家知识产权局

2007 年 8 月 8 日

第 1 页（共 1 页）

4. 金丝桃素在制备抗 RNA 病毒药物中的应用

专利号：ZL200610072935.6

发明人：梁剑平　尚若锋　赵晓红　祝艳华　孙瑶　罗永江、崔颖　王学红　华兰英　王曙阳　郭志廷　王选慧　谢等龙

授权公告日：2008 年 11 月 26 日

摘要：

本发明公开了金丝桃素的新用途。本发明发明人的实验证实，金丝桃素对 RNA 病毒，特别是禽流感病毒，口蹄疫病毒和犬瘟热病毒具有较好的抑制和灭活效果，可以该化合物为活性成分，制备成抗 RNA 病毒药物。该抗病毒药物可用于临床防治和治疗禽流感、犬瘟热、口蹄疫等由 RNA 病毒引发的疾病，对禽业、犬业及畜牧养殖业等意义重大。此外，我国草药资源丰富，该药物具有工业化生产的可行性。综上所述，金丝桃素将在医学和生物制药领域，尤其是抗 RNA 病毒药物的制备领域具有较大的实际意义和广阔的应用前景。

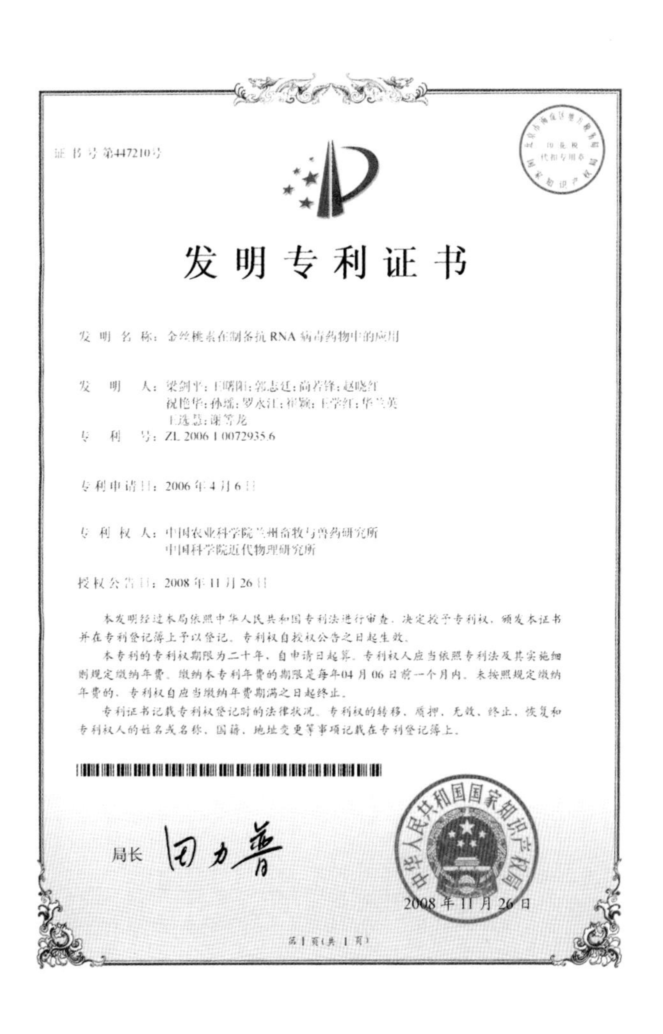

证书号第447210号

发明专利证书

发 明 名 称：金丝桃素在制备抗 RNA 病毒药物中的应用

发　明　人：梁剑平；王曙阳；郭志廷；尚若锋；赵晓红
祝艳华；孙瑶；罗永江；崔颖；王学红；华兰英
王选慧；谢等龙

专　利　号：ZL 2006 1 0072935.6

专利申请日：2006 年 4 月 6 日

专 利 权 人：中国农业科学院兰州畜牧与兽药研究所
中国科学院近代物理研究所

授权公告日：2008 年 11 月 26 日

本发明经过本局依照中华人民共和国专利法进行审查，决定授予专利权，颁发本证书并在专利登记簿上予以登记。专利权自授权公告之日起生效。

本专利的专利权期限为二十年，自申请日起算。专利权人应当依照专利法及其实施细则规定缴纳年费。缴纳本专利年费的期限是每年04 月 06 日前一个月内。未按照规定缴纳年费的，专利权自应当缴纳年费期满之日起终止。

专利证书记载专利权登记时的法律状况。专利权的转移、质押、无效、终止、恢复和专利权人的姓名或名称、国籍、地址变更等事项记载在专利登记簿上。

局长　田力普

中华人民共和国国家知识产权局

2008 年 11 月 26 日

第 1 页（共 1 页）

5. 金丝桃素的一种提取方法

专利号：ZL200610078988.9

发明人：梁剑平 崔颖 王学红 华兰英 尚若锋 罗永江 牛建荣 吕嘉文 白卫兵 王选慧 赵晓红 祝艳华 王曙阳 谢等龙

授权公告日：2008 年 7 月 23 日

摘要：

本发明公开了一种金丝桃素的提取方法。该方法包括以下步骤：①将贯叶连翘干燥、粉碎；②贯叶连翘粉末与有机溶媒按体积比为 1~2∶3 混合，在 40~70℃下提取 2~4 小时，收集提取液，过滤，收集过滤液；③对过滤液减压浓缩，回收浓缩液；④将浓缩液用树脂进行吸附，洗脱，收集洗脱液；⑤对洗脱液减压浓缩，得到金丝桃素浸膏。

该提取方法具有以下优点：①操作简单，易于进行工业化应用；②提取成本低廉；③所用提取溶剂的毒性较小，提取周期短；④提取物中金丝桃素含量高。基于上述优点，本发明将在金丝桃素的生物提取中发挥巨大作用。

证书号第414523号

发明专利证书

发明名称：金丝桃素的一种提取方法

发明人：梁剑平；崔颖；王学红；华兰英；尚若锋；罗永江
牛建荣；吕嘉文；白卫兵；赵晓红；王选慧；祝艳
王曙阳；谢等龙

专利号：ZL 2006 1 0078988.9

专利申请日：2006 年 4 月 29 日

专利权人：中国农业科学院兰州畜牧与兽药研究所

授权公告日：2008 年 7 月 23 日

本发明经过本局依照中华人民共和国专利法进行审查，决定授予专利权，颁发本证书并在专利登记簿上予以登记。专利权自授权公告之日起生效。

本专利的专利权期限为二十年，自申请日起算。专利权人应当依照专利法及其实施细则规定缴纳年费。缴纳本专利年费的期限是每年04 月 29 日前一个月内。未按照规定缴纳年费的，专利权自应当缴纳年费期满之日起终止。

专利证书记载专利权登记时的法律状况。专利权的转移、质押、无效、终止、恢复和专利权人的姓名或名称、国籍、地址变更等事项记载在专利登记簿上。

局长 田力普

中华人民共和国国家知识产权局

2008 年 7 月 23 日

第 1 页(共 1 页)

6. 治疗奶牛乳房炎的药物组合物及其制备方法

专利号：ZL200410073373.8

发明人：张继瑜　周绪正　李剑勇　李金善　李宏胜　蒲万霞　魏小娟

授权公告日：2008 年 4 月 30 日

摘要：

本发明公开一种治疗奶牛乳房炎药物组合物及其制备方法。是用甘肃鼠尾草、连翘、黄连、双花提取分离物进行组方，经过丙二醇、注射用水溶剂溶解，配合制成符合注射剂标准治疗用的药物。本发明克服了传统抗生素和化学药物在乳制品中的残留等问题，同时发挥中草药在疾病治疗中抗菌消炎、活血化瘀的强大作用，并且用创新的制备工艺制成适于临床使用的治疗奶牛乳房炎的新药剂。本发明还改变了传统的复方煎制、粉碎灌服或中西医结合的治疗方法。使用本发明能迅速的降低乳房的温度，减轻肿胀程度，使乳房变得柔软，乳汁和产乳量恢复正常，无毒无害，对于治疗奶牛乳房炎效果十分明显。

证书号第394162号

发明专利证书

发明名称：治疗奶牛乳房炎的药物组合物及其制备方法

发明人：张继瑜；周绪正；李剑勇；李金善；李宏胜
蒲万霞；魏小娟

专利号：ZL 2004 1 0073373.8

专利申请日：2004 年 11 月 30 日

专利权人：中国农业科学院兰州畜牧与兽药研究所

授权公告日：2008 年 4 月 30 日

本发明经过本局依照中华人民共和国专利法进行审查，决定授予专利权，颁发本证书并在专利登记簿上予以登记。专利权自授权公告之日起生效。

本专利的专利权期限为二十年，自申请日起算。专利权人应当依照专利法及其实施细则规定缴纳年费。缴纳本专利年费的期限是每年11月30日前一个月内。未按照规定缴纳年费的，专利权自应当缴纳年费期满之日起终止。

专利证书记载专利权登记时的法律状况。专利权的转移、质押、无效、终止、恢复和专利权人的姓名或名称、国籍、地址变更等事项记载在专利登记簿上。

局长　田力普

中华人民共和国国家知识产权局

2008 年 4 月 30 日

第 1 页（共 1 页）

7. 金丝桃素及其衍生物的化学合成方法

专利号：ZL200610076217.6

发明人：梁剑平 白卫兵 车清明 邢桂珍 孙瑶

授权公告日：2009 年 6 月 3 日

摘要：

本发明公开了一种金丝桃素及其衍生物的化学合成方法。该方法包括以下步骤：①将 1，3，8-三羟基-6-甲基蒽醌溶解于分析纯冰乙酸中，然后加入含有 $SnCl_2.2H_2O$ 的 36%~40%浓盐酸，在不高于 125℃下反应 1~4 小时，冷却，得到 1，3，8-三羟基-6-甲基蒽酮；②将 1，3，8=三羟基-6-甲基蒽酮与吡啶，哌啶，氮氧吡啶和 $FeSO_4.7H_2O$ 在 100~130℃下避光反应 0.5~3 小时，再将反应产物溶解于丙酮，用卤素灯照射 12~24 小时，浓缩，用正己烷溶解，过滤沉淀，得到金丝桃素。改方法具有操作简便、合理，成本低廉，产率高的优点，具有较高的实际应用价值，市场前景广阔。

证书号第504143号

发明专利证书

发明名称：金丝桃素及其衍生物的化学合成方法

发明人：梁剑平；白卫兵；车清明；邢桂珍；孙瑶

专利号：ZL 2006 1 0076217.6

专利申请日：2006 年 4 月 19 日

专利权人：中国农业科学院兰州畜牧与兽药研究所

授权公告日：2009 年 6 月 3 日

本发明经过本局依照中华人民共和国专利法进行审查，决定授予专利权，颁发本证书并在专利登记簿上予以登记。专利权自授权公告之日起生效。

本专利的专利权期限为二十年，自申请日起算。专利权人应当依照专利法及其实施细则规定缴纳年费。缴纳本专利年费的期限是每年04 月 19 日前一个月内。未按照规定缴纳年费的，专利权自应当缴纳年费期满之日起终止。

专利证书记载专利权登记时的法律状况。专利权的转移、质押、无效、终止、恢复和专利权人的姓名或名称、国籍、地址变更等事项记载在专利登记簿上。

局长 田力普

2009 年 6 月 3 日

第 1 页(共 1 页)

8. 喹胺醇的制备方法

专利号：ZL200710123573.3

发明人：梁剑平 杨志强 张力 李建喜 吕嘉文 崔颖 尚若锋 王学红 华兰英 王曙阳 张道霖 何荣智 王作信 蒲秀瑛

授权公告日：2009年8月26日

摘要：

本发明为喹胺醇的制备方法，涉及化学合成领域，尤其是喹噁啉类化合物的合成，喹胺醇是一种效果好的抗菌促生产的兽药，但存在教导的毒副作用，单纯地改变侧链已不能满足需要，本发明为克服这一问题用乙酸甲喹为原料，通过Claisen-Schmidt反应在乙二胺碱性条件下乙酸甲喹的α-氢原子与呋喃甲醛的羰基发生缩合反应，并失水得α、β不饱和酮，通过这一新的合成路线可得到抗菌活性强，促生产作用高，毒性低的喹胺醇晶体。

证书号第542325号

发明专利证书

发明名称：喹胺醇的制备方法

发明人：梁剑平；扬志强；张力；李建喜；吕嘉文；崔颖
尚若锋；王学红；华兰英；王曙阳；张道霖
何荣智；王作信；蒲秀英

专利号：ZL 2007 1 0123573.3

专利申请日：2007年7月3日

专利权人：中国农业科学院兰州畜牧与兽药研究所

授权公告日：2009年8月26日

本发明经过本局依照中华人民共和国专利法进行审查，决定授予专利权，颁发本证书并在专利登记簿上予以登记。专利权自授权公告之日起生效。

本专利的专利权期限为二十年，自申请日起算。专利权人应当依照专利法及其实施细则规定缴纳年费。缴纳本专利年费的期限是每年07月03日前一个月内。未按照规定缴纳年费的，专利权自应当缴纳年费期满之日起终止。

专利证书记载专利权登记时的法律状况。专利权的转移、质押、无效、终止、恢复和专利权人的姓名或名称、国籍、地址变更等事项记载在专利登记簿上。

局长 田力普

中华人民共和国国家知识产权局

2009年8月26日

第1页（共1页）

9. 治疗猪附红细胞体病药物及其制备方法和用途

专利号：ZL200810017521.2

发明人：苗小楼　王玲　牛建荣　李宏胜

授权公告日：2010 年 7 月 21 日

摘要：

本发明公开一种治疗猪附红细胞体病药物的组合物及其制备方法和用途。选用骆驼蒿、甘草药材，经过煎煮、澄清剂除杂得到澄清透明的红棕色液体。本发明用于治疗猪附红细胞体病中使用化学药物和砷制剂，解决了治疗该病对环境造成的污染，同时也避免了动物源食品中的有毒砷的残留问题。

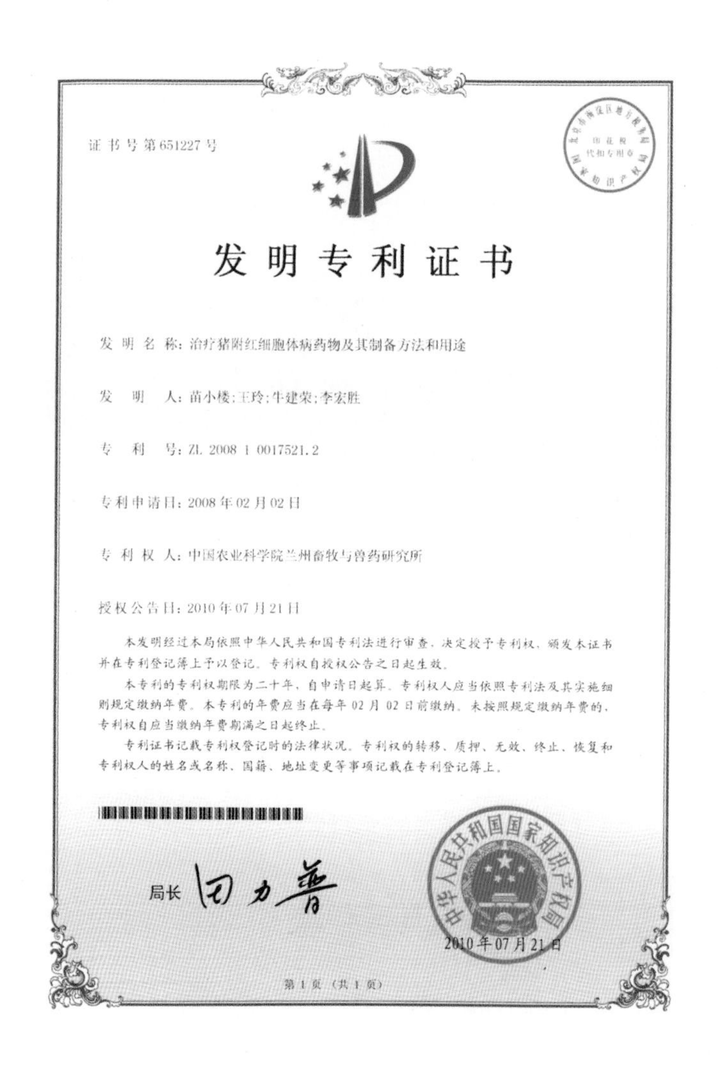

证书号第651227号

发明专利证书

发明名称：治疗猪附红细胞体病药物及其制备方法和用途

发明人：苗小楼；王玲；牛建荣；李宏胜

专利号：ZL 2008 1 0017521.2

专利申请日：2008 年 02 月 02 日

专利权人：中国农业科学院兰州畜牧与兽药研究所

授权公告日：2010 年 07 月 21 日

本发明经过本局依照中华人民共和国专利法进行审查，决定授予专利权，颁发本证书并在专利登记簿上予以登记。专利权自授权公告之日起生效。

本专利的专利权期限为二十年，自申请日起算。专利权人应当依照专利法及其实施细则规定缴纳年费。本专利的年费应当在每年 02 月 02 日前缴纳。未按照规定缴纳年费的，专利权自应当缴纳年费期满之日起终止。

专利证书记载专利权登记时的法律状况。专利权的转移、质押、无效、终止、恢复和专利权人的姓名或名称、国籍、地址变更等事项记载在专利登记簿上。

局长 田力普

中华人民共和国国家知识产权局

2010 年 07 月 21 日

第 1 页（共 1 页）

10. 丁香酚阿司匹林酯药用化合物及其制剂和制备方法

专利号：ZL200810017950. X

发明人：李剑勇　张继瑜　周绪正　牛建荣　魏小娟

授权公告日：2010 年 6 月 9 日

摘要：

本发明公开一种丁香酚阿司匹林酯药用化合物。它具有药理作用更为明显，结构更为稳定的特点。它是以阿司匹林为原料，经酰氯化，在溶媒中进行酯化反应，经重结晶制得的化合物。以丁香酚阿司匹林酯药用化合物为有效成分，可制成用于人医和兽医临床上治疗各种高热病症，尤其是病毒性感染所致、预防血栓形成、皮肤真菌感染的固体制剂、液体制剂、注射剂、眼用制剂、软膏剂、栓剂、膜剂、气雾剂或外用制剂。

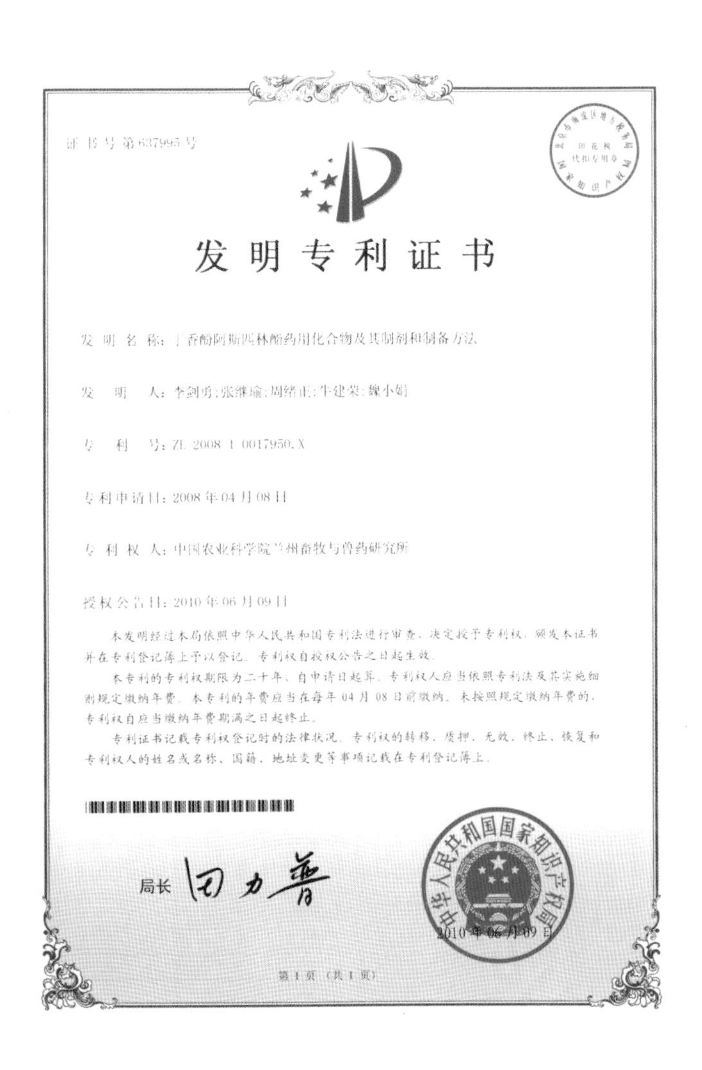

证书号第637995号

发明专利证书

发 明 名 称：丁香酚阿斯匹林酯药用化合物及其制剂和制备方法

发 明 人：李剑勇；张继瑜；周绪正；牛建荣；魏小娟

专 利 号：ZL 2008 1 0017950. X

专利申请日：2008 年 04 月 08 日

专 利 权 人：中国农业科学院兰州畜牧与兽药研究所

授权公告日：2010 年 06 月 09 日

本发明经过本局依照中华人民共和国专利法进行审查，决定授予专利权，颁发本证书并在专利登记簿上予以登记。专利权自授权公告之日起生效。

本专利的专利权期限为二十年，自申请日起算。专利权人应当依照专利法及其实施细则规定缴纳年费。本专利的年费应当在每年 04 月 08 日前缴纳。未按照规定缴纳年费的，专利权自应当缴纳年费期满之日起终止。

专利证书记载专利权登记时的法律状况。专利权的转移、质押、无效、终止、恢复和专利权人的姓名或名称、国籍、地址变更等事项记载在专利登记簿上。

局长 田力普

中华人民共和国国家知识产权局

2010 年 06 月 09 日

第 1 页（共 1 页）

11. 喹羟酮的化学合成工艺

专利号：ZL200710122910.7

发明人：梁剑平　卫增泉　何荣智　王曙阳

授权公告日：2010 年 8 月 18 日

摘要：

喹羟酮的化学合成工艺，工艺一是以邻硝基苯胺（起始原料）、乙酰丙酮和水杨醛（起始原料）、2，4-戊二酮和苯并呋咱为原料，工艺三是以苯并呋咱（起始原料）、2，4-戊二酮和水杨醛为原料，上述工艺中各原料经环合、缩合等反应，最终制得产物喹羟酮。本发明利用重离子束对喹噁啉类兽药进行结构改造，产生出新的药物分子喹羟酮，并根据本发明设计的三条工艺路线人工合成了喹羟酮，经过进一步的促生长和毒性试验，喹羟酮比先导化合物喹烯酮有明显的药物活性，表明喹羟酮是一种有生命力的兽药饲料添加剂。

证书号第659062号

发明专利证书

发 明 名 称：喹羟酮的化学合成工艺

发　明　人：梁剑平；卫增泉；何荣智；王曙阳

专　利　号：ZL 2007 1 0122910.7

专利申请日：2007 年 07 月 03 日

专 利 权 人：中国农业科学院兰州畜牧与兽药研究所

授权公告日：2010 年 08 月 18 日

本发明经过本局依照中华人民共和国专利法进行审查，决定授予专利权，颁发本证书并在专利登记簿上予以登记。专利权自授权公告之日起生效。

本专利的专利权期限为二十年，自申请日起算。专利权人应当依照专利法及其实施细则规定缴纳年费。本专利的年费应当在每年 07 月 03 日前缴纳。未按照规定缴纳年费的，专利权自应当缴纳年费期满之日起终止。

专利证书记载专利权登记时的法律状况。专利权的转移、质押、无效、终止、恢复和专利权人的姓名或名称、国籍、地址变更等事项记载在专利登记簿上。

局长　田力普

中华人民共和国国家知识产权局

2010 年 08 月 18 日

第 1 页（共 1 页）

12. 金丝桃素口服液的制备方法

专利号：ZL200710122912.6

发明人：梁剑平　崔颖　尚若锋　王学红　王曙阳　华兰英　谢等龙　邢桂珍

授权公告日：2010 年 10 月 6 日

摘要：

本发明为金丝桃素口服液的制备方法，涉及药剂制备领域，目前应用的金丝桃素中药制剂，制备比较复杂，使用也不方便，本发明将金丝桃素制成口服液，将金丝桃素浸膏 40～120 克加入复合溶剂 70～160 毫升，搅拌均匀即成，复合溶剂组成为吐温-80：1，2 丙二醇=2：1，制成的口服液提高了金丝桃素的稳定性和水溶性，改变了给药途径，方便了临床使用，提高了适口性，增加了药物的吸收，而且制备工艺简单，操作容易，便于推广。

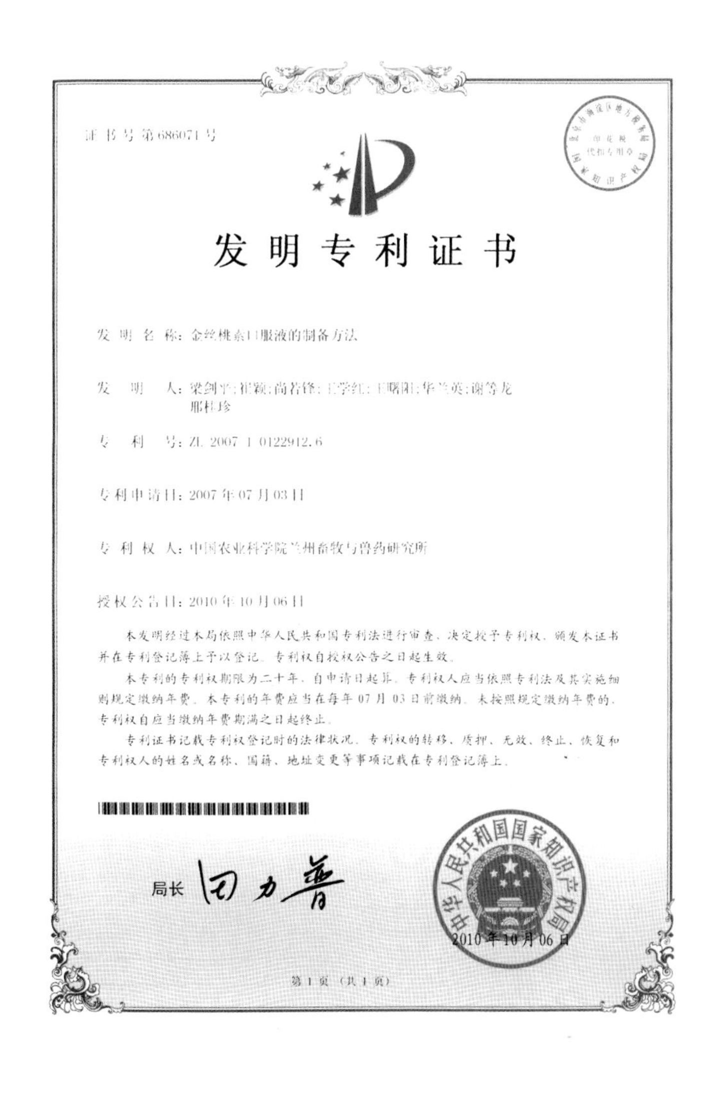

证书号第686071号

发明专利证书

发明名称：金丝桃素口服液的制备方法

发明人：梁剑平；崔颖；尚若锋；王学红；王曙阳；华兰英；谢等龙
邢桂珍

专利号：ZL 2007 1 0122912.6

专利申请日：2007 年 07 月 03 日

专利权人：中国农业科学院兰州畜牧与兽药研究所

授权公告日：2010 年 10 月 06 日

本发明经过本局依照中华人民共和国专利法进行审查，决定授予专利权，颁发本证书并在专利登记簿上予以登记。专利权自授权公告之日起生效。

本专利的专利权期限为二十年，自申请日起算。专利权人应当依照专利法及其实施细则规定缴纳年费。本专利的年费应当在每年 07 月 03 日前缴纳。未按照规定缴纳年费的，专利权自应当缴纳年费期满之日起终止。

专利证书记载专利权登记时的法律状况。专利权的转移、质押、无效、终止、恢复和专利权人的姓名或名称、国籍、地址变更等事项记载在专利登记簿上。

局长　田力普

中华人民共和国国家知识产权局

2010 年 10 月 06 日

第 1 页（共 1 页）

13. 用重离子束辐照效应获得的喹羟酮

专利号：ZL200710123574.8

发明人：梁剑平　卫增泉　张力　王曙阳　何荣智

授权公告日：2010 年 1 月 13 日

摘要：

本发明为用重离子束辐照方法制备喹羟酮，涉及重离子辐照技术，通过化学合成的办法研制新药，研制周期长，费用高，耗用人力多，利用重离子束辐照药品可以很快得到分子结构重组的新物质，对分离出的药效明显的单体作为先导化合物，再进行有针对性的化学合成，是一种快捷有针对性的研制新药的新途径，本发明用 $^{16}O^{8+}$ 或 $^{12}C^{6+}$ 重离子对喹烯酮进行辐照，初始能量为 75MeV/微，能量沉积分别为 $1.585\times10^{2}Gy-1.585\times10^{12}Gy$，$1.656\times10^{1}Gy-1.656\times10^{9}Gy$，得到辐照产物喹羟酮，具有抗菌活性增强，毒性降低的药效，本发明找到了一种快捷有效的研制新药的新途径的有益效果。

证书号第590354号

发明专利证书

发明名称：用重离子束辐照效应获得的喹羟酮

发明人：梁剑平；卫增泉；张力；王曙阳；何荣智

专利号：ZL 2007 1 0123574.8

专利申请日：2007 年 7 月 3 日

专利权人：中国农业科学院兰州畜牧与兽药研究所

授权公告日：2010 年 1 月 13 日

本发明经过本局依照中华人民共和国专利法进行审查，决定授予专利权，颁发本证书并在专利登记簿上予以登记。专利权自授权公告之日起生效。

本专利的专利权期限为二十年，自申请日起算。专利权人应当依照专利法及其实施细则规定缴纳年费。本专利的年费应当在每年07 月 03 日前缴纳。未按照规定缴纳年费的，专利权自应当缴纳年费期满之日起终止。

专利证书记载专利权登记时的法律状况。专利权的转移、质押、无效、终止、恢复和专利权人的姓名或名称、国籍、地址变更等事项记载在专利登记簿上。

局长　田力普

中华人民共和国国家知识产权局

2010 年 1 月 13 日

第 1 页（共 1 页）

14. 一种青蒿琥酯纳米乳药物组合物及其制备方法

专利号：ZL200810150353.4

发明人：张继瑜　李剑勇　周绪正　吴培星　胡宏伟　牛建荣　魏小娟　李金善

授权公告日：2010年1月13日

摘要：

本发明公开了一种青蒿琥酯纳米乳药物，由油酸乙酯、Tween-80、正丁醇、超纯水、青蒿琥酯组成的O/W型（水包油型）纳米乳体系。该纳米乳药物有效地克服了传统片剂在肝脏的首过效应，注射无疼痛感，极大地提高了原青蒿琥酯的杀虫驱虫作用。同时该纳米乳体系具有较高的载药量，放置稳定，与市售青蒿琥酯注射剂相比有一定的缓释作用，而且给药方便，极大地提高了生物利用度。此外，通过对小鼠的急性毒性实验和临床药效试验表明，该纳米乳无明显毒副作用，是一种安全、可靠、高效的纳米级抗寄生虫药物。

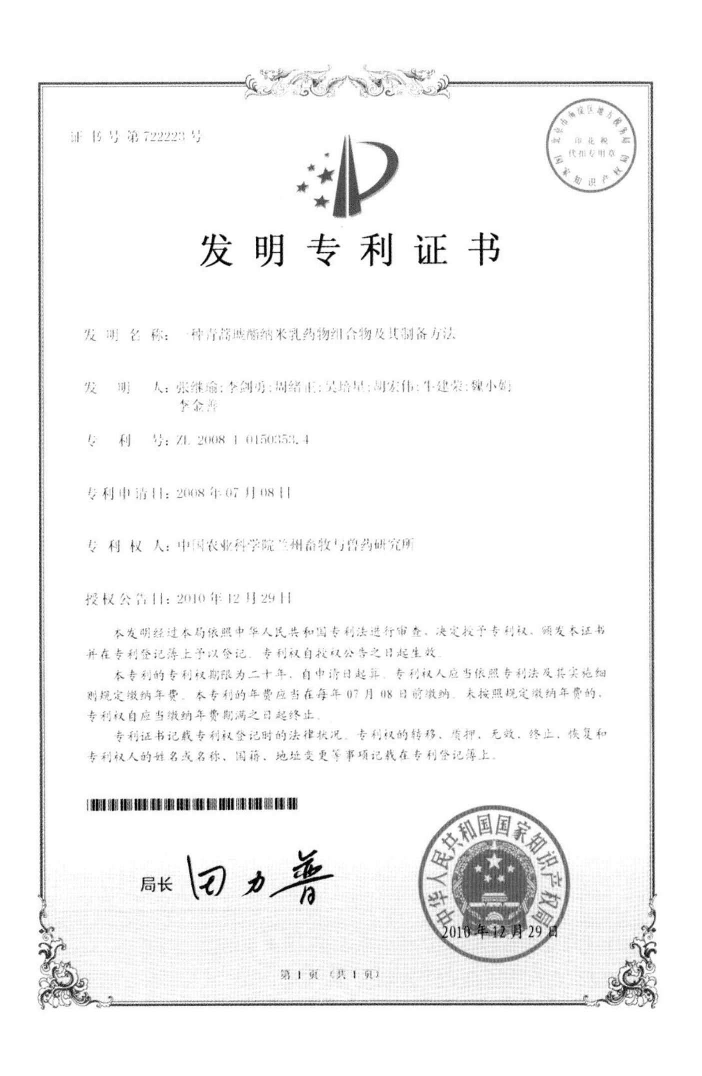

证书号第722223号

发明专利证书

发明名称：一种青蒿琥酯纳米乳药物组合物及其制备方法

发明人：张继瑜；李剑勇；周绪正；吴培星；胡宏伟；牛建荣；魏小娟；李金善

专利号：ZL 2008 1 0150353.4

专利申请日：2008年07月08日

专利权人：中国农业科学院兰州畜牧与兽药研究所

授权公告日：2010年12月29日

本发明经过本局依照中华人民共和国专利法进行审查，决定授予专利权，颁发本证书并在专利登记簿上予以登记。专利权自授权公告之日起生效。

本专利的专利权期限为二十年，自申请日起算。专利权人应当依照专利法及其实施细则规定缴纳年费。本专利的年费应当在每年07月08日前缴纳。未按照规定缴纳年费的，专利权自应当缴纳年费期满之日起终止。

专利证书记载专利权登记时的法律状况。专利权的转移、质押、无效、终止、恢复和专利权人的姓名或名称、国籍、地址变更等事项记载在专利登记簿上。

局长 田力普

中华人民共和国国家知识产权局

2010年12月29日

第1页（共1页）

15. 一株高生物量富锌酵母及其选育方法和应用

专利号：ZL200910163867.8

发明人：胡振英　程富胜　辛蕊华　罗永江　罗超应　郑继方　李建喜

授权公告日：2011 年 7 月 20 日

摘要：

本发明涉及一种高生物量富锌酵母及其选育方法和应用。本发明提供的高生物量富锌酵母菌株是（Saccharomyces cerevisiae）F-090428X。该菌株于 2009 年 7 月 2 日保藏于中国微生物菌种保藏管理委员会普通微生物中心（简称 CGMCC），保藏号为 CGMCC No. 3156。本发明的高生物量富锌酵母选育方法采用了微波辐照。本发明的高生物量富锌酵母可用于制备人类高含锌食品或高含锌食品添加剂或高含锌药物，也可用于制备动物高含锌饲料或高含锌饲料添加剂。

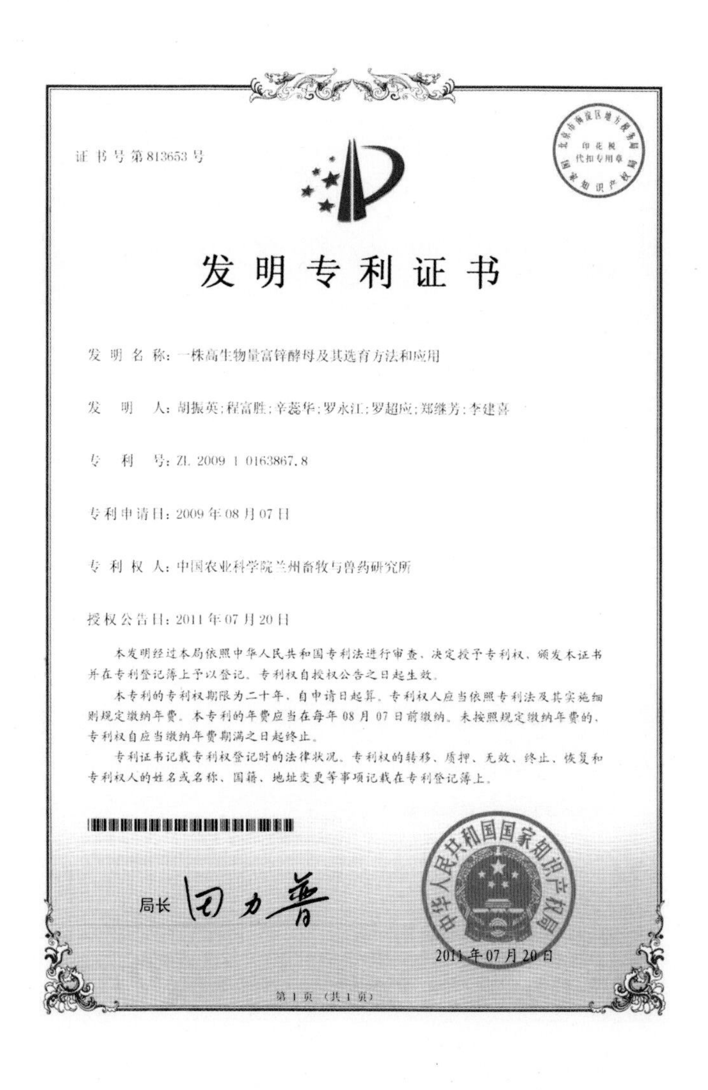

证书号第813653号

发明专利证书

发明名称：一株高生物量富锌酵母及其选育方法和应用

发明人：胡振英；程富胜；辛蕊华；罗永江；罗超应；郑继芳；李建喜

专利号：ZL 2009 1 0163867.8

专利申请日：2009 年 08 月 07 日

专利权人：中国农业科学院兰州畜牧与兽药研究所

授权公告日：2011 年 07 月 20 日

本发明经过本局依照中华人民共和国专利法进行审查，决定授予专利权，颁发本证书并在专利登记簿上予以登记。专利权自授权公告之日起生效。

本专利的专利权期限为二十年，自申请日起算。专利权人应当依照专利法及其实施细则规定缴纳年费。本专利的年费应当在每年 08 月 07 日前缴纳。未按照规定缴纳年费的，专利权自应当缴纳年费期满之日起终止。

专利证书记载专利权登记时的法律状况。专利权的转移、质押、无效、终止、恢复和专利权人的姓名或名称、国籍、地址变更等事项记载在专利登记簿上。

局长 田力普

中华人民共和国国家知识产权局

2011 年 07 月 20 日

第 1 页（共 1 页）

16. 一种治疗禽传染性支气管炎的药物

专利号：ZL200910135042.5

发明人：谢家声　杨锐乐　巩忠福　郑继方　王东升　李锦宇　罗超应　罗永江　严作廷　李世宏　李宏胜

授权公告日：2011 年 4 月 13 日

摘要：

本发明涉及一种禽用的药物，特别是一种用于治疗禽传染性支气管炎的药物。本发明的药物组成为：射干 100~150 重量份，麻黄 80~100 重量份，地龙 80~100 重量份，山豆根 80~100 重量份，紫菀 80~100 重量份，白芨 80~100 重量份，桔梗 30~50 重量份，五味子 80~100 重量份，丹皮 80~100 重量份，乌梅 80~100 重量份。

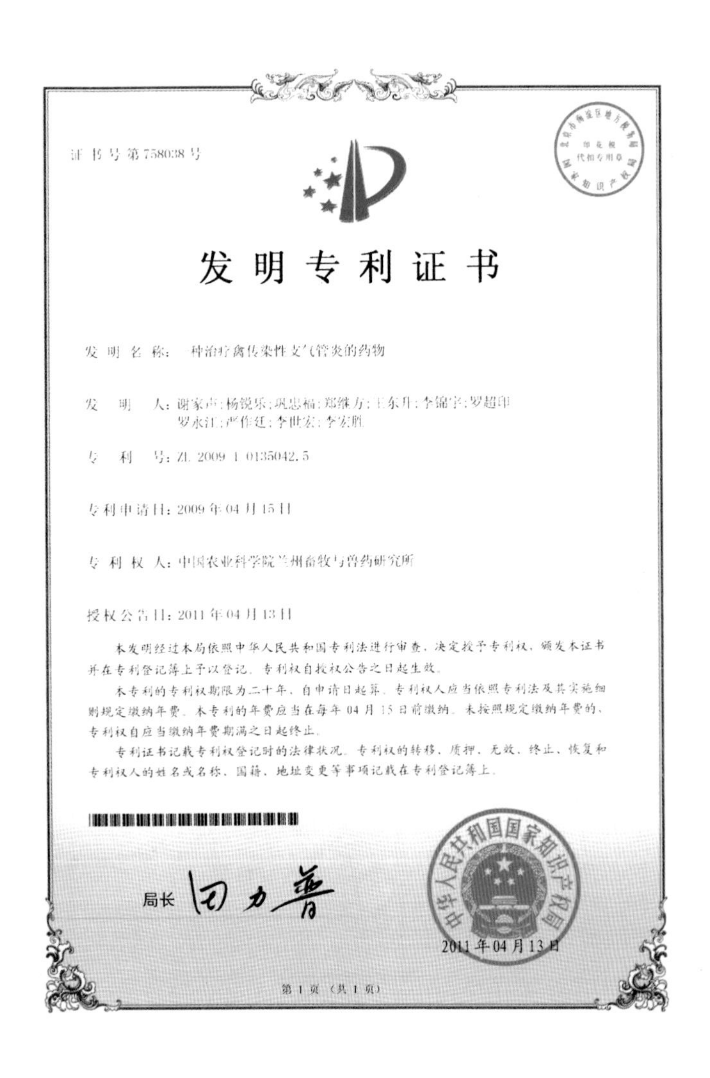

证书号第758038号

发明专利证书

发明名称：一种治疗禽传染性支气管炎的药物

发明人：谢家声；杨锐乐；巩忠福；郑继方；王东升；李锦宇；罗超应；罗永江；严作廷；李世宏；李宏胜

专利号：ZL 2009 1 0135042.5

专利申请日：2009 年 04 月 15 日

专利权人：中国农业科学院兰州畜牧与兽药研究所

授权公告日：2011 年 04 月 13 日

本发明经过本局依照中华人民共和国专利法进行审查，决定授予专利权，颁发本证书并在专利登记簿上予以登记。专利权自授权公告之日起生效。

本专利的专利权期限为二十年，自申请日起算。专利权人应当依照专利法及其实施细则规定缴纳年费。本专利的年费应当在每年 04 月 15 日前缴纳。未按照规定缴纳年费的，专利权自应当缴纳年费期满之日起终止。

专利证书记载专利权登记时的法律状况。专利权的转移、质押、无效、终止、恢复和专利权人的姓名或名称、国籍、地址变更等事项记载在专利登记簿上。

局长　田力普

中华人民共和国国家知识产权局

2011 年 04 月 13 日

第 1 页（共 1 页）

17. 大青叶中 4（3H）喹唑酮的微波提取工艺

专利号：ZL200810001174.4

发明人：梁剑平　魏恒　许涛　华兰英　刘宇　郭志廷　王学红　王曙阳

授权公告日：2011 年 5 月 18 日

摘要：

本发明为大青叶中 4（3H）喹唑酮的微波提取工艺，涉及中药的有效成分提取方法，传统的水煎、渗漉、回流提取等方法存在着有效成分提取率低、能耗高，提取时间长等缺点。本发明采用微波能进行提取，公开了下列影响提取效率的重要因素的范围：提取时大青叶粉碎粒度为 20~80 目，用 30%~70%体积浓度的乙醇溶液作为提取液，用量为大青叶重量的 8~20 倍，在微波中微波输出功率为 120W 时辐照 8~20 分钟进行微波提取，本发明具有提取效率高、能耗少，节省试剂，成本低，污染小的有益效果。

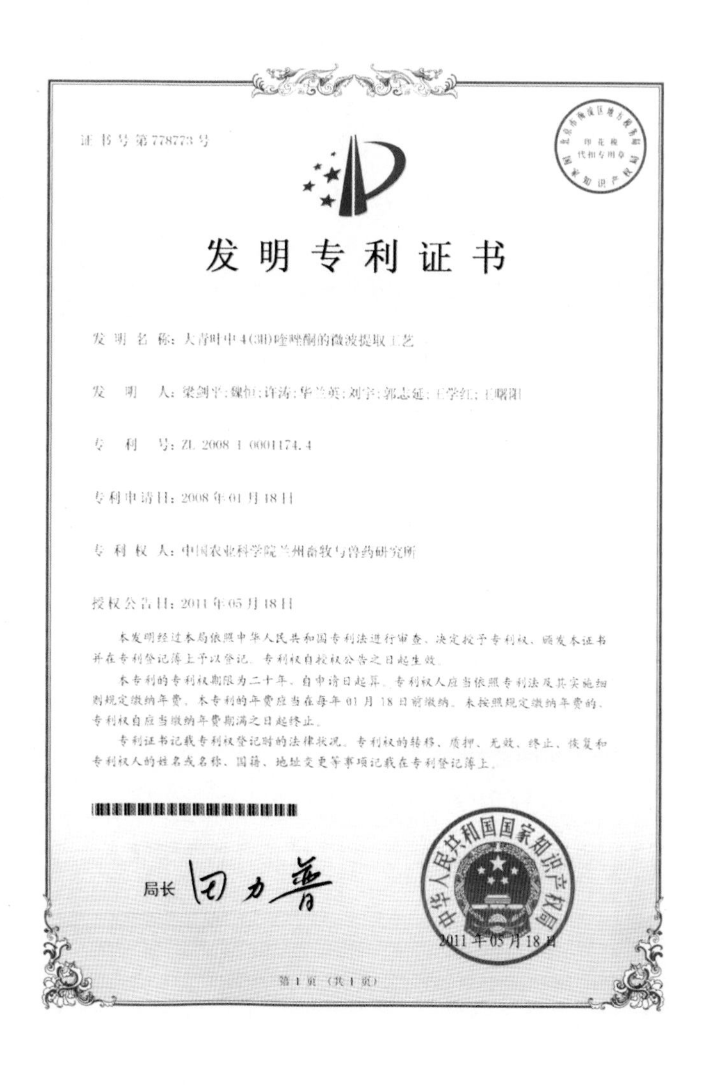
证书号第778773号

发明专利证书

发明名称：大青叶中4(3H)喹唑酮的微波提取工艺

发明人：梁剑平；魏恒；许涛；华兰英；刘宇；郭志廷；王学红；王曙阳

专利号：ZL 2008 1 0001174.4

专利申请日：2008年01月18日

专利权人：中国农业科学院兰州畜牧与兽药研究所

授权公告日：2011年05月18日

本发明经过本局依照中华人民共和国专利法进行审查，决定授予专利权，颁发本证书并在专利登记簿上予以登记。专利权自授权公告之日起生效。

本专利的专利权期限为二十年，自申请日起算。专利权人应当依照专利法及其实施细则规定缴纳年费。本专利的年费应当在每年01月18日前缴纳。未按照规定缴纳年费的，专利权自应当缴纳年费期满之日起终止。

专利证书记载专利权登记时的法律状况。专利权的转移、质押、无效、终止、恢复和专利权人的姓名或名称、国籍、地址变更等事项记载在专利登记簿上。

局长　田力普

中华人民共和国国家知识产权局

2011年05月18日

第1页（共1页）

18. 一种治疗奶牛子宫内膜炎的药物及其制备方法

专利号：ZL200810017519.5

发明人：苗小楼　杨耀光　苏鹏　潘虎　王瑜　焦增华　李锦宇

授权公告日：2011年2月16日

摘要：

本发明公开一种治疗奶牛子宫内膜炎治疗药物组合物及其制备方法。选用益母草、杨树花、啤酒花、紫锥菊四味药材，经过超声波提取、澄清剂除杂得到澄清透明的红棕色液体。本发明用于治疗奶牛子宫内膜炎，疗效显著，具有消炎杀菌、缩宫排脓、促进奶牛子宫机能恢复的作用。本发明避免了在治疗奶牛子宫内膜炎中使用化学药物和抗生素，解决了动物源食品中的药物残留问题。

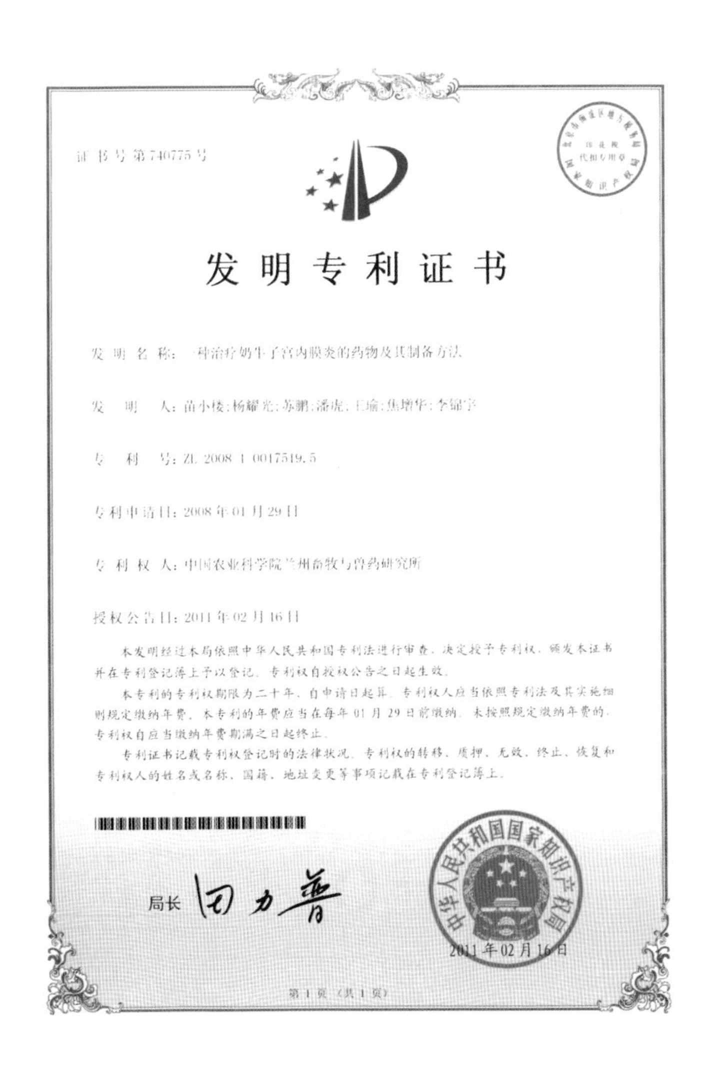

证书号第740775号

发明专利证书

发明名称：一种治疗奶牛子宫内膜炎的药物及其制备方法

发明人：苗小楼；杨耀光；苏鹏；潘虎；王瑜；焦增华；李锦宇

专利号：ZL 2008 1 0017519.5

专利申请日：2008年01月29日

专利权人：中国农业科学院兰州畜牧与兽药研究所

授权公告日：2011年02月16日

本发明经过本局依照中华人民共和国专利法进行审查，决定授予专利权，颁发本证书并在专利登记簿上予以登记。专利权自授权公告之日起生效。

本专利的专利权期限为二十年，自申请日起算。专利权人应当依照专利法及其实施细则规定缴纳年费。本专利的年费应当在每年01月29日前缴纳。未按照规定缴纳年费的，专利权自应当缴纳年费期满之日起终止。

专利证书记载专利权登记时的法律状况。专利权的转移、质押、无效、终止、恢复和专利权人的姓名或名称、国籍、地址变更等事项记载在专利登记簿上。

局长　田力普

中华人民共和国国家知识产权局

2011年02月16日

第1页（共1页）

19. 一种治疗大肠杆菌病和白痢的兽药

专利号：ZL20091012 9073. X

发明人：李锦宇 郑继方 罗超应 王东升 罗永江 胡振英 汪晓斌

授权公告日：2011 年 6 月 29 日

摘要：

本发明涉及一种兽用药物，特别是一种用天然植物和天然矿物组方构成的药物，更确切讲是一种用于预防和治疗大肠杆菌病和/或白痢的兽药，特别是用于治疗禽类的大肠杆菌病和/或白痢的药物。本发明的药物由金银花、生石膏、赤芍、白头翁、连翘、贯众、苦参、麻黄、黄芪、板蓝根、甘草构成。

证书号第803827号

发明专利证书

发明名称：一种治疗大肠杆菌病和白痢的兽药

发明人：李锦宇;郑继芳;罗超应;王东升;罗永江;胡振英;汪晓斌

专利号：ZL 2009 1 0129073. X

专利申请日：2009 年 03 月 20 日

专利权人：中国农业科学院兰州畜牧与兽药研究所

授权公告日：2011 年 06 月 29 日

本发明经过本局依照中华人民共和国专利法进行审查，决定授予专利权，颁发本证书并在专利登记簿上予以登记。专利权自授权公告之日起生效。

本专利的专利权期限为二十年，自申请日起算。专利权人应当依照专利法及其实施细则规定缴纳年费。本专利的年费应当在每年 03 月 20 日前缴纳。未按照规定缴纳年费的，专利权自应当缴纳年费期满之日起终止。

专利证书记载专利权登记时的法律状况。专利权的转移、质押、无效、终止、恢复和专利权人的姓名或名称、国籍、地址变更等事项记载在专利登记簿上。

局长 田力普

2011 年 06 月 29 日

第 1 页（共 1 页）

20. 一种防治犬腹泻证的中药及其制备方法

专利号：ZL201010176917.9

发明人：陈炅然　严作廷　崔颖　尚若锋　谢家声　李宏胜　崔东安　张林林

授权公告日：2011 年 9 月 21 日

摘要：

本发明公开一种用于防治犬腹泻症的中药及制备方法。本发明的中药是由下述原料按重量份均匀混合配制而成：连翘 3～10 份，葛根 5～10 份，柴胡 6～20 份，当归 8～15 份，生地 20～28 份，赤芍 11～18 份，桃仁 18～25 份，红花 8～15 份，枳壳 3～8 份，丹参 38～45 份，党参 35～45 份，麦冬 20～28 份，甘草 8～12 份。本发明的药物可以直接采用经粉碎后药物混合物供犬服食，本发明的药物最佳制备方法是将各药物组分按比例混合后用水煎再经浓缩为 1 克（生药）/毫升的药液，在具体的使用中以口服加灌肠给药。

证书号第842330号

发明专利证书

发明名称：一种防治犬腹泻症的中药及其制备方法

发明人：陈炅然；严作廷；崔颖；尚若峰；谢家声；李宏胜；崔东安
张林林

专利号：ZL 2010 1 0176917.9

专利申请日：2010 年 05 月 07 日

专利权人：中国农业科学院兰州畜牧与兽药研究所

授权公告日：2011 年 09 月 21 日

本发明经过本局依照中华人民共和国专利法进行审查，决定授予专利权，颁发本证书并在专利登记簿上予以登记。专利权自授权公告之日起生效。

本专利的专利权期限为二十年，自申请日起算。专利权人应当依照专利法及其实施细则规定缴纳年费。本专利的年费应当在每年 05 月 07 日前缴纳。未按照规定缴纳年费的，专利权自应当缴纳年费期满之日起终止。

专利证书记载专利权登记时的法律状况。专利权的转移、质押、无效、终止、恢复和专利权人的姓名或名称、国籍、地址变更等事项记载在专利登记簿上。

局长 田力普

中华人民共和国国家知识产权局

2011 年 09 月 21 日

第 1 页（共 1 页）

21. 羊用行气燥湿健脾的药物

专利号：ZL200910009780. 5

发明人：郑继方　罗超应　罗永江　胡振英　王学智　李建喜

授权公告日：2011 年 9 月 7 日

摘要：

本发明涉及一种羊用药物，确切讲是一种由植物药和无机盐组成的供羊食用的行气、燥湿和健脾的药物。本发明的药物组成是：陈皮 4 份（重量份，以下相同）、苍术 4 份、谷精草 4 份，白矾 3 份、侧柏叶 3 份、榆白皮 3 份，大蒜 2 份、管仲 2 份，杜仲叶 1 份、茴香 1 份。本发明的药物具有行气健胃、消食增重，强化草料和改善肉质的优点。

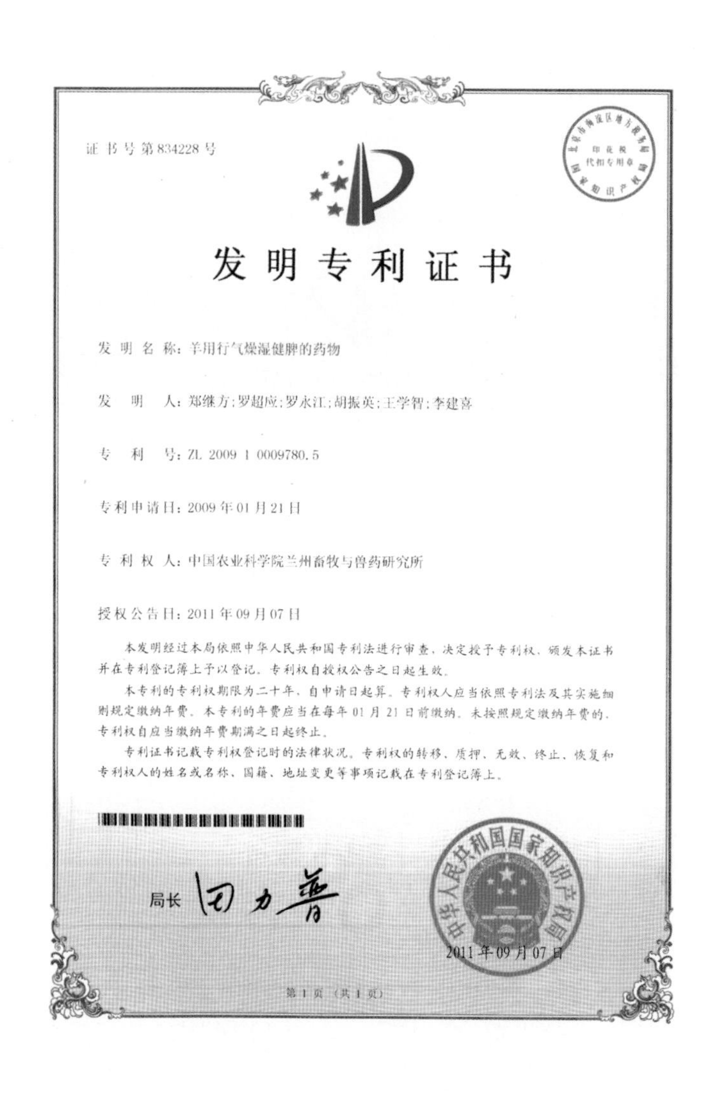

证书号第834228号

发明专利证书

发明名称：羊用行气燥湿健脾的药物

发明人：郑继方；罗超应；罗永江；胡振英；王学智；李建喜

专利号：ZL 2009 1 0009780. 5

专利申请日：2009 年 01 月 21 日

专利权人：中国农业科学院兰州畜牧与兽药研究所

授权公告日：2011 年 09 月 07 日

本发明经过本局依照中华人民共和国专利法进行审查，决定授予专利权，颁发本证书并在专利登记簿上予以登记。专利权自授权公告之日起生效。

本专利的专利权期限为二十年，自申请日起算。专利权人应当依照专利法及其实施细则规定缴纳年费。本专利的年费应当在每年 01 月 21 日前缴纳。未按照规定缴纳年费的，专利权自应当缴纳年费期满之日起终止。

专利证书记载专利权登记时的法律状况。专利权的转移、质押、无效、终止、恢复和专利权人的姓名或名称、国籍、地址变更等事项记载在专利登记簿上。

局长 田力普

中华人民共和国国家知识产权局

2011 年 09 月 07 日

第 1 页 （共 1 页）

22. 一种防治禽法氏囊病的药物

专利号：ZL200910148999.3

发明人：郑继方　罗永江　罗超应　胡振英　王学智　李建喜　李锦宇　辛蕊华

授权公告日：2011 年 6 月 1 日

摘要：

本发明公开一种用于治疗禽法氏囊病的药物。本发明的药物组成是：癞肉 10 重量份，土公蛇 10 重量份，七叶一枝花 8 重量份，金银花 8 重量份，黄芪 6 重量份。本发明的配方比较周全的照顾了抗病毒、抗细菌、增强免疫三方面的作用，有相当好的疗效。

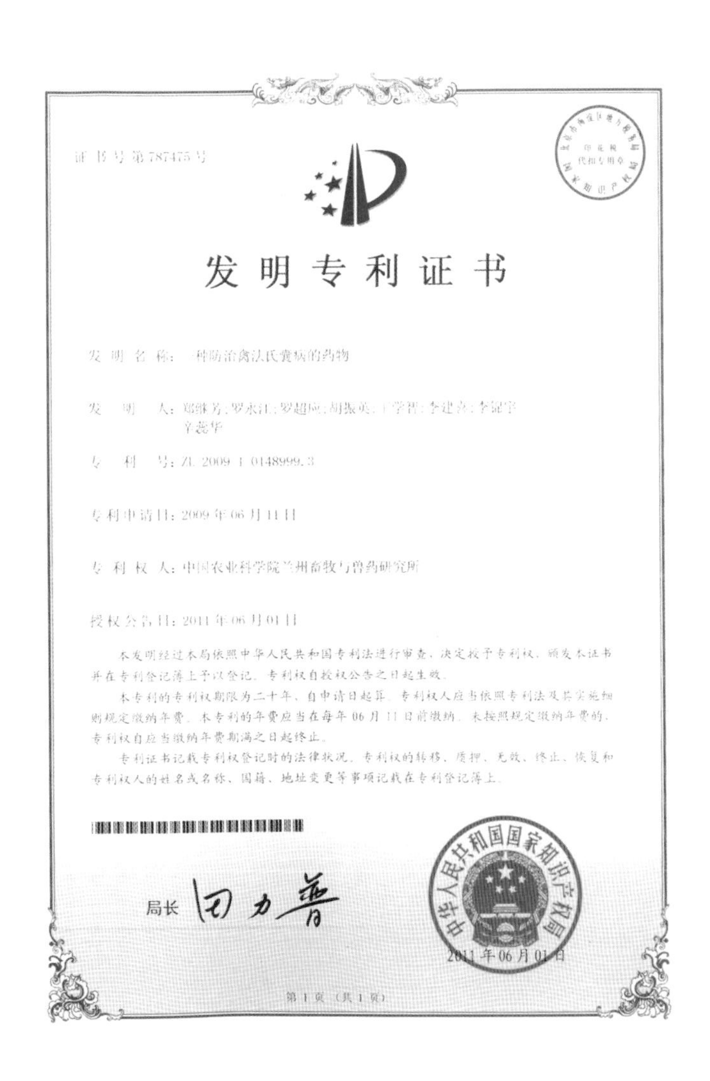
证书号第787475号

发明专利证书

发明名称：一种防治禽法氏囊病的药物

发明人：郑继芳；罗永江；罗超应；胡振英；王学智；李建喜；李锦宇
辛蕊华

专利号：ZL 2009 1 0148999.3

专利申请日：2009 年 06 月 11 日

专利权人：中国农业科学院兰州畜牧与兽药研究所

授权公告日：2011 年 06 月 01 日

本发明经过本局依照中华人民共和国专利法进行审查，决定授予专利权，颁发本证书并在专利登记簿上予以登记。专利权自授权公告之日起生效。

本专利的专利权期限为二十年，自申请日起算。专利权人应当依照专利法及其实施细则规定缴纳年费。本专利的年费应当在每年 06 月 11 日前缴纳。未按照规定缴纳年费的，专利权自应当缴纳年费期满之日起终止。

专利证书记载专利权登记时的法律状况。专利权的转移、质押、无效、终止、恢复和专利权人的姓名或名称、国籍、地址变更等事项记载在专利登记簿上。

局长　田力普

中华人民共和国国家知识产权局

2011 年 06 月 01 日

第 1 页（共 1 页）

23. 一种伊维菌素纳米乳药物组合物及其制备方法

专利号：ZL200810150354.9

发明人：张继瑜　李剑勇　周绪正　吴培星　刘根新　牛建荣　魏小娟　李金善

授权公告日：2011 年 11 月 9 日

摘要：

本发明公开了一种伊维菌素纳米乳药物组合物，由油酸乙脂、Tween-80、1，2-丙二醇、伊维菌素组成的水包油型纳米乳，用双蒸水稀释制成。该伊维菌素纳米乳药物组合物大大提高了伊维菌素的抗动物寄生虫的效果；增强了其溶解度、安全性和生物利用度，是一种使用方便、给药途径广泛的高效抗寄生虫纳米级药物制剂。

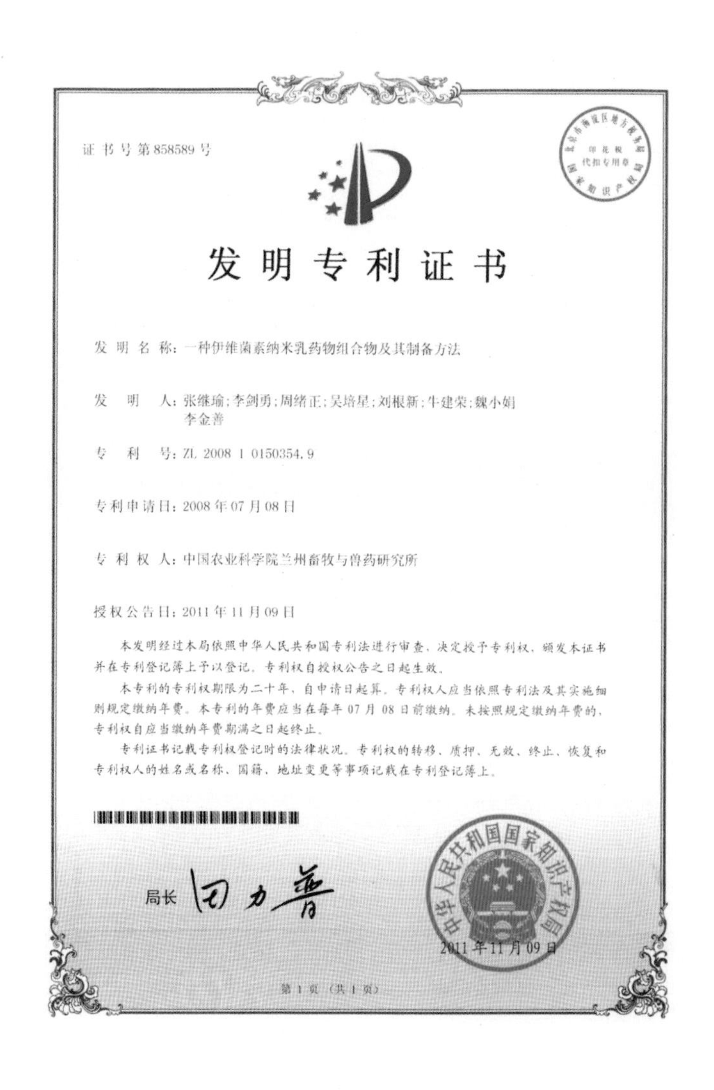

证书号第858589号

发明专利证书

发明名称：一种伊维菌素纳米乳药物组合物及其制备方法

发明人：张继瑜；李剑勇；周绪正；吴培星；刘根新；牛建荣；魏小娟
李金善

专利号：ZL 2008 1 0150354.9

专利申请日：2008 年 07 月 08 日

专利权人：中国农业科学院兰州畜牧与兽药研究所

授权公告日：2011 年 11 月 09 日

本发明经过本局依照中华人民共和国专利法进行审查，决定授予专利权，颁发本证书并在专利登记簿上予以登记。专利权自授权公告之日起生效。

本专利的专利权期限为二十年，自申请日起算。专利权人应当依照专利法及其实施细则规定缴纳年费。本专利的年费应当在每年 07 月 08 日前缴纳。未按照规定缴纳年费的，专利权自应当缴纳年费期满之日起终止。

专利证书记载专利权登记时的法律状况。专利权的转移、质押、无效、终止、恢复和专利权人的姓名或名称、国籍、地址变更等事项记载在专利登记簿上。

局长　田力普

中华人民共和国国家知识产权局

2011 年 11 月 09 日

第 1 页（共 1 页）

24. 一种防治畜禽温热病药物组合物及其制备方法

专利号：ZL200910117622.1

发明人：李剑勇　张继瑜　李新圃　杨亚军　周绪正　牛建荣　魏小娟　李冰　陈佳娟

授权公告日：2011 年 9 月 6 日

摘要：

本发明公开一种防治畜禽温热病药物组合物及其制备方法。以 1 500 毫升药液计算，药物含各味中药以生药材计算的量以及敷料量的配比为：连翘 350~450 克，板蓝根 150~250 克，金银花 150~250 克，黄芩 150~250 克，黄连 150~250 克，鸭趾草 150~250 克，甘草 75~125 克，苯甲醇 2~3 克，其余为蒸馏水。药物组合物制备方法是采用水提、醇沉、药液配制三步骤制成注射剂。本发明通过大量的临床使用，证明该药物具有抗病毒、抗菌、消炎、清热解毒、增强免疫力功能，对以发热为主要特征的温病具有十分良好的治疗效果，其应用对于推动我国畜禽业的发展将产生积极作用。

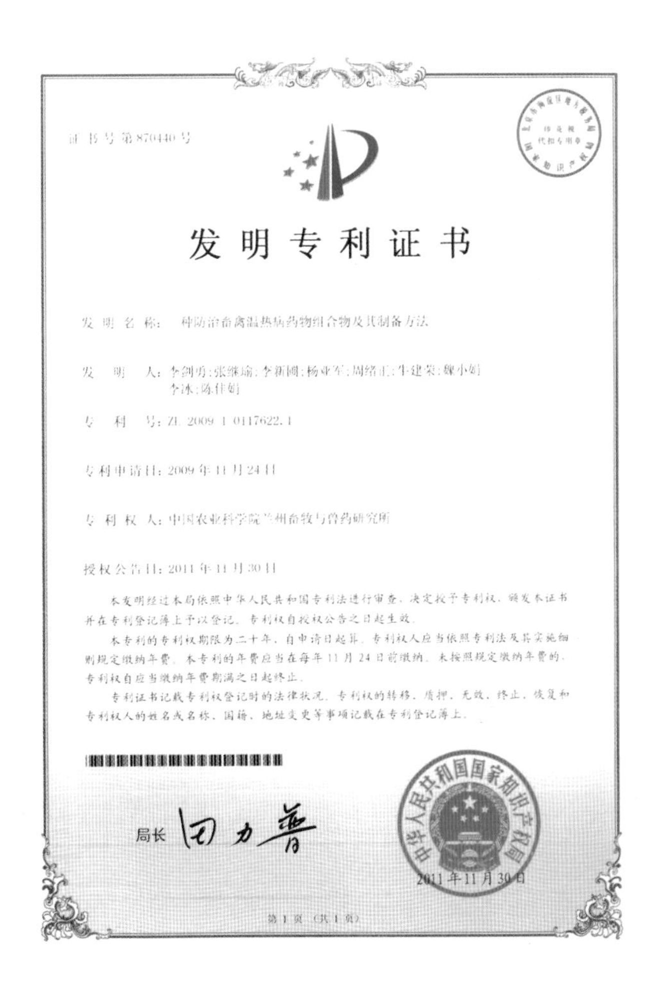

证书号第870440号

发明专利证书

发明名称：一种防治畜禽温热病药物组合物及其制备方法

发明人：李剑勇；张继瑜；李新圃；杨亚军；周绪正；牛建荣；魏小娟
李冰；陈佳娟

专利号：ZL 2009 1 0117622.1

专利申请日：2009 年 11 月 24 日

专利权人：中国农业科学院兰州畜牧与兽药研究所

授权公告日：2011 年 11 月 30 日

本发明经过本局依照中华人民共和国专利法进行审查，决定授予专利权，颁发本证书并在专利登记簿上予以登记。专利权自授权公告之日起生效。

本专利的专利权期限为二十年，自申请日起算。专利权人应当依照专利法及其实施细则规定缴纳年费。本专利的年费应当在每年 11 月 24 日前缴纳。未按照规定缴纳年费的，专利权自应当缴纳年费期满之日起终止。

专利证书记载专利权登记时的法律状况。专利权的转移、质押、无效、终止、恢复和专利权人的姓名或名称、国籍、地址变更等事项记载在专利登记簿上。

局长　田力普

中华人民共和国国家知识产权局

2011 年 11 月 30 日

第 1 页（共 1 页）

25. 防治猪、羊和牛附红细胞体病的药物及制备方法

专利号：ZL201010217194.2

发明人：苗小楼　李芸　潘虎　王瑜　李宏胜

授权公告日：2011 年 12 月 21 日

摘要：

本发明涉及一种由天然药物构成，用于治疗猪、羊、奶牛附红细胞体病的药物，特别是一种复方药物，以及药物的制备方法。本发明所用药物为天然药物常山，或者由常山和红芪组成的复方药物，其中常山的重量比为 50%～90%，红芪重量比为 10%～50%。试验表明本发明可有效地防治猪、羊和牛附红细胞体病。

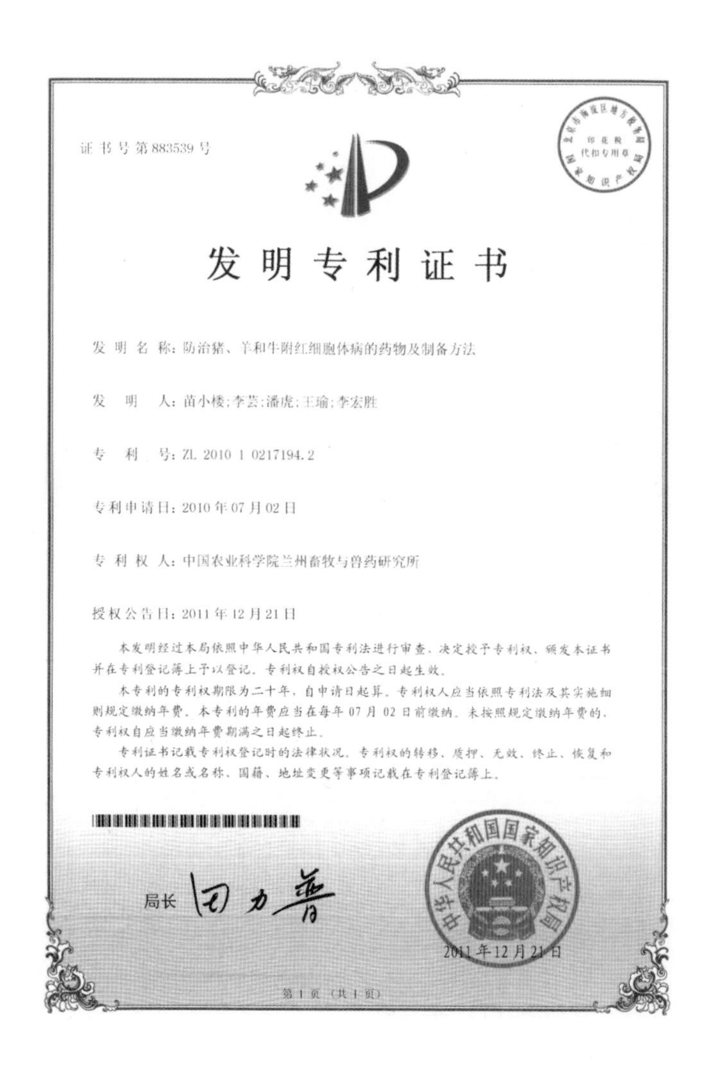

证书号第883539号

发明专利证书

发明名称：防治猪、羊和牛附红细胞体病的药物及制备方法

发明人：苗小楼；李芸；潘虎；王瑜；李宏胜

专利号：ZL 2010 1 0217194.2

专利申请日：2010 年 07 月 02 日

专利权人：中国农业科学院兰州畜牧与兽药研究所

授权公告日：2011 年 12 月 21 日

本发明经过本局依照中华人民共和国专利法进行审查，决定授予专利权，颁发本证书并在专利登记簿上予以登记。专利权自授权公告之日起生效。

本专利的专利权期限为二十年，自申请日起算。专利权人应当依照专利法及其实施细则规定缴纳年费。本专利的年费应当在每年 07 月 02 日前缴纳。未按照规定缴纳年费的，专利权自应当缴纳年费期满之日起终止。

专利证书记载专利权登记时的法律状况。专利权的转移、质押、无效、终止、恢复和专利权人的姓名或名称、国籍、地址变更等事项记载在专利登记簿上。

局长 田力普

中华人民共和国国家知识产权局

2011 年 12 月 21 日

第 1 页（共 1 页）

26. 具有喹喔啉母环的两种化合物及其制备方法

专利号：ZL200810001173. X

发明人：梁剑平　张道陵　何荣智　王曙阳　王学红　华兰英　郭志廷　刘宇

授权公告日：2011 年 2 月 16 日

摘要：

本发明涉及新化合物及其制备领域，本发明提供具有喹喔啉母环的两种化合物为：3-甲基-2-乙氧基羰基-喹喔啉-1，4-二氧化物（化合物 1）和 2-乙酰基-3-苯基-喹喔啉 -1，4-二氧化物（化合物 2）及其制备方法。现有的喹喔啉药物广泛使用于畜禽的抗菌促生长中，但是长期使用会出现药物残留和生殖毒性等方面的问题，本发明的两种喹喔啉类化合物具有抗菌能力强，毒性低的有益效果。本发明的具有喹喔啉母环的两种化合物可用于畜禽的促生长、抗菌药物或饲料或添加剂的制备。

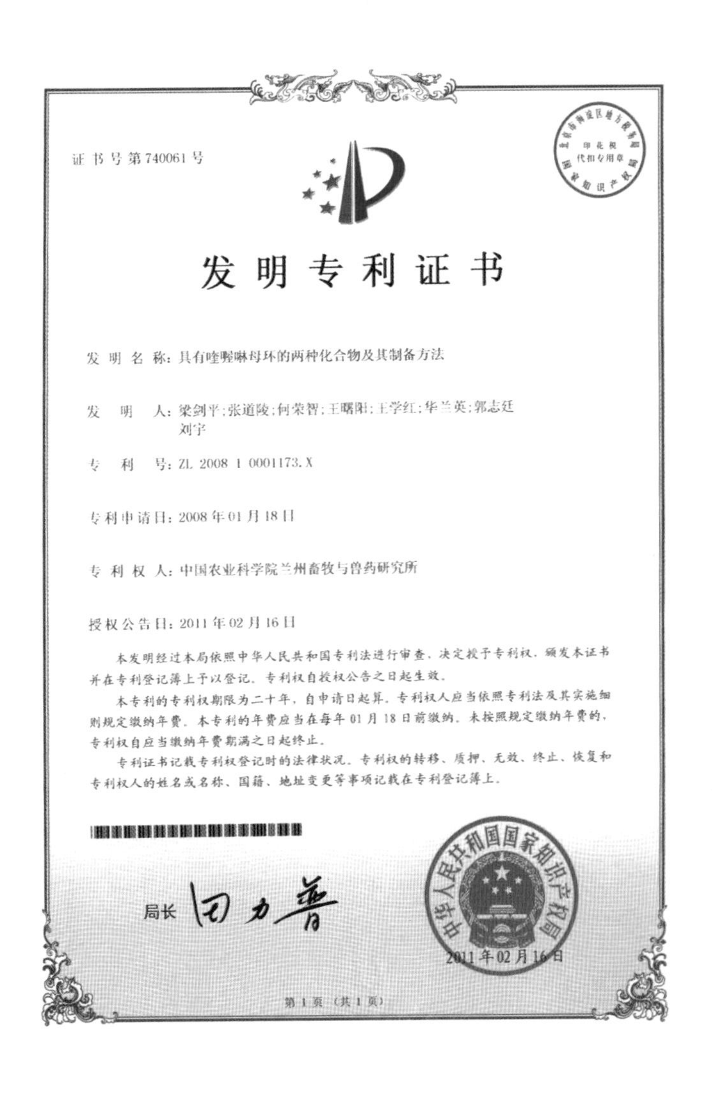

证书号第740061号

发明专利证书

发明名称：具有喹喔啉母环的两种化合物及其制备方法

发明人：梁剑平；张道陵；何荣智；王曙阳；王学红；华兰英；郭志廷
刘宇

专利号：ZL 2008 1 0001173. X

专利申请日：2008 年 01 月 18 日

专利权人：中国农业科学院兰州畜牧与兽药研究所

授权公告日：2011 年 02 月 16 日

本发明经过本局依照中华人民共和国专利法进行审查，决定授予专利权，颁发本证书并在专利登记簿上予以登记。专利权自授权公告之日起生效。

本专利的专利权期限为二十年，自申请日起算。专利权人应当依照专利法及其实施细则规定缴纳年费。本专利的年费应当在每年 01 月 18 日前缴纳。未按照规定缴纳年费的，专利权自应当缴纳年费期满之日起终止。

专利证书记载专利权登记时的法律状况。专利权的转移、质押、无效、终止、恢复和专利权人的姓名或名称、国籍、地址变更等事项记载在专利登记簿上。

局长 田力普

中华人民共和国国家知识产权局

2011 年 02 月 16 日

第 1 页（共 1 页）

27. 丁香酚阿司匹林酯药用化合物制剂的制备方法

专利号：ZL200910221080.2

发明人：李剑勇　张继瑜　周绪正　牛建荣　魏小娟

授权公告日：2012 年 8 月 29 日

摘要：

本发明公开一种丁香酚阿司匹林酯药用化合物，结构如式所示。它具有药理作用更为明显，结构更为稳定的特点。它是以阿司匹林为原料，经酰氯化，在溶媒中进行酯化反应，经重结晶制得的化合物。以丁香酚阿司匹林酯药用化合物为有效药用成分，可制成用于人医和兽医临床上治疗各种高热病症，尤其是病毒性感染所致、预防血栓形成、皮肤真菌感染的固体制剂、液体制剂、注射剂、眼用制剂、软膏剂、栓剂、膜剂、气雾剂或外用制剂。

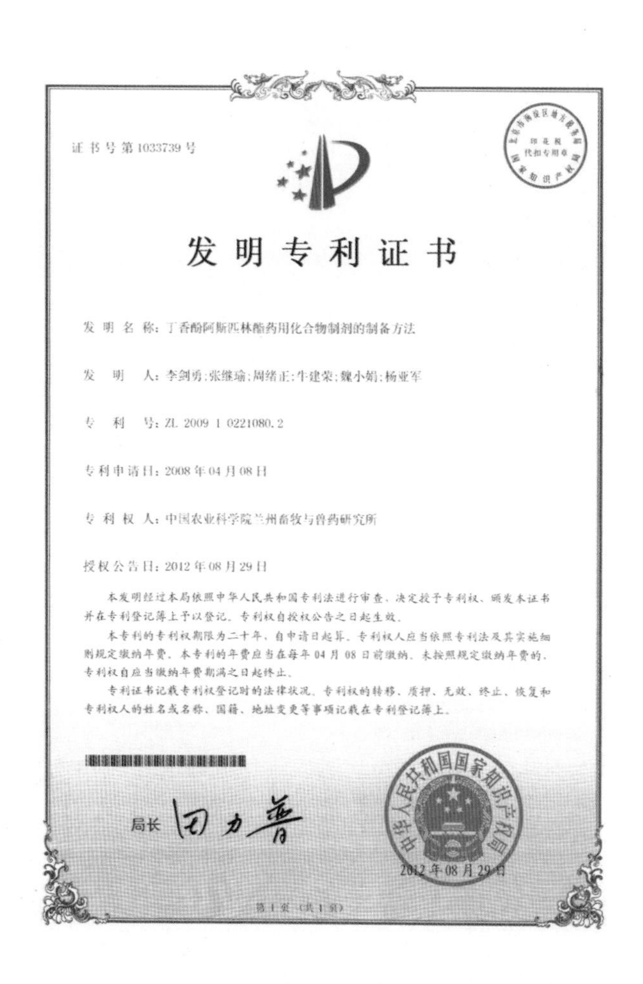

证书号第1033739号

发明专利证书

发 明 名 称：丁香酚阿斯匹林酯药用化合物制剂的制备方法

发　明　人：李剑勇;张继瑜;周绪正;牛建荣;魏小娟;杨亚军

专　利　号：ZL 2009 1 0221080.2

专利申请日：2008 年 04 月 08 日

专 利 权 人：中国农业科学院兰州畜牧与兽药研究所

授权公告日：2012 年 08 月 29 日

本发明经过本局依照中华人民共和国专利法进行审查，决定授予专利权，颁发本证书并在专利登记簿上予以登记。专利权自授权公告之日起生效。

本专利的专利权期限为二十年，自申请日起算。专利权人应当依照专利法及其实施细则规定缴纳年费。本专利的年费应当在每年 04 月 08 日前缴纳。未按照规定缴纳年费的，专利权自应当缴纳年费期满之日起终止。

专利证书记载专利权登记时的法律状况。专利权的转移、质押、无效、终止、恢复和专利权人的姓名或名称、国籍、地址变更等事项记载在专利登记簿上。

局长 田力普

中华人民共和国国家知识产权局

2012 年 08 月 29 日

第 1 页（共 1 页）

28. 治疗奶牛子宫内膜炎的药物

专利号：ZL201110058750.0

发明人：严作廷　李世宏　王东升　张世栋　谢家声　荔霞　严建鹏　刘旭

授权公告日：2012年7月4日

摘要：

本发明公开一种由复方中药组成的用于治疗奶牛子宫内膜炎的子宫灌注液。本发明的药物组份及各药物重量份为：丹参60~180份、红花40~120份、儿茶40~110份、白头翁40~110份、益母草30~100份、败酱草20~90份、红藤30~90份。经试验表明，本发明对牛子宫内膜炎有较好的治疗效果和较高的治愈率。此外，本发明的中草药还有高效、低毒副作用的优点。

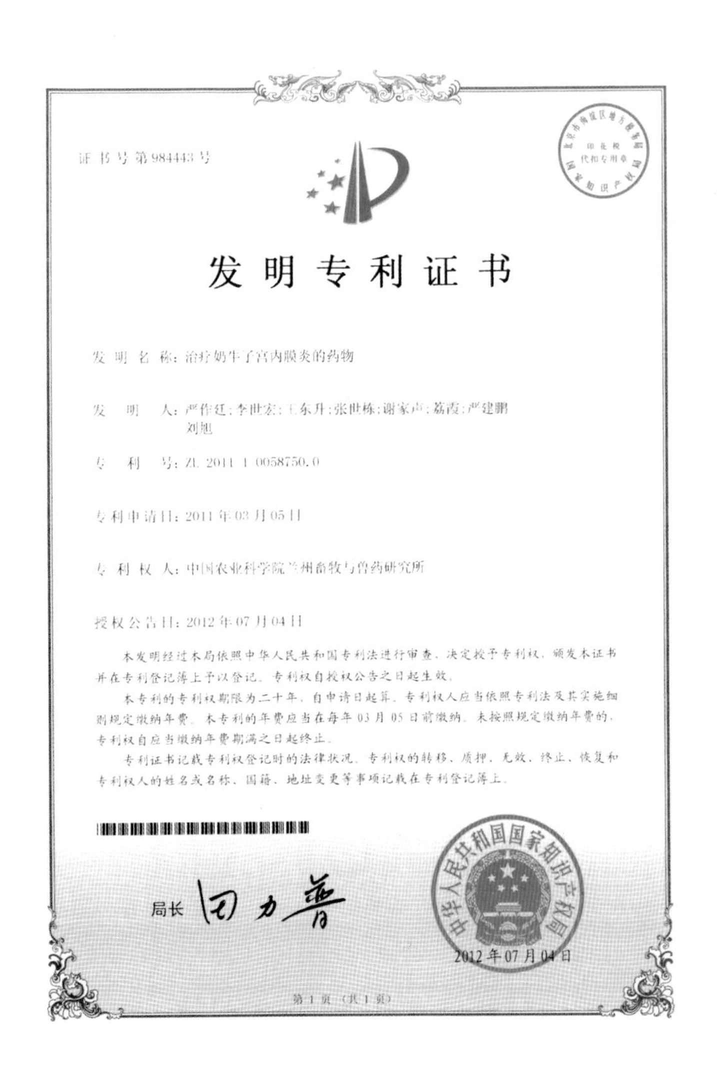

证书号第984443号

发明专利证书

发明名称：治疗奶牛子宫内膜炎的药物

发明人：严作廷；李世宏；王东升；张世栋；谢家声；荔霞；严建鹏
刘旭

专利号：ZL 2011 1 0058750.0

专利申请日：2011年03月05日

专利权人：中国农业科学院兰州畜牧与兽药研究所

授权公告日：2012年07月04日

本发明经过本局依照中华人民共和国专利法进行审查，决定授予专利权，颁发本证书并在专利登记簿上予以登记。专利权自授权公告之日起生效。

本专利的专利权期限为二十年，自申请日起算。专利权人应当依照专利法及其实施细则规定缴纳年费。本专利的年费应当在每年03月05日前缴纳。未按照规定缴纳年费的，专利权自应当缴纳年费期满之日起终止。

专利证书记载专利权登记时的法律状况。专利权的转移、质押、无效、终止、恢复和专利权人的姓名或名称、国籍、地址变更等事项记载在专利登记簿上。

局长 田力普

中华人民共和国国家知识产权局

2012年07月04日

第1页（共1页）

29. 治疗卵巢性不孕症的药物

专利号：ZL201110059925. X

发明人：严作廷　王东升　李世宏　张世栋　荔霞　谢家声　严建鹏　刘旭

授权公告日：2012 年 9 月 19 日

摘要：

本发明公开一种由复方中药构成，用于治疗卵巢性不孕症的药物。本发明所述药物中各药物组成及重量份为：淫羊藿 40~120 份、阳起石 30~100 份、丹参 30~110 份、红花 25~100 份、益母草 30~120 份、当归 30~100 份、黄芪 25~120 份、菟丝子 30~120 份、三棱 10~60 份、莪术 10~60 份、牛膝 20~90 份。试验表明，本发明能治疗卵巢机能减退（卵巢静止）、持久黄体、卵巢囊肿、卵泡交替发育、排卵延迟等多种疾病，可替代或在一定程度上替代传统应用的激素、抗生素类药物，因此，本发明对于防治奶牛不孕症是不可缺少的重要弥补措施。

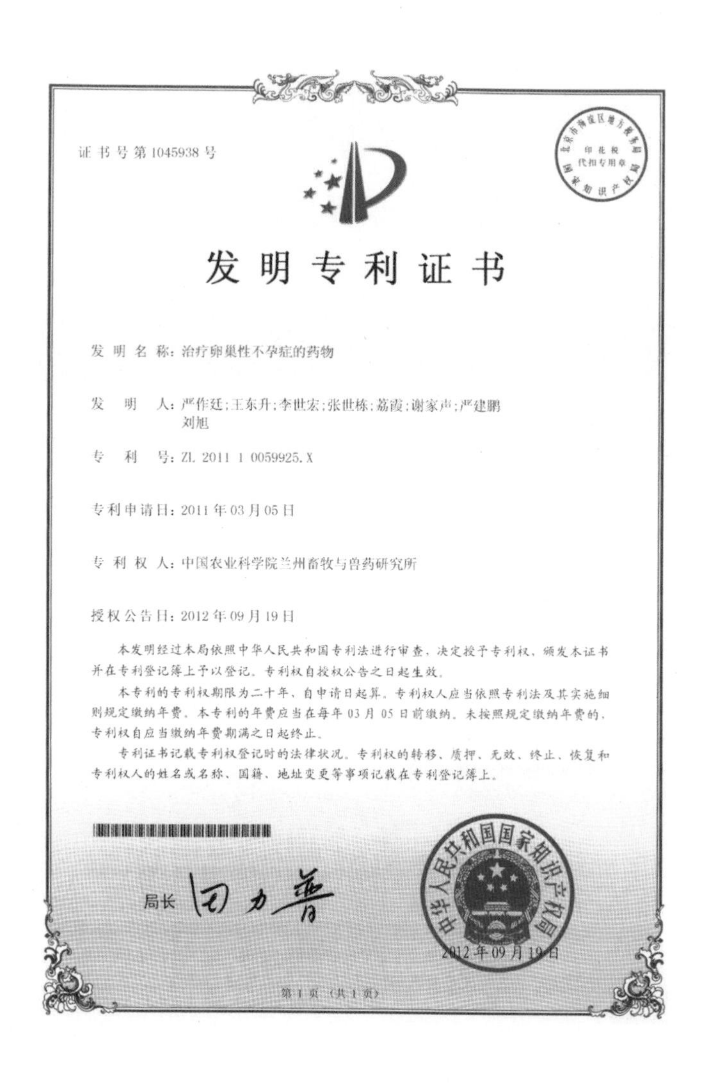

证书号第 1045938 号

发明专利证书

发 明 名 称：治疗卵巢性不孕症的药物

发　明　人：严作廷；王东升；李世宏；张世栋；荔霞；谢家声；严建鹏
刘旭

专　利　号：ZL 2011 1 0059925. X

专利申请日：2011 年 03 月 05 日

专 利 权 人：中国农业科学院兰州畜牧与兽药研究所

授权公告日：2012 年 09 月 19 日

本发明经过本局依照中华人民共和国专利法进行审查，决定授予专利权，颁发本证书并在专利登记簿上予以登记。专利权自授权公告之日起生效。

本专利的专利权期限为二十年，自申请日起算。专利权人应当依照专利法及其实施细则规定缴纳年费。本专利的年费应当在每年 03 月 05 日前缴纳。未按照规定缴纳年费的，专利权自应当缴纳年费期满之日起终止。

专利证书记载专利权登记时的法律状况。专利权的转移、质押、无效、终止、恢复和专利权人的姓名或名称、国籍、地址变更等事项记载在专利登记簿上。

局长 田力普

中华人民共和国国家知识产权局

2012 年 09 月 19 日

第 1 页（共 1 页）

30. 治疗反刍动物铅中毒的药物

专利号：ZL201110060207.4

发明人：荔霞　严作廷　齐志明　刘永明　刘世祥　董书伟　王胜义　孟嘉仁　刘旭　严建鹏

授权公告日：2012年8月8日

摘要：

本发明公开一种由植物药复方组成的，用于治疗反刍动物铅中毒的药物。本发明的药物组成及各药物重量份为：土茯苓3~30份，板蓝根3~35份，甘草4~28份，党参3~20份，黄连2~15份，昆布2~15份。经试验表明，本发明有较好的排铅效果。防治反争动物铅中毒具有较高的治愈率、显效快、且其毒副作用低的优点。而且本发明的药物在规定条件下贮藏质量稳定。

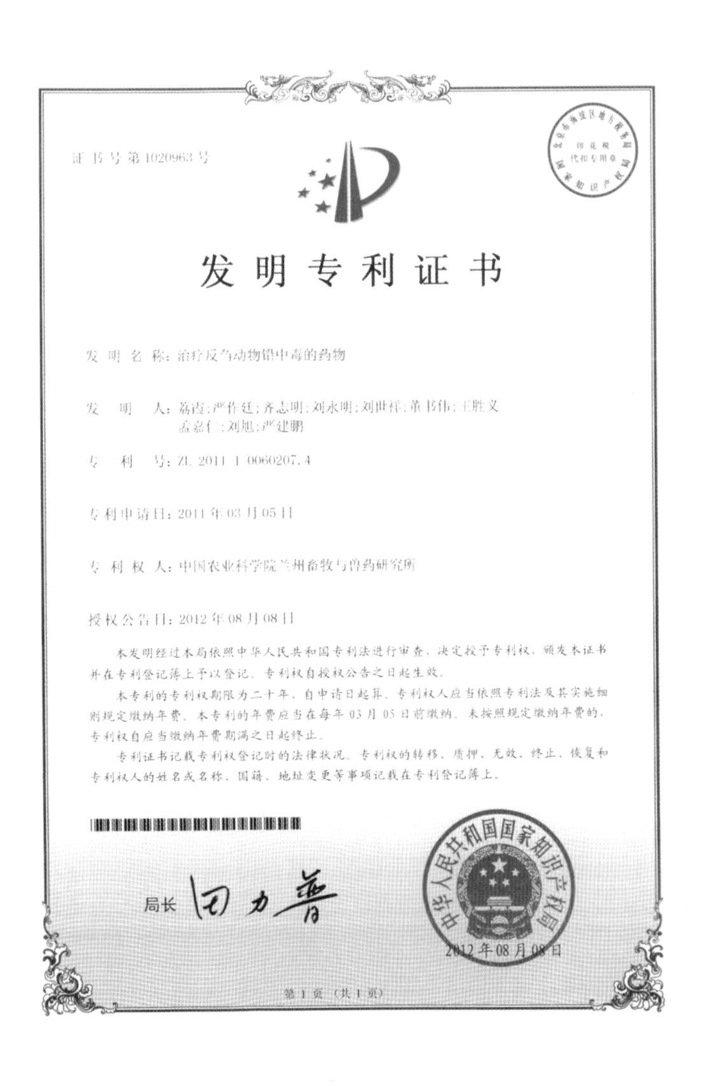

证书号第1020963号

发明专利证书

发明名称：治疗反刍动物铅中毒的药物

发明人：荔霞；严作廷；齐志明；刘永明；刘世祥；董书伟；王胜义；孟嘉仁；刘旭；严建鹏

专利号：ZL 2011 1 0060207.4

专利申请日：2011年03月05日

专利权人：中国农业科学院兰州畜牧与兽药研究所

授权公告日：2012年08月08日

本发明经过本局依照中华人民共和国专利法进行审查，决定授予专利权，颁发本证书并在专利登记簿上予以登记。专利权自授权公告之日起生效。

本专利的专利权期限为二十年，自申请日起算。专利权人应当依照专利法及其实施细则规定缴纳年费。本专利的年费应当在每年03月05日前缴纳。未按照规定缴纳年费的，专利权自应当缴纳年费期满之日起终止。

专利证书记载专利权登记时的法律状况。专利权的转移、质押、无效、终止、恢复和专利权人的姓名或名称、国籍、地址变更等事项记载在专利登记簿上。

局长　田力普

中华人民共和国国家知识产权局

2012年08月08日

第1页（共1页）

31. 玛曲欧拉羔羊当年育肥出栏全价颗粒饲料及其制备方法

专利号：ZL201210253877.2

发明人：丁学智　阎萍　郭宪　梁春年　郎侠　王宏博

授权公告日：2012 年 10 月 17 日

摘要：

本发明公开了一种玛曲欧拉羔羊当年育肥出栏全价颗粒饲料，各组成成分与重量百分比为：玉米 40%，麦麸 5.5%，菜籽饼 2.5%，糖蜜 5%，甜菜粕 1.54%，高蛋白豆粕 30%，膨化大豆 3.00%，干草粉 10%，石粉 1.25%，食盐 0.30%，1%羊预混料 0.65%，健胃酸 0.25%，甜味剂 0.01%。同时提供了该饲料的制备方法，本发明的技术方案具有营养全面、效果明显、简便易行、成本低廉的特点，适用于饲料技术领域。

证书号第1310710号

发明专利证书

发明名称：玛曲欧拉羔羊当年育肥出栏全价颗粒饲料及其制备方法

发明人：丁学智;阎萍;郭宪;梁春年;郎侠;王宏博

专利号：ZL 2012 1 0253877.2

专利申请日：2012 年 07 月 23 日

专利权人：中国农业科学院兰州畜牧与兽药研究所

授权公告日：2013 年 11 月 27 日

本发明经过本局依照中华人民共和国专利法进行审查，决定授予专利权，颁发本证书并在专利登记簿上予以登记。专利权自授权公告之日起生效。

本专利的专利权期限为二十年，自申请日起算。专利权人应当依照专利法及其实施细则规定缴纳年费。本专利的年费应当在每年 07 月 23 日前缴纳。未按照规定缴纳年费的，专利权自应当缴纳年费期满之日起终止。

专利证书记载专利权登记时的法律状况。专利权的转移、质押、无效、终止、恢复和专利权人的姓名或名称、国籍、地址变更等事项记载在专利登记簿上。

局长 田力普

2013 年 11 月 27 日

第 1 页（共 1 页）

32. 检测绵羊繁殖能力的试剂盒及其使用方法

专利号：ZL201110025287. X

发明人：岳耀敬　杨博辉　牛春娥　冯瑞林　郎侠　刘建斌　孙晓萍　郭建　郭婷婷

授权公告日：2012 年 10 月 10 日

摘要：

本发明公开一种可用于检测羊繁殖能力的试剂盒及其使用方法，其试剂盒内有序列表中 SEQ ID NO：1、SEQ ID NO：2、SEQ ID NO：3、SEQ ID NO：4 的引物核苷酸序列，SEQ ID NO：5 和 SEQ ID NO：6 的探针核苷酸序列，以及分别放置的 FTA 卡及相关的试剂。本发明试剂盒的使用方法是在待检羊 DNA 中加入试剂盒中的引物核苷酸序列和探针核苷酸序列以及相关的试剂，再进行 PCR 扩增，扩增产物在高分辨率熔解曲线分析仪中进行熔解曲线分析，根据熔解曲线中的 G、A、T、C 峰可预测待检羊只的产羔情况。

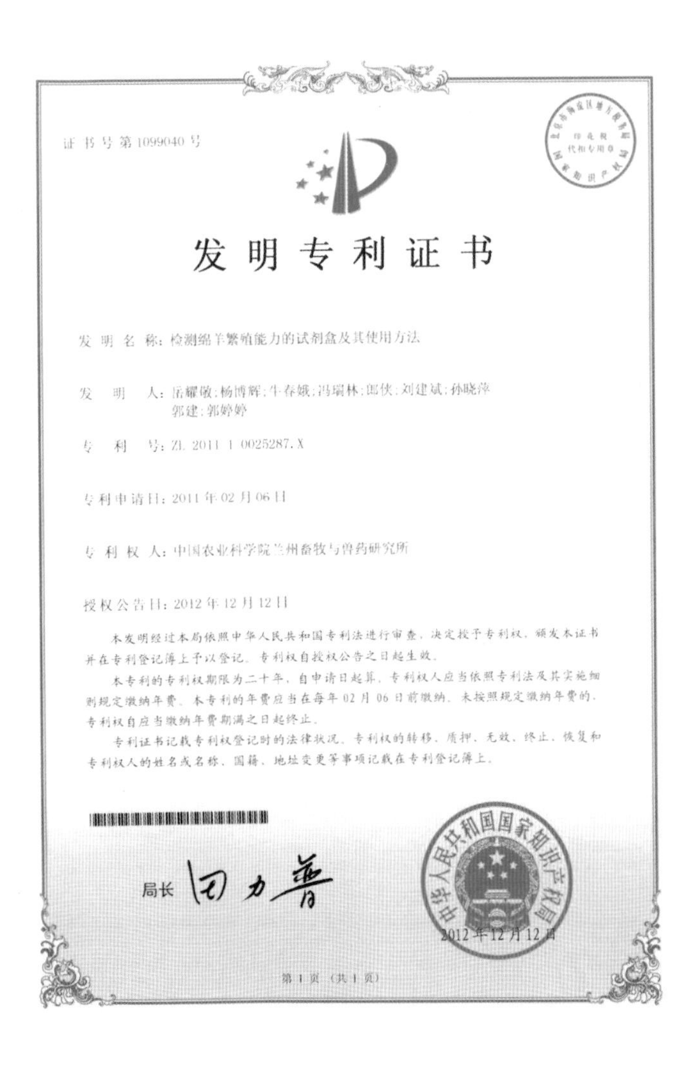

证书号第1099040号

发明专利证书

发明名称：检测绵羊繁殖能力的试剂盒及其使用方法

发明人：岳耀敬；杨博辉；牛春娥；冯瑞林；郎侠；刘建斌；孙晓萍
郭建；郭婷婷

专利号：ZL 2011 1 0025287. X

专利申请日：2011 年 02 月 06 日

专利权人：中国农业科学院兰州畜牧与兽药研究所

授权公告日：2012 年 12 月 12 日

本发明经过本局依照中华人民共和国专利法进行审查，决定授予专利权，颁发本证书并在专利登记簿上予以登记。专利权自授权公告之日起生效。

本专利的专利权期限为二十年，自申请日起算。专利权人应当依照专利法及其实施细则规定缴纳年费。本专利的年费应当在每年 02 月 06 日前缴纳。未按照规定缴纳年费的，专利权自应当缴纳年费期满之日起终止。

专利证书记载专利权登记时的法律状况。专利权的转移、质押、无效、终止、恢复和专利权人的姓名或名称、国籍、地址变更等事项记载在专利登记簿上。

局长　田力普

中华人民共和国国家知识产权局

2012年12月12日

第 1 页（共 1 页）

33. 一种人工抗菌肽及其基因与制备方法

专利号：ZL201010224980. 5

发明人：吴培星　徐玲　孙茜胜　张继瑜　宋楠　李纯玲

授权公告日：2012 年 11 月 7 日

摘要：

本发明“一种人工抗菌肽及其基因与制备方法”，属于生物制药领域。本发明的人工抗菌肽通过对 Genbank 中的 hepcidin 抗菌肽的氨基酸序列（Genbank ID：NP_ 001161799. 1）进行了改造，获得了活性高、抗菌谱更宽的新抗菌肽。本发明还根据毕赤氏酵母菌对氨基酸密码子的偏好性，对编码该多肽的核苷酸序列进行了优化，该核苷酸序列转入毕赤氏酵母菌中，表达量、抗菌谱明显高于原 hepcidin 抗菌肽的基因。

证书号第1071671号

发明专利证书

发明名称：一种人工抗菌肽及其基因与制备方法

发明人：吴培星；徐玲；孙茜胜；张继瑜；宋楠；李纯玲

专利号：ZL 2010 1 0224980.5

专利申请日：2010 年 07 月 13 日

专利权人：中国农业科学院兰州畜牧与兽药研究所
北京养元兽药有限公司；北京天之泰生物科技有限公司

授权公告日：2012 年 11 月 07 日

本发明经过本局依照中华人民共和国专利法进行审查，决定授予专利权，颁发本证书并在专利登记簿上予以登记。专利权自授权公告之日起生效。

本专利的专利权期限为二十年，自申请日起算。专利权人应当依照专利法及其实施细则规定缴纳年费。本专利的年费应当在每年 07 月 13 日前缴纳。未按照规定缴纳年费的，专利权自应当缴纳年费期满之日起终止。

专利证书记载专利权登记时的法律状况。专利权的转移、质押、无效、终止、恢复和专利权人的姓名或名称、国籍、地址变更等事项记载在专利登记簿上。

局长　田力普

中华人民共和国国家知识产权局

2012 年 11 月 07 日

第 1 页（共 1 页）

34. 治疗畜禽实热证的中药复方药物

专利号：ZL201010255476.1

发明人：严作廷　李锦宇　陈炅然　王东升　荔霞　张世栋　李宏胜

授权公告日：2012 年 5 月 23 日

摘要：

本发明公开一种由中药组成的、可治疗畜或禽实热证的药物。本发明的复方药物组成为：金银花（110±10）重量份，生石膏（130±10）重量份，大黄（110±10）重量份，赤芍（110±10）重量份，连翘（65±5）重量份，麻黄（110±10）重量份，黄芪（85±5）重量份，板蓝根（85±5）重量份，甘草（65±5）重量份。具体使用时可将以上 9 味药物进行粉碎、过筛、混匀后直接供畜禽喂食，也可再用水浸取或煎煮提取其有效成分给畜禽喂食。

证书号第947598号

印花税代扣专用章　国家知识产权局

发明专利证书

发 明 名 称：治疗畜禽实热证的中药复方药物

发　明　人：严作廷；李锦宇；陈炅然；王东升；荔霞；张世栋；李宏胜

专　利　号：ZL 2010 1 0255476.1

专利申请日：2010 年 08 月 14 日

专 利 权 人：中国农业科学院兰州畜牧与兽药研究所

授权公告日：2012 年 05 月 23 日

本发明经过本局依照中华人民共和国专利法进行审查，决定授予专利权，颁发本证书并在专利登记簿上予以登记。专利权自授权公告之日起生效。

本专利的专利权期限为二十年，自申请日起算。专利权人应当依照专利法及其实施细则规定缴纳年费。本专利的年费应当在每年 08 月 14 日前缴纳。未按照规定缴纳年费的，专利权自应当缴纳年费期满之日起终止。

专利证书记载专利权登记时的法律状况。专利权的转移、质押、无效、终止、恢复和专利权人的姓名或名称、国籍、地址变更等事项记载在专利登记簿上。

局长　田力普

中华人民共和国国家知识产权局

2012 年 05 月 23 日

第 1 页（共 1 页）

35. 一种黄花矶松的人工栽培方法

专利号：ZL201010265320.1

发明人：周学辉　常根柱　杨红善　路远

授权公告日：2012 年 3 月 14 日

摘要：

一种黄花矶松的人工栽培方法，按下述步骤完成：A. 种子处理：将黄花矶松种子加入硫酸溶液，反复冲洗五六次，将种子晾干；B. 育苗：将含有沙粒有机质、全氮、速效磷、速效钾及土的沙壤土，装入花盆混匀，备好苗床，将处理后备用的黄花矶松种子撒布于苗床，在床面上铺一层细沙，等待出苗；C. 栽培管理：出苗后养护，并移栽于大田，以后转入常规管理。本发明应用一定浓度的酸溶液对种子处理，用人工方法使黄花矶松快速驯化、繁殖，缩短出苗时间，提高出苗率和移栽成活率，解决该植物在人工育苗中种子不易萌发的技术难题；为黄花矶松（亦称黄花补血草）的大规模开发应用及研究起到支撑和技术保障作用，为防风、固沙及抗旱发挥重要作用。

证书号第920857号

发明专利证书

发明名称：一种黄花矶松的人工栽培方法

发明人：周学辉；常根柱；杨红善；路远

专利号：ZL 2010 1 0265320.1

专利申请日：2010 年 08 月 27 日

专利权人：中国农业科学院兰州畜牧与兽药研究所

授权公告日：2012 年 03 月 14 日

本发明经过本局依照中华人民共和国专利法进行审查，决定授予专利权，颁发本证书并在专利登记簿上予以登记。专利权自授权公告之日起生效。

本专利的专利权期限为二十年，自申请日起算。专利权人应当依照专利法及其实施细则规定缴纳年费。本专利的年费应当在每年 08 月 27 日前缴纳。未按照规定缴纳年费的，专利权自应当缴纳年费期满之日起终止。

专利证书记载专利权登记时的法律状况。专利权的转移、质押、无效、终止、恢复和专利权人的姓名或名称、国籍、地址变更等事项记载在专利登记簿上。

局长 田力普

中华人民共和国国家知识产权局

2012 年 03 月 14 日

第 1 页（共 1 页）

36. 一种治疗猪蓝耳病的中药复方及其制备方法

专利号：ZL201210497774.0

发明人：梁剑平　吴国泰　陶蕾　郝宝成　王学红　周玉岩

授权公告日：2013 年 12 月 4 日

摘要：

本发明属于兽医用药领域，公开一种治疗猪蓝耳病的中药复方。按重量计，该中药复方由下列配比量的中药材原料制成：黄芪 1~20 份、当归 1~10 份、甘草 1~10 份、大黄 1~10 份、柴胡 1~5 份、板蓝根 1~5 份、连翘 1~5 份、黄芩 1~5 份、金银花 1~5 份、刺五加 1~5 份、牛蒡子 1~5 份和枳壳 1~5 份。本发明的中药复方有较强的解热、抗炎和抗过敏作用，提高机体产生抗体的能力，提高抗体效价，显著升高断奶仔猪血清蓝耳病抗体水平 90%以上，治愈率达 85.0%以上，价格低廉、副作用小。

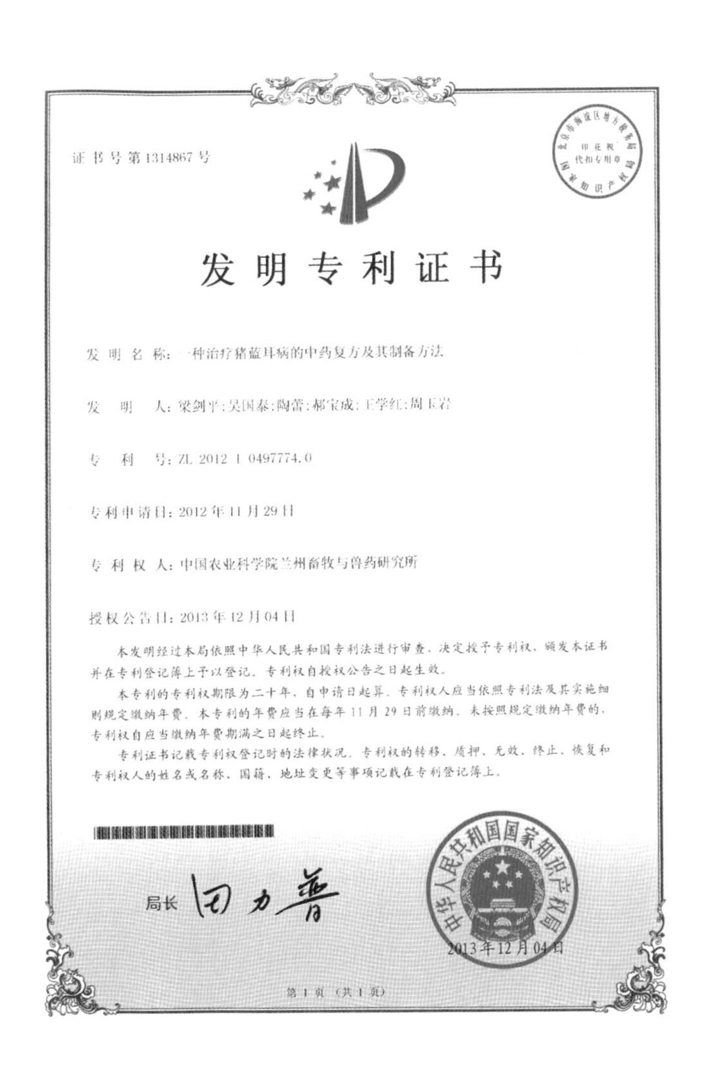

证书号第1314867号

印花税代扣专用章

发明专利证书

发明名称：一种治疗猪蓝耳病的中药复方及其制备方法

发明人：梁剑平；吴国泰；陶蕾；郝宝成；王学红；周玉岩

专利号：ZL 2012 1 0497774.0

专利申请日：2012 年 11 月 29 日

专利权人：中国农业科学院兰州畜牧与兽药研究所

授权公告日：2013 年 12 月 04 日

本发明经过本局依照中华人民共和国专利法进行审查，决定授予专利权，颁发本证书并在专利登记簿上予以登记。专利权自授权公告之日起生效。

本专利的专利权期限为二十年，自申请日起算。专利权人应当依照专利法及其实施细则规定缴纳年费。本专利的年费应当在每年 11 月 29 日前缴纳。未按照规定缴纳年费的，专利权自应当缴纳年费期满之日起终止。

专利证书记载专利权登记时的法律状况。专利权的转移、质押、无效、终止、恢复和专利权人的姓名或名称、国籍、地址变更等事项记载在专利登记簿上。

局长 田力普

中华人民共和国国家知识产权局

2013年12月04日

第 1 页（共 1 页）

37. 一种金丝桃素白蛋白纳米粒的制备方法

专利号：ZL201210020213.1

发明人：梁剑平　胡小艳　陶蕾　王学红　刘宇　尚若峰　赫宝成　华兰英

授权公告日：2013年7月17日

摘要：

本发明公开了一种金丝桃素白蛋白纳米粒的制备方法，包括：①将牛血清白蛋白作为载体材料溶于蒸馏水中制成质量浓度为10%～40%的载体溶液；②将金丝桃素溶于浓度为95%以上的乙醇制成质量浓度为20%～40%的油相；③将油相在充分搅拌条件下加入载体溶液中，调节pH值至9，滴加助乳化剂充分乳化，然后滴入戊二醛固化24小时以上，得到固化纳米粒溶液；④15 000～20 000转/分钟高速离心，弃去上清液，加蒸馏水超声分散，再次高速离心，弃去上清液，用蒸馏水洗涤后收集，真空或冷冻干燥，得到金丝桃素白蛋白纳米粒。本发明制得的产品对光、热稳定性好，提高了金丝桃素的有效含量。

证书号第1236710号

发明专利证书

发明名称：一种金丝桃素白蛋白纳米粒的制备方法

发明人：梁剑平;胡小艳;陶蕾;王学红;刘宇;尚若峰;赫宝成
华兰英

专利号：ZL 2012 1 0020213.1

专利申请日：2012年01月21日

专利权人：中国农业科学院兰州畜牧与兽药研究所

授权公告日：2013年07月17日

本发明经过本局依照中华人民共和国专利法进行审查，决定授予专利权，颁发本证书并在专利登记簿上予以登记。专利权自授权公告之日起生效。

本专利的专利权期限为二十年，自申请日起算。专利权人应当依照专利法及其实施细则规定缴纳年费。本专利的年费应当在每年01月21日前缴纳。未按照规定缴纳年费的，专利权自应当缴纳年费期满之日起终止。

专利证书记载专利权登记时的法律状况。专利权的转移、质押、无效、终止、恢复和专利权人的姓名或名称、国籍、地址变更等事项记载在专利登记簿上。

局长　田力普

中华人民共和国国家知识产权局
2013年07月17日

第1页（共1页）

38. 截短侧耳素产生菌的微量培养方法和其高产菌的高通量筛选方法

专利号：ZL201110310065.2

发明人：梁剑平　赵晓彬　陶蕾　郭文柱　王学红　郭志廷　尚若峰　郝宝成

授权公告日：2013 年 4 月 10 日

摘要：

本发明提供一种截短侧耳素产生菌的微量培养方法，步骤如下：将截短侧耳素产生菌经培养后分离单菌落；配制固体发酵培养基高压灭菌后加入酶标板的各孔中，将截短侧耳素产生菌的单菌落菌丝体接种于酶标板中培养 7~9 天。本发明还提供截短侧耳素高产菌的高通量筛选方法，步骤如下：将经微量培养的截短侧耳素产生菌的酶标板孔中加入提取液提取，每孔吸取提取液进行转板，加入显色剂显色，用酶标仪测定并分析结果，得到筛选后的截短侧耳素高产菌。由于采用固体发酵，简化了种子培养这一步骤，发酵时间大大缩短。应用本发明的高通量筛选方法和普通的筛选方法相比相关系数良好，可知本发明的高通量筛选方法能应用于截短侧耳素高产菌的筛选。

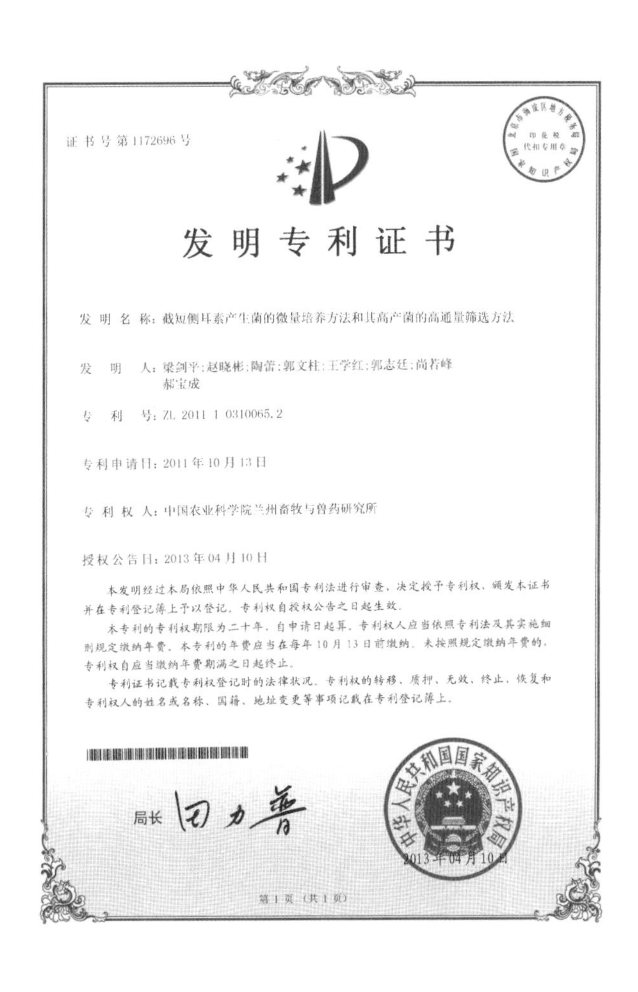

证书号第1172696号

印花税代扣专用章

发明专利证书

发 明 名 称：截短侧耳素产生菌的微量培养方法和其高产菌的高通量筛选方法

发 明 人：梁剑平；赵晓彬；陶蕾；郭文柱；王学红；郭志廷；尚若峰；郝宝成

专 利 号：ZL 2011 1 0310065.2

专利申请日：2011 年 10 月 13 日

专 利 权 人：中国农业科学院兰州畜牧与兽药研究所

授权公告日：2013 年 04 月 10 日

本发明经过本局依照中华人民共和国专利法进行审查，决定授予专利权，颁发本证书并在专利登记簿上予以登记。专利权自授权公告之日起生效。

本专利的专利权期限为二十年，自申请日起算。专利权人应当依照专利法及其实施细则规定缴纳年费。本专利的年费应当在每年 10 月 13 日前缴纳。未按照规定缴纳年费的，专利权自应当缴纳年费期满之日起终止。

专利证书记载专利权登记时的法律状况。专利权的转移、质押、无效、终止、恢复和专利权人的姓名或名称、国籍、地址变更等事项记载在专利登记簿上。

局长 田力普

中华人民共和国国家知识产权局

2013 年 04 月 10 日

第 1 页（共 1 页）

39. 一种金丝桃素的合成方法

专利号：ZL201110070142.1

发明人：梁剑平　李兆周　王学红　尚若峰　郭文柱　郭志廷　郝宝成　王曙阳　陶蕾

授权公告日：2013 年 4 月 10 日

摘要：

本发明涉及一种金丝桃素的合成方法，采用以大黄素为原料，并对其中收率较低的大黄蒽酮缩合反应采用微波辅助合成的方法在碱性条件下进行了优化，所采用的微波加热温度为130~180℃，反应时间为0.2~1小时。在此条件下，该缩合反应的收率较常规方法提高了多倍，同时节约了大量的反应时间。最终各步反应的收率均在80%以上，且反应的条件能够满足目标化合物千克级的生产规模。本发明的合成路线和方法具有收率高、反应路线较短，反应条件温和、反应时间短和合成成本低等特点。

证书号第1172487号

印花税代扣专用章

发明专利证书

发明名称：一种金丝桃素的合成方法

发明人：梁剑平;李兆周;王学红;尚若峰;郭文柱;郭志廷;郝宝成
王曙阳;陶蕾

专利号：ZL 2011 1 0070142.1

专利申请日：2011 年 03 月 23 日

专利权人：中国农业科学院兰州畜牧与兽药研究所

授权公告日：2013 年 04 月 10 日

本发明经过本局依照中华人民共和国专利法进行审查，决定授予专利权，颁发本证书并在专利登记簿上予以登记。专利权自授权公告之日起生效。

本专利的专利权期限为二十年，自申请日起算。专利权人应当依照专利法及其实施细则规定缴纳年费。本专利的年费应当在每年 03 月 23 日前缴纳。未按照规定缴纳年费的，专利权自应当缴纳年费期满之日起终止。

专利证书记载专利权登记时的法律状况。专利权的转移、质押、无效、终止、恢复和专利权人的姓名或名称、国籍、地址变更等事项记载在专利登记簿上。

局长 田力普

中华人民共和国国家知识产权局

2013 年 04 月 10 日

第 1 页（共 1 页）

40. 一种金丝桃素白蛋白纳米粒-免疫球蛋白 G 抗体偶联物及其制备方法

专利号：ZL201210063589.0

发明人：梁剑平　胡小艳　陶蕾　王学红　刘宇　尚若峰　赫宝成　华兰英

授权公告日：2013 年 4 月 24 日

摘要：

本发明公开了一种金丝桃素白蛋白纳米粒-免疫球蛋白 G 抗体偶联物，通过以下步骤制备完成：①将金丝桃素白蛋白纳米粒与免疫球蛋白 G 抗体溶于 PBS 缓冲液；②在步骤①所得溶液中加入戊二醛，制得金丝桃素白蛋白纳米粒-免疫球蛋白 G 抗体偶联物。本发明制得的金丝桃素白蛋白纳米粒-免疫球蛋白 G 抗体偶联物具有有效利用率极高的优点，同时，本发明所提出的制备工艺具有工艺简单、易于操作、特别适于工业化生产的优点。

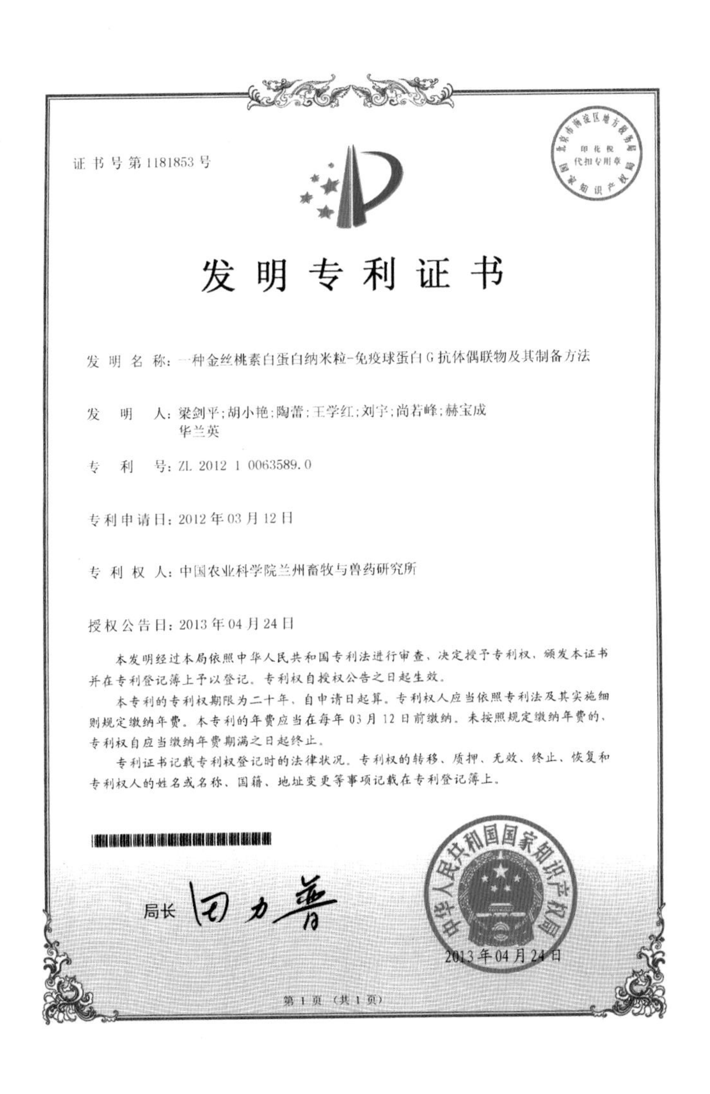

证书号第1181853号

印花税代扣专用章

发明专利证书

发明名称：一种金丝桃素白蛋白纳米粒-免疫球蛋白G抗体偶联物及其制备方法

发明人：梁剑平；胡小艳；陶蕾；王学红；刘宇；尚若峰；赫宝成
华兰英

专利号：ZL 2012 1 0063589.0

专利申请日：2012 年 03 月 12 日

专利权人：中国农业科学院兰州畜牧与兽药研究所

授权公告日：2013 年 04 月 24 日

本发明经过本局依照中华人民共和国专利法进行审查，决定授予专利权，颁发本证书并在专利登记簿上予以登记。专利权自授权公告之日起生效。

本专利的专利权期限为二十年，自申请日起算。专利权人应当依照专利法及其实施细则规定缴纳年费。本专利的年费应当在每年 03 月 12 日前缴纳。未按照规定缴纳年费的，专利权自应当缴纳年费期满之日起终止。

专利证书记载专利权登记时的法律状况。专利权的转移、质押、无效、终止、恢复和专利权人的姓名或名称、国籍、地址变更等事项记载在专利登记簿上。

局长 田力普

中华人民共和国国家知识产权局

2013 年 04 月 24 日

第 1 页（共 1 页）

41. 一种非解乳糖链球菌及其应用

专利号：ZL2012210141827. 5

发明人：张凯　李建喜　张景艳　孟嘉仁　杨志强　王学智

授权公告日：2013 年 6 月 5 日

摘要：

本发明首次公开了一种非解乳糖链球菌（*Streptococcusalactolyticus*）LZMYFGM9，该菌株的保藏编号为 CGMCCNo. 4227，同时公开了包含该菌株的发酵菌剂及其应用。本发明提出的非解乳糖链球菌（*Streptococcusalactolyticus*）LZMYFGM9CGMCCNo. 4227 可用于黄芪多糖的提取，该方法具有实用性强、操作简便、效益高的优点，具有广阔的实际应用前景。

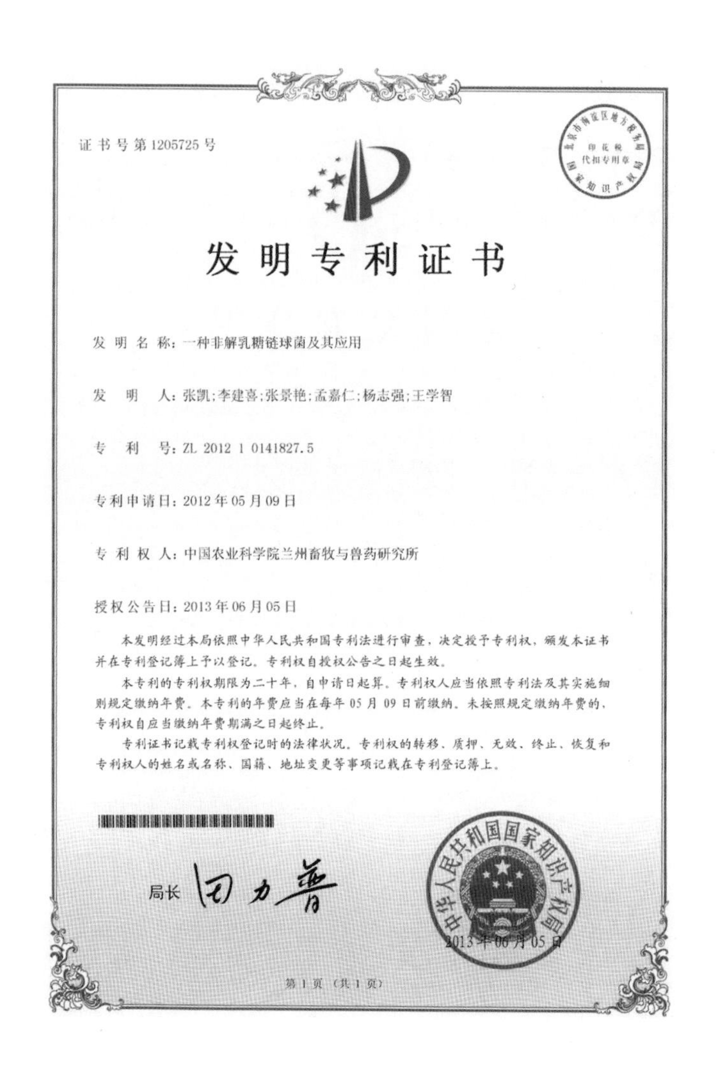

证书号第1205725号

发明专利证书

发明名称：一种非解乳糖链球菌及其应用

发明人：张凯;李建喜;张景艳;孟嘉仁;杨志强;王学智

专利号：ZL 2012 1 0141827.5

专利申请日：2012 年 05 月 09 日

专利权人：中国农业科学院兰州畜牧与兽药研究所

授权公告日：2013 年 06 月 05 日

本发明经过本局依照中华人民共和国专利法进行审查，决定授予专利权，颁发本证书并在专利登记簿上予以登记。专利权自授权公告之日起生效。

本专利的专利权期限为二十年，自申请日起算。专利权人应当依照专利法及其实施细则规定缴纳年费。本专利的年费应当在每年 05 月 09 日前缴纳。未按照规定缴纳年费的，专利权自应当缴纳年费期满之日起终止。

专利证书记载专利权登记时的法律状况。专利权的转移、质押、无效、终止、恢复和专利权人的姓名或名称、国籍、地址变更等事项记载在专利登记簿上。

局长 田力普

中华人民共和国国家知识产权局

2013 年 06 月 05 日

第 1 页（共 1 页）

42. 一种羊早期胚胎性别鉴定的试剂盒

专利号：ZL201010570785.8

发明人：岳耀敬　杨博辉　郎侠　牛春娥　刘建斌　冯瑞林　孙晓萍　郭建　郭婷婷

授权公告日：2013 年 1 月 23 日

摘要：

本发明公开一种用于对羊早期胚胎的性别进行鉴定的试剂盒。本发明的羊早期胚胎性别鉴定的试剂盒内有两对特异引物、两个探针和金标试纸，其中：两个特异引物分别为 SRY 基因引物和内标 Callipyge 基因引物，两个探针分别为 SRY 探针和 Callipyge 探针；金标试纸是由用胶体金包被 BIOTIN 抗体的结合垫、与金标结合垫尾端相连由硝酸纤维膜构成的其上分别包被有用 FITC 抗体包被的检测区和位于检测区下游的用 DIG 抗体包被的质控区。

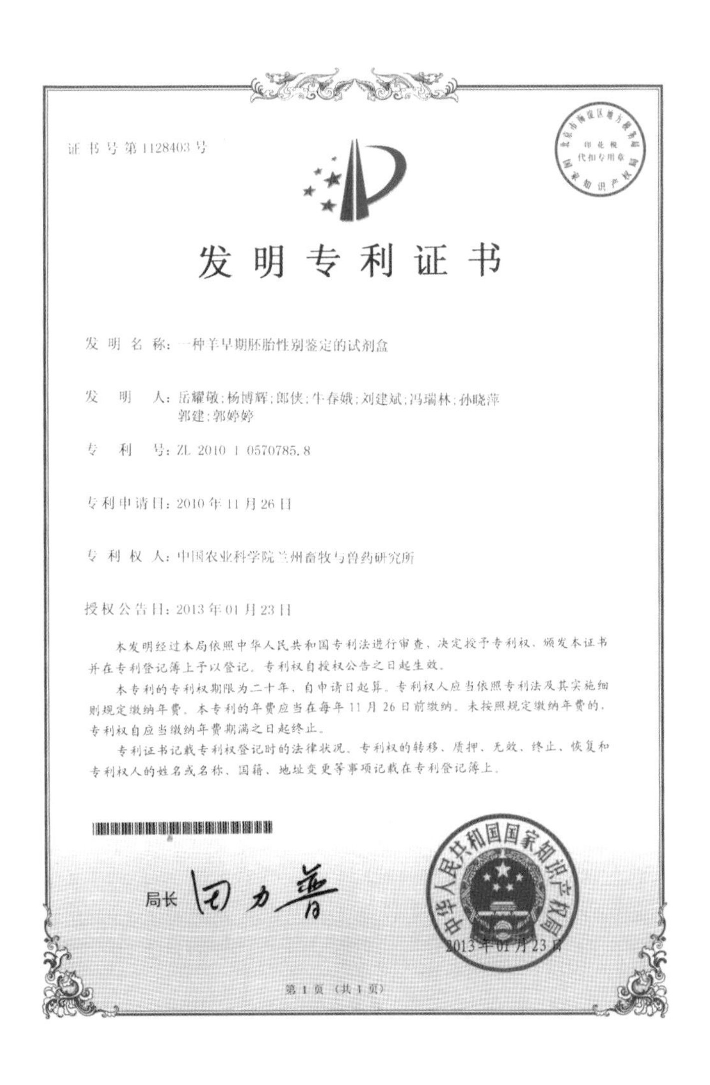

证书号第1128403号

发明专利证书

发 明 名 称：一种羊早期胚胎性别鉴定的试剂盒

发　明　人：岳耀敬；杨博辉；郎侠；牛春娥；刘建斌；冯瑞林；孙晓萍
郭建；郭婷婷

专　利　号：ZL 2010 1 0570785.8

专利申请日：2010 年 11 月 26 日

专 利 权 人：中国农业科学院兰州畜牧与兽药研究所

授权公告日：2013 年 01 月 23 日

本发明经过本局依照中华人民共和国专利法进行审查，决定授予专利权，颁发本证书并在专利登记簿上予以登记。专利权自授权公告之日起生效。

本专利的专利权期限为二十年，自申请日起算。专利权人应当依照专利法及其实施细则规定缴纳年费。本专利的年费应当在每年 11 月 26 日前缴纳。未按照规定缴纳年费的，专利权自应当缴纳年费期满之日起终止。

专利证书记载专利权登记时的法律状况。专利权的转移、质押、无效、终止、恢复和专利权人的姓名或名称、国籍、地址变更等事项记载在专利登记簿上。

局长　田力普

中华人民共和国国家知识产权局

2013 年 01 月 23 日

第 1 页（共 1 页）

43. 中型狼尾草无性繁殖栽培技术

专利号：ZL201110123803.2

发明人：张怀山

授权公告日：2013年3月6日

摘要：

中型狼尾草无性繁殖栽培技术涉及野生狼尾草的引种驯化及栽培技术领域。由无性繁殖与栽培管理两个部分组成，按下述步骤完成：A. 无性繁殖，包括分根移栽繁殖和茎段扦插繁殖；B. 栽培管理，苗期或返青期追施氮肥，苗期间苗，第一年出苗后松土、清除杂草；在分蘖拔节期追施磷酸铵复合肥；以后在刈割或放牧后，再补施氮肥和磷酸铵复合肥；抽穗初期刈割利用，10月底成熟期收种。本发明解决了中型狼尾草和狼尾草属其他野生种一样存在的结实率低、出苗率低、繁殖困难等实际生产中遇到的问题，可以快速提高中型狼尾草的繁殖速度，为该草种在我国西部地区的大规模推广应用提供技术支持和保障。

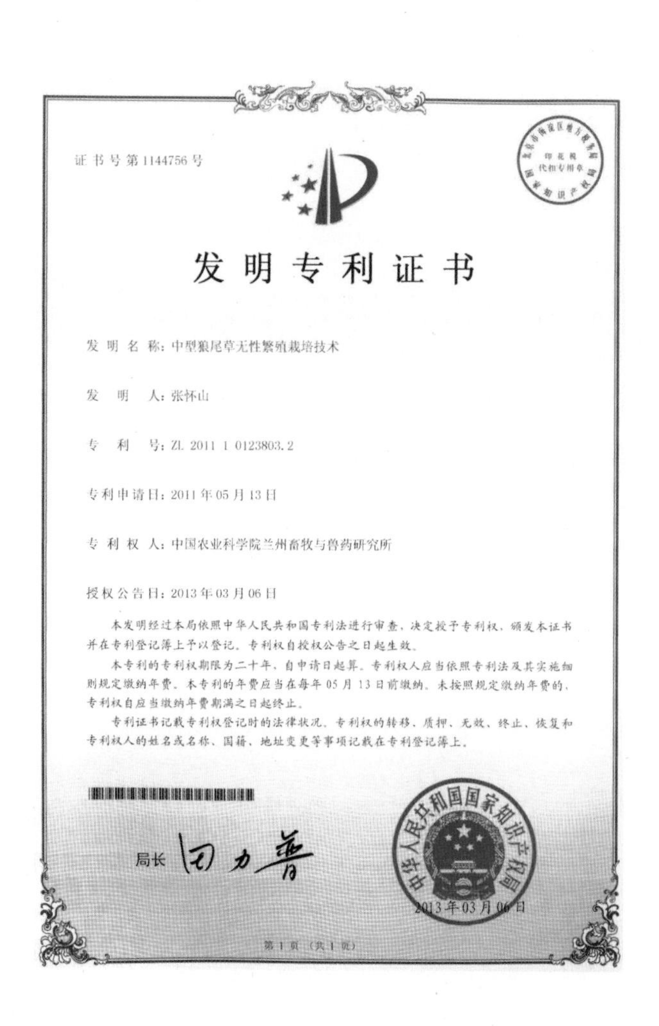
证书号第1144756号

发明专利证书

发明名称：中型狼尾草无性繁殖栽培技术

发明人：张怀山

专利号：ZL 2011 1 0123803.2

专利申请日：2011年05月13日

专利权人：中国农业科学院兰州畜牧与兽药研究所

授权公告日：2013年03月06日

本发明经过本局依照中华人民共和国专利法进行审查，决定授予专利权，颁发本证书并在专利登记簿上予以登记。专利权自授权公告之日起生效。

本专利的专利权期限为二十年，自申请日起算。专利权人应当依照专利法及其实施细则规定缴纳年费。本专利的年费应当在每年05月13日前缴纳。未按照规定缴纳年费的，专利权自应当缴纳年费期满之日起终止。

专利证书记载专利权登记时的法律状况。专利权的转移、质押、无效、终止、恢复和专利权人的姓名或名称、国籍、地址变更等事项记载在专利登记簿上。

局长 田力普

中华人民共和国国家知识产权局

2013年03月06日

第1页（共1页）

44. 治疗虚寒型犊牛腹泻的药物及制备方法

专利号：ZL201210103334.2

发明人：刘永明 齐志明 王胜义 刘世祥 荔霞 王海军 赵四喜

授权公告日：2013 年 11 月 27 日

摘要：

本发明公开一种用于治疗按中兽医理论为虚寒型的犊牛腹泻的药物。本发明的治疗虚寒型犊牛腹泻的药物由以下各组份构成：苍术 12~18 重量份、厚朴 8~11 重量份、姜黄连 10~13 重量份、补骨脂 13~16 重量份、陈皮 11~13 重量份、乌梅 16~19 重量份。本发明结合虚寒型犊牛腹泻的特点，依据中兽医辩证论治的原则，经过试验研究，筛选出各药物配伍，处方选药精良，配伍严谨，君臣佐使，各司其功，相得益彰，对虚寒型犊牛腹泻具有较好的治疗效果。

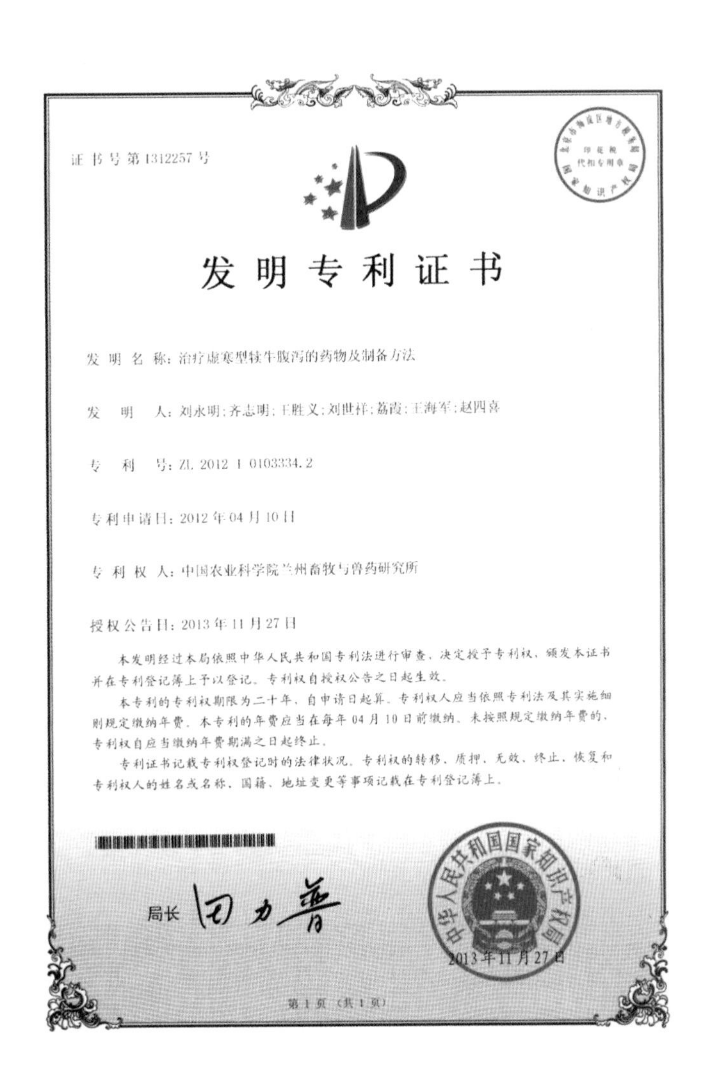

证书号第1312257号

发明专利证书

发明名称：治疗虚寒型犊牛腹泻的药物及制备方法

发明人：刘永明；齐志明；王胜义；刘世祥；荔霞；王海军；赵四喜

专利号：ZL 2012 1 0103334.2

专利申请日：2012 年 04 月 10 日

专利权人：中国农业科学院兰州畜牧与兽药研究所

授权公告日：2013 年 11 月 27 日

本发明经过本局依照中华人民共和国专利法进行审查，决定授予专利权，颁发本证书并在专利登记簿上予以登记。专利权自授权公告之日起生效。

本专利的专利权期限为二十年，自申请日起算。专利权人应当依照专利法及其实施细则规定缴纳年费。本专利的年费应当在每年 04 月 10 日前缴纳。未按照规定缴纳年费的，专利权自应当缴纳年费期满之日起终止。

专利证书记载专利权登记时的法律状况。专利权的转移、质押、无效、终止、恢复和专利权人的姓名或名称、国籍、地址变更等事项记载在专利登记簿上。

局长 田力普

中华人民共和国国家知识产权局

2013 年 11 月 27 日

第 1 页（共 1 页）

45. 毛绒样品抽样装置

专利号：ZL201210249404.5

发明人：郭天芬 李维红 牛春娥 杨博辉 梁丽娜 杜天庆 常玉兰

授权公告日：2014月2月26日

摘要：

本发明抽取绒毛，如羊毛、羊绒、牦牛绒、骆驼绒等纤维类物品或粉粒状物料的样品的辅助工具。本发明装置包括有一个抽样框和至少一个抽样隔板，其中：抽样框由两个相互用铰链相连接的两个矩形边框构成，每个矩形边框有与抽样隔板的板顶端相配合的卡槽；装置中的抽样隔板为单一的方格形的抽样隔板或十字形的抽样隔板或V字形的抽样隔板中的任一种或其组合。

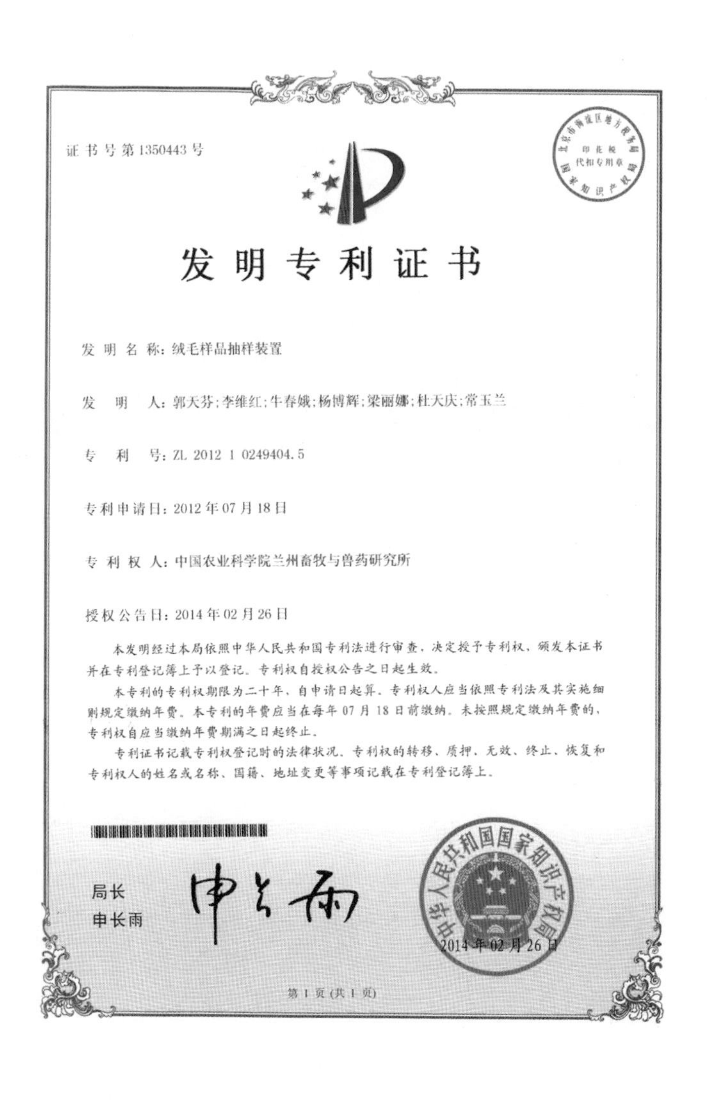

证书号第1350443号

发明专利证书

发明名称：绒毛样品抽样装置

发明人：郭天芬；李维红；牛春娥；杨博辉；梁丽娜；杜天庆；常玉兰

专利号：ZL 2012 1 0249404.5

专利申请日：2012年07月18日

专利权人：中国农业科学院兰州畜牧与兽药研究所

授权公告日：2014年02月26日

本发明经过本局依照中华人民共和国专利法进行审查，决定授予专利权，颁发本证书并在专利登记簿上予以登记。专利权自授权公告之日起生效。

本专利的专利权期限为二十年，自申请日起算。专利权人应当依照专利法及其实施细则规定缴纳年费。本专利的年费应当在每年07月18日前缴纳。未按照规定缴纳年费的，专利权自应当缴纳年费期满之日起终止。

专利证书记载专利权登记时的法律状况。专利权的转移、质押、无效、终止、恢复和专利权人的姓名或名称、国籍、地址变更等事项记载在专利登记簿上。

局长
申长雨

2014年02月26日

第1页（共1页）

46. 截断侧耳素衍生物及其制备方法和应用

专利号：ZL201210427093.7

发明人：梁剑平　尚若锋　刘宇　郭文柱　陶蕾　郭志廷　华兰英　蒲秀英　幸志君　郝宝成　王学红

授权公告日：2014 年 4 月 9 日

摘要：

本发明公开一类新的截短侧耳素衍生物，它具有如下结构式：(I)

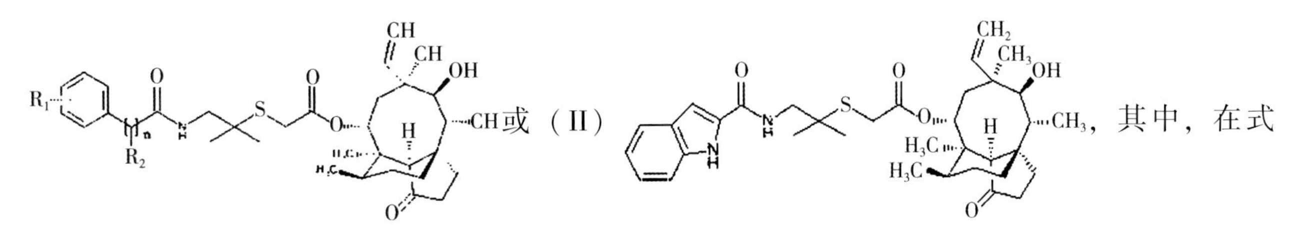

或（II），其中，在式(I) 中，当 n=0 时，R_1 为 Cl、CH_3、OCH_3 或 NH_2；当 n=1 时，$R_1=H$，$R_2=NH_2$。该类化合物对金黄色葡萄球菌、表皮球菌、大肠杆菌和无乳链球菌具有良好的抑制作用，具有邻位或对位取代基团（如 Cl、CH_3、OCH_3 或 NH_2）的苯基基团的抗菌活性要优于具有间位取代基团的苯基团的抗菌活性，部分具有对位或邻位取代的芳基的化合物对表皮球菌或无乳链球菌的抗菌活性与沃尼妙林相同，可用于制备抗菌药物。该类化合物合成方法原料易得、价格低廉，操作简单，产物容易分离、纯化，收率高，总收率在 35%～45%。

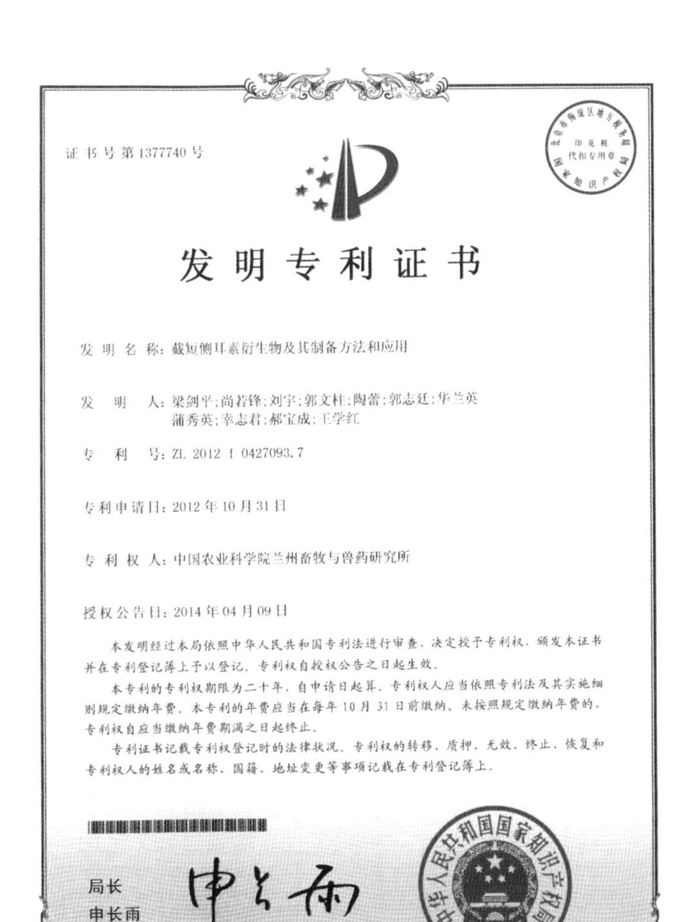

证书号第 1377740 号

发明专利证书

发明名称：截短侧耳素衍生物及其制备方法和应用

发　明　人：梁剑平；尚若锋；刘宇；郭文柱；陶蕾；郭志廷；华兰英；蒲秀英；幸志君；郝宝成；王学红

专　利　号：ZL 2012 1 0427093.7

专利申请日：2012 年 10 月 31 日

专 利 权 人：中国农业科学院兰州畜牧与兽药研究所

授权公告日：2014 年 04 月 09 日

本发明经过本局依照中华人民共和国专利法进行审查，决定授予专利权，颁发本证书并在专利登记簿上予以登记。专利权自授权公告之日起生效。

本专利的专利权期限为二十年，自申请日起算。专利权人应当依照专利法及其实施细则规定缴纳年费。本专利的年费应当在每年 10 月 31 日前缴纳。未按照规定缴纳年费的，专利权自应当缴纳年费期满之日起终止。

专利证书记载专利权登记时的法律状况。专利权的转移、质押、无效、终止、恢复和专利权人的姓名或名称、国籍、地址变更等事项记载在专利登记簿上。

局长
申长雨

中华人民共和国国家知识产权局
2014 年 04 月 09 日

第 1 页（共 1 页）

47. 一种注射用鹿蹄草素含量测定的方法

专利号：ZL200910119068.0

发明人：梁剑平　郭志廷　叶得河　王曙阳　郭文柱　刘宇　尚若峰　王学红　郑红星　华兰英

授权公告日：2014 年 1 月 9 日

摘要：

本发明公开了一种注射用鹿蹄草素含量测定的方法，涉及化学药物含量测定领域。该方法包括以下步骤：配置流动相、设置色谱条件、配置鹿蹄草素标准品、供试品贮备液、制作鹿蹄草素标准曲线，进样检测含量。其中配制鹿蹄草素标准品、供试品贮备液时加入了附加物亚硫酸氢钠、依地酸二钠，增加贮备液稳定性。本实验所采用的方法不但适用于注射用鹿蹄草素含量测定，而且为在溶液中极不稳定的氢醌类、酚类等药物的 RP-HPLC 含量测定提供了一种新方法。该方法具有操作简便快速、结果准确可靠、测定时间方面限制较小的优点，同样适用于在溶液中极不稳定的氢醌类、酚类等药物。

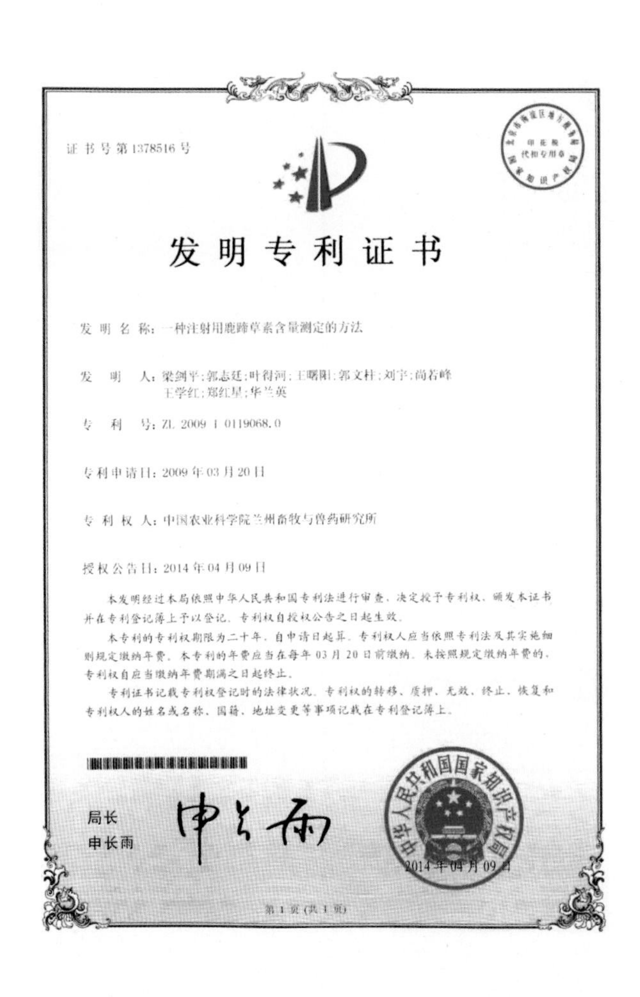

证书号第1378516号

发明专利证书

发 明 名 称：一种注射用鹿蹄草素含量测定的方法

发 明 人：梁剑平；郭志廷；叶得河；王曙阳；郭文柱；刘宇；尚若峰
王学红；郑红星；华兰英

专 利 号：ZL 2009 1 0119068.0

专利申请日：2009 年 03 月 20 日

专 利 权 人：中国农业科学院兰州畜牧与兽药研究所

授权公告日：2014 年 04 月 09 日

本发明经过本局依照中华人民共和国专利法进行审查，决定授予专利权，颁发本证书并在专利登记簿上予以登记。专利权自授权公告之日起生效。

本专利的专利权期限为二十年，自申请日起算。专利权人应当依照专利法及其实施细则规定缴纳年费。本专利的年费应当在每年 03 月 20 日前缴纳。未按照规定缴纳年费的，专利权自应当缴纳年费期满之日起终止。

专利证书记载专利权登记时的法律状况。专利权的转移、质押、无效、终止、恢复和专利权人的姓名或名称、国籍、地址变更等事项记载在专利登记簿上。

局长
申长雨

中华人民共和国国家知识产权局
2014 年 04 月 09 日

第 1 页（共 1 页）

48. 一种喹乙醇残留标示物高偶联比的全抗原合成方法

专利号：ZL201210151680.8

发明人：张景艳　李建喜　张凯　杨志强　王磊　王学智　张宏　孟嘉仁　秦哲

授权公告日：2014 年 4 月 30 日

摘要：

本发明公开一种高偶联比的喹乙醇残留标示物全抗原合成方法。该方法采用 N，N′-二异丙基碳二亚胺为催化剂，3-甲基喹喔啉-2-羧酸与过量的 N-羟基琥珀酰亚胺发生酯化反应，酯化物再与载体蛋白偶联反应即得到高偶联比的喹乙醇残留标示物全抗原。本发明使用的催化剂安全性更高，不易造成操作人员的过敏，且副产物少，所得全抗原偶联比可达到 32~62；所得抗原免疫小鼠后，可得到抗体效价在 128 000 以上的 MQCA 多克隆抗体，与喹乙醇、喹烯酮、痢菌净的交叉反应性均小于 20%，与氯霉素、盐酸克伦特罗、抗生素类等无交叉反应性。

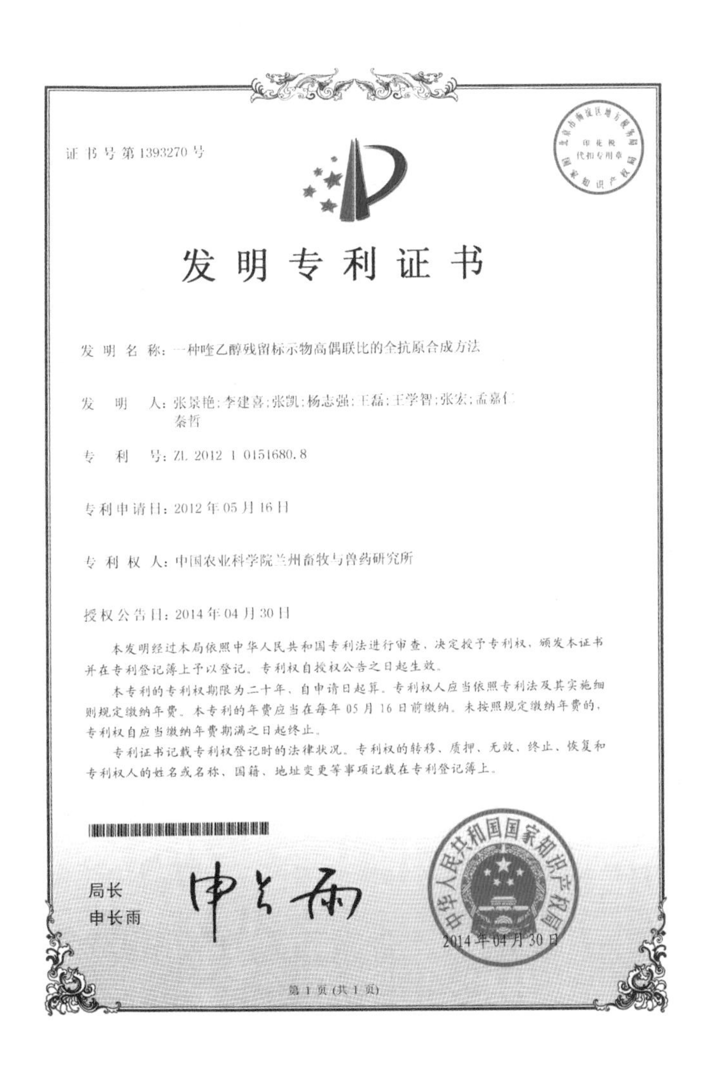

证书号第1393270号

印花税代扣专用章

发明专利证书

发明名称：一种喹乙醇残留标示物高偶联比的全抗原合成方法

发明人：张景艳；李建喜；张凯；杨志强；王磊；王学智；张宏；孟嘉仁
秦哲

专利号：ZL 2012 1 0151680.8

专利申请日：2012 年 05 月 16 日

专利权人：中国农业科学院兰州畜牧与兽药研究所

授权公告日：2014 年 04 月 30 日

本发明经过本局依照中华人民共和国专利法进行审查，决定授予专利权，颁发本证书并在专利登记簿上予以登记。专利权自授权公告之日起生效。

本专利的专利权期限为二十年，自申请日起算。专利权人应当依照专利法及其实施细则规定缴纳年费。本专利的年费应当在每年 05 月 16 日前缴纳。未按照规定缴纳年费的，专利权自应当缴纳年费期满之日起终止。

专利证书记载专利权登记时的法律状况。专利权的转移、质押、无效、终止、恢复和专利权人的姓名或名称、国籍、地址变更等事项记载在专利登记簿上。

局长
申长雨

中华人民共和国国家知识产权局
2014 年 04 月 30 日

第 1 页（共 1 页）

49. 一种防治猪气喘病的中药组合物及其制备和应用

专利号：ZL201310022928.5

发明人：辛蕊华　郑继方　谢家声　王贵波　程龙　罗永江　罗超应　李锦宇

授权公告日：2014 年 9 月 10 日

摘要：

本发明公开了一种防治猪气喘病的中药组合物，包括以下重量份的组分：紫菀 25~40 份，百部 15~28 份，苦杏仁 10~20 份，桑白皮 8~15 份，枇杷叶 10~20 份，鱼腥草 8~20 份。本发明的中药组合物对猪气喘病有很高的治愈率，通过对人工发病的猪气喘病模型的疗效观察，受试药物高、中剂量组在猪气喘病疗效及猪只增重上效果明显，完全适合用于猪气喘病的防治。

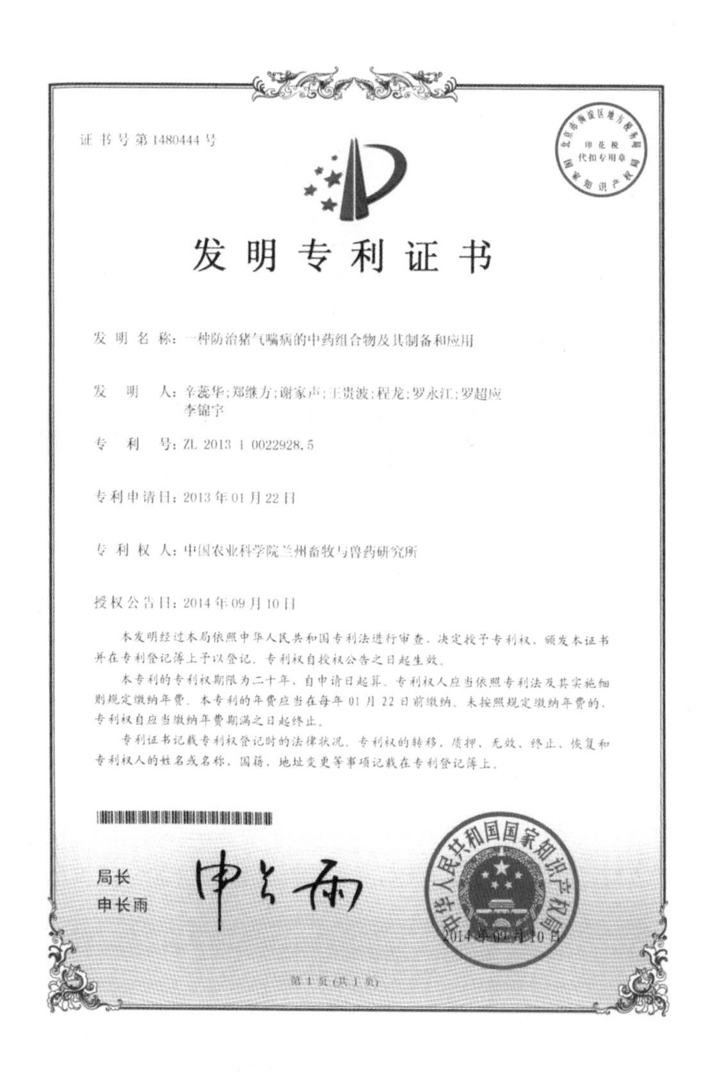

证书号第1480444号

北京市海淀区地方税务局 印花税代扣专用章 国家知识产权局

发明专利证书

发 明 名 称：一种防治猪气喘病的中药组合物及其制备和应用

发　明　人：辛蕊华;郑继方;谢家声;王贵波;程龙;罗永江;罗超应
李锦宇

专　利　号：ZL 2013 1 0022928.5

专利申请日：2013 年 01 月 22 日

专 利 权 人：中国农业科学院兰州畜牧与兽药研究所

授权公告日：2014 年 09 月 10 日

本发明经过本局依照中华人民共和国专利法进行审查，决定授予专利权，颁发本证书并在专利登记簿上予以登记。专利权自授权公告之日起生效。

本专利的专利权期限为二十年，自申请日起算。专利权人应当依照专利法及其实施细则规定缴纳年费。本专利的年费应当在每年 01 月 22 日前缴纳。未按照规定缴纳年费的，专利权自应当缴纳年费期满之日起终止。

专利证书记载专利权登记时的法律状况。专利权的转移、质押、无效、终止、恢复和专利权人的姓名或名称、国籍、地址变更等事项记载在专利登记簿上。

局长
申长雨

中华人民共和国国家知识产权局
2014 年 09 月 10 日

第 1 页（共 1 页）

50. 一种防治猪传染性胃肠炎的中药复方药物

专利号：ZL201310144692. 2

发明人：李锦宇　王贵波　罗超应　谢家声　郑继方　罗永江　辛瑞华

授权公告日：2014 年 6 月 11 日

摘要：

本发明公开一种防治猪传染性胃肠炎的中药复方药物。本发明的复方药物组成为：藿香（150±10）重量份，党参（100±10）重量份，白术（100±10）重量份，附子（制）（50±5）重量份，半夏（50±5）重量份，茯苓（50±5）重量份，桔梗（100±10）重量份，炮姜（100±10）重量份，吴茱萸（80±10）重量份，炙甘草（100±5）重量份。经试验表明，本发明具有芳香化湿、解毒排浊、回阳救逆、散寒止痛、降逆止呕、益气健脾、扶正祛邪功能，能够有效防治猪传染性胃肠炎。

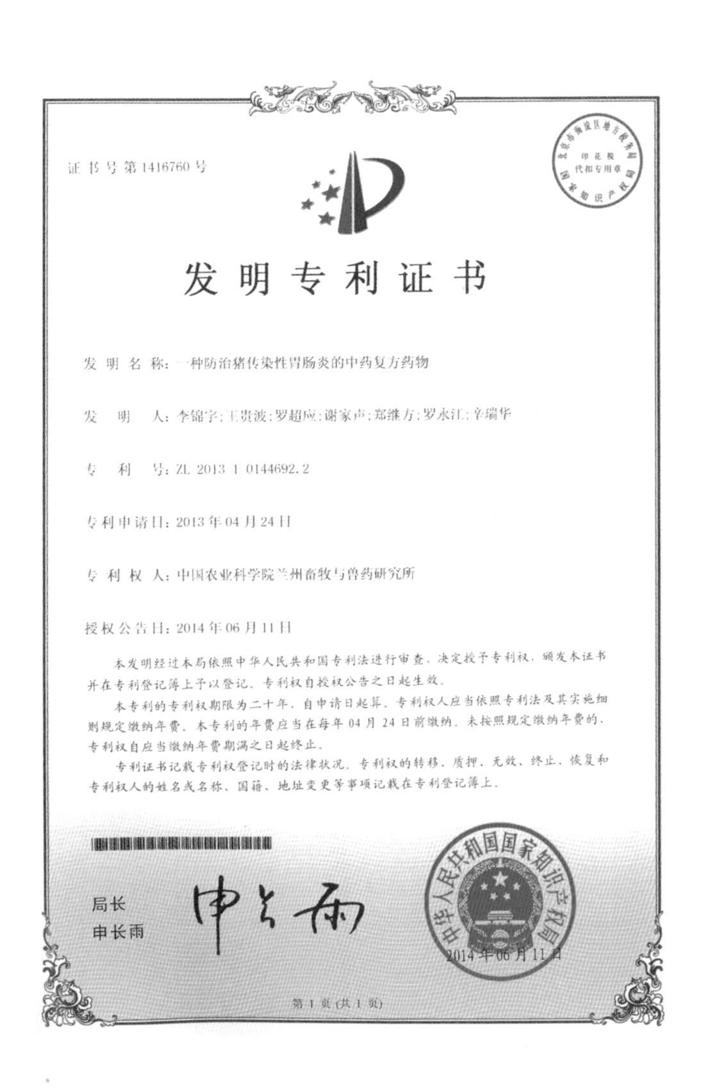

证书号第1416760号

发明专利证书

发明名称：一种防治猪传染性胃肠炎的中药复方药物

发明人：李锦宇；王贵波；罗超应；谢家声；郑继方；罗永江；辛瑞华

专利号：ZL 2013 1 0144692. 2

专利申请日：2013 年 04 月 24 日

专利权人：中国农业科学院兰州畜牧与兽药研究所

授权公告日：2014 年 06 月 11 日

本发明经过本局依照中华人民共和国专利法进行审查，决定授予专利权，颁发本证书并在专利登记簿上予以登记。专利权自授权公告之日起生效。

本专利的专利权期限为二十年，自申请日起算。专利权人应当依照专利法及其实施细则规定缴纳年费。本专利的年费应当在每年 04 月 24 日前缴纳。未按照规定缴纳年费的，专利权自应当缴纳年费期满之日起终止。

专利证书记载专利权登记时的法律状况。专利权的转移、质押、无效、终止、恢复和专利权人的姓名或名称、国籍、地址变更等事项记载在专利登记簿上。

局长
申长雨

中华人民共和国国家知识产权局
2014 年 06 月 11 日

第 1 页（共 1 页）

51. 一种治疗猪流行性腹泻的中药组合物及其应用

专利号：ZL201310147391. 5

发明人：李锦宇　王贵波　罗超应　谢家声　郑继方　罗永江　辛蕊华

授权公告日：2014 年 9 月 17 日

摘要：

本发明公开了一种治疗猪流行性腹泻的中药组合物，它由以下重量份的成分组成：金银花（80±5）份，藿香（150±10）份，党参（80±5）份，白术（80±5）份，厚朴（100±5）份，半夏（100±5）份，茯苓（80±5）份，生姜（50±5）份，甘草（80±5）份。本发明的中药组合物具有整体疗效高、不易产生耐药性、残留低、毒副作用小等优点，其对许多病毒病原的生长与繁殖具有显著的抑制作用，甚至能达到杀灭病原的药理效果，对于促进养猪业的健康发展具有十分重要的经济和社会意义。

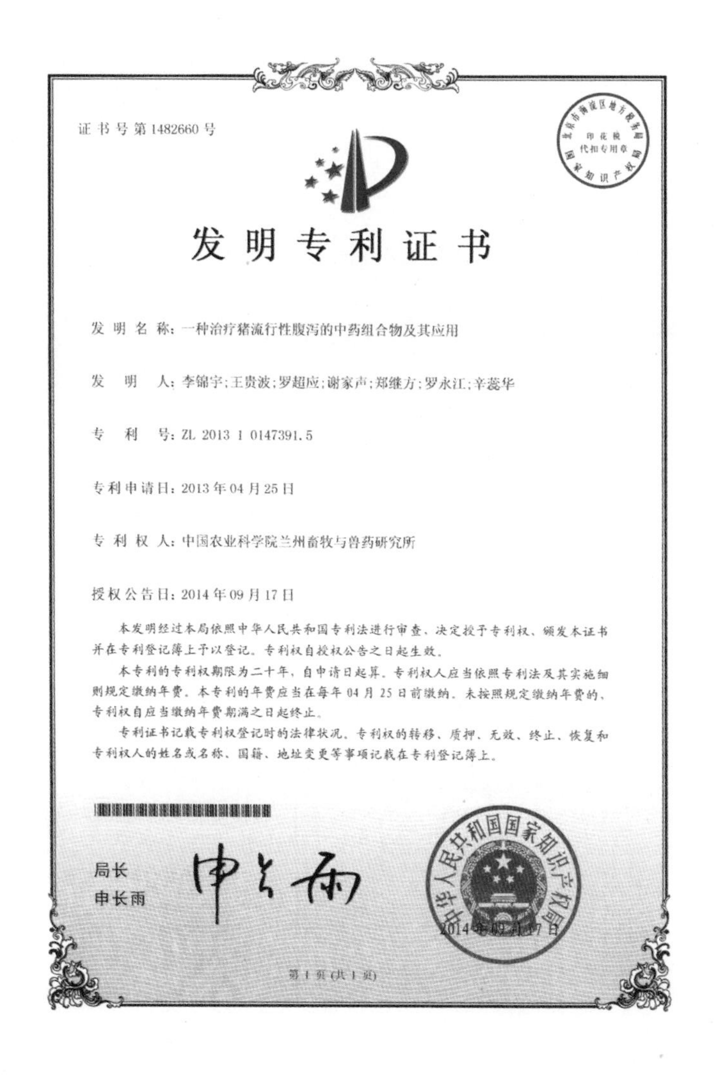

证书号第1482660号

发明专利证书

发明名称：一种治疗猪流行性腹泻的中药组合物及其应用

发明人：李锦宇；王贵波；罗超应；谢家声；郑继方；罗永江；辛蕊华

专利号：ZL 2013 1 0147391. 5

专利申请日：2013 年 04 月 25 日

专利权人：中国农业科学院兰州畜牧与兽药研究所

授权公告日：2014 年 09 月 17 日

本发明经过本局依照中华人民共和国专利法进行审查，决定授予专利权，颁发本证书并在专利登记簿上予以登记。专利权自授权公告之日起生效。

本专利的专利权期限为二十年，自申请日起算。专利权人应当依照专利法及其实施细则规定缴纳年费。本专利的年费应当在每年 04 月 25 日前缴纳。未按照规定缴纳年费的，专利权自应当缴纳年费期满之日起终止。

专利证书记载专利权登记时的法律状况。专利权的转移、质押、无效、终止、恢复和专利权人的姓名或名称、国籍、地址变更等事项记载在专利登记簿上。

局长
申长雨

2014 年 09 月 17 日

第 1 页（共 1 页）

52. 一种以水为基质的伊维菌素 O/W 型注射液及其制备方法

专利号：ZL201210155464.0

发明人：周绪正　张继瑜　李冰　李剑勇　魏小娟　牛建荣　杨亚军　刘希望　李金莲

授权公告日：2014 年 9 月 10 日

摘要：

本发明公开了一种以水为基质的伊维菌素 O/W（水包油）型注射液及其制备方法，该注射液由中碳链三甘酯、豆磷脂、1，2-丙二醇、聚乙二醇-12-羟基硬脂酸酯、伊维菌素、注射用水组成的 O/W 注射液；发明的关键点是注射液配方组成及各组分的含量确定，该注射液主要是以水为基质，含有少量的有机溶剂，减少了有机溶剂对畜禽和环境的影响，对生产者和使用者的危害小，贮藏、运输更安全；对畜禽毒副作用小；解决了由于传统剂型在生产和使用过程中对畜禽的伤害及对环境的污染等问题。

证书号第1478565号

发明专利证书

发明名称：一种以水为基质的伊维菌素 O/W 型注射液及其制备方法

发明人：周绪正；张继瑜；李冰；李剑勇；魏小娟；牛建荣；杨亚军
刘希望；李金莲

专利号：ZL 2012 1 0155464.0

专利申请日：2012 年 05 月 18 日

专利权人：中国农业科学院兰州畜牧与兽药研究所

授权公告日：2014 年 09 月 10 日

本发明经过本局依照中华人民共和国专利法进行审查，决定授予专利权，颁发本证书并在专利登记簿上予以登记。专利权自授权公告之日起生效。

本专利的专利权期限为二十年，自申请日起算。专利权人应当依照专利法及其实施细则规定缴纳年费。本专利的年费应当在每年 05 月 18 日前缴纳。未按照规定缴纳年费的，专利权自应当缴纳年费期满之日起终止。

专利证书记载专利权登记时的法律状况。专利权的转移、质押、无效、终止、恢复和专利权人的姓名或名称、国籍、地址变更等事项记载在专利登记簿上。

局长
申长雨

中华人民共和国国家知识产权局
2014 年 09 月 10 日

第 1 页（共 1 页）

53. 一种防治牛猪肺炎疾病的药物组合物及其制备方法

专利号：ZL201210041157. X

发明人：李剑勇　杨亚军　刘希望　张继瑜　李新圃　王海为　周绪正　李冰　魏小娟　牛建荣

授权公告日：2014 年 8 月 27 日

摘要：

本发明公开一种防治牛猪肺炎疾病的药物组合物及其制备方法，以 1 000 毫升药液计算，含各药物以及辅料量配比为：氟苯尼考 250～350 克，美洛昔康 2～8 克，1，2-丙二醇 40～80 毫升，2-吡咯烷酮 80～250 毫升，聚乙二醇-400 650～900 毫升，苯甲醇 10～15 毫升。药物组合物制备方法是采用混合溶剂制备、药液初配、药液配制三步骤制成注射剂。本发明通过大量临床使用，证明该药物具有抗菌、抗炎、抗支原体功能，对治疗和预防牛、猪上呼吸道感染性疾病，尤其是包括支原体肺炎综合症在内的各种肺炎疾病具有高效长效特点，治疗效果良好，其应用对于推动我国养牛养猪业的发展将产生积极作用。

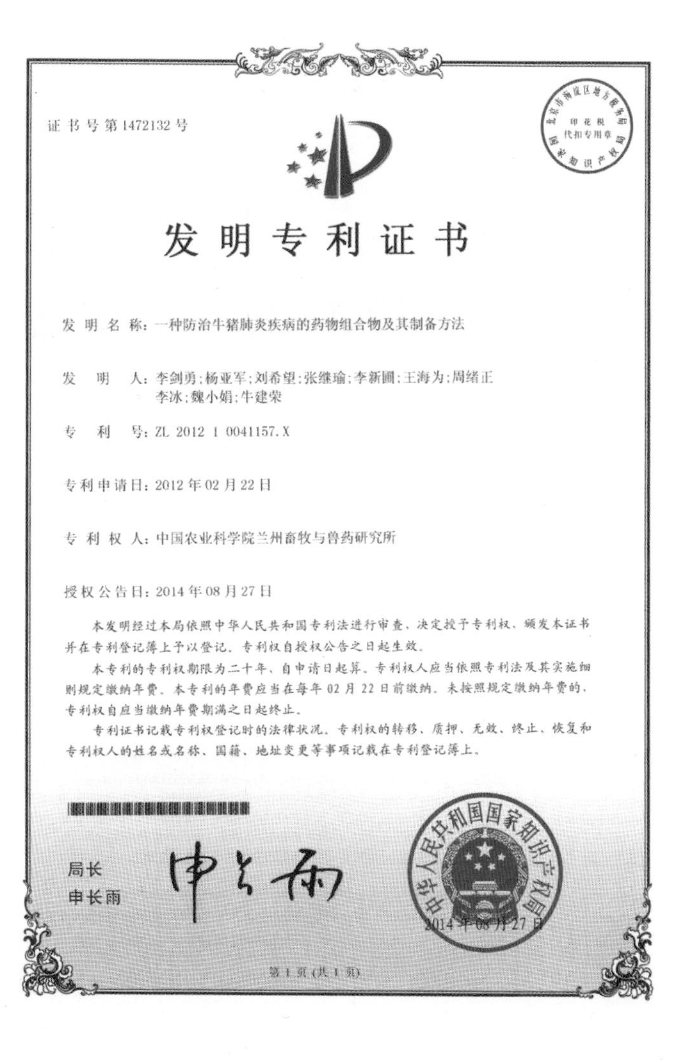

证书号第1472132号

发明专利证书

发明名称：一种防治牛猪肺炎疾病的药物组合物及其制备方法

发明人：李剑勇;杨亚军;刘希望;张继瑜;李新圃;王海为;周绪正
李冰;魏小娟;牛建荣

专利号：ZL 2012 1 0041157.X

专利申请日：2012 年 02 月 22 日

专利权人：中国农业科学院兰州畜牧与兽药研究所

授权公告日：2014 年 08 月 27 日

本发明经过本局依照中华人民共和国专利法进行审查，决定授予专利权，颁发本证书并在专利登记簿上予以登记。专利权自授权公告之日起生效。

本专利的专利权期限为二十年，自申请日起算。专利权人应当依照专利法及其实施细则规定缴纳年费。本专利的年费应当在每年 02 月 22 日前缴纳。未按照规定缴纳年费的，专利权自应当缴纳年费期满之日起终止。

专利证书记载专利权登记时的法律状况。专利权的转移、质押、无效、终止、恢复和专利权人的姓名或名称、国籍、地址变更等事项记载在专利登记簿上。

局长
申长雨

2014 年 08 月 27 日

第 1 页（共 1 页）

54. 一种常山碱的提取工艺

专利号：ZL201210015939.6

发明人：郭志廷　梁剑平　罗晓琴　雷宏东

授权公告日：2014 年 8 月 13 日

摘要：

本发明公开了一种常山碱的提取工艺，包括以下步骤：①常山药材干燥、粉碎为常山粗粉；②将步骤①得到的常山粗粉与质量浓度为 5%以下的盐酸按质量与体积比 1∶3～15 混合，在 20～80℃下超声提取 0.5 小时以上，抽滤，收集滤液；③滤液用浓氨水调 pH 值至 8 以上，二氯甲烷萃取 3 次，收集下层液；④下层液减压浓缩，收集浓缩液；⑤浓缩液用硅胶柱层析纯化后洗脱，收集洗脱液；⑥洗脱液减压浓缩，得到常山碱浸膏。该方法克服了传统技术提取率低、提取周期长、成本昂贵、工艺复杂、无法大生产等不足，可以高效率地从常山中分离较高纯度的常山碱，为常山碱的工业化生产和球虫病防治奠定了基础。

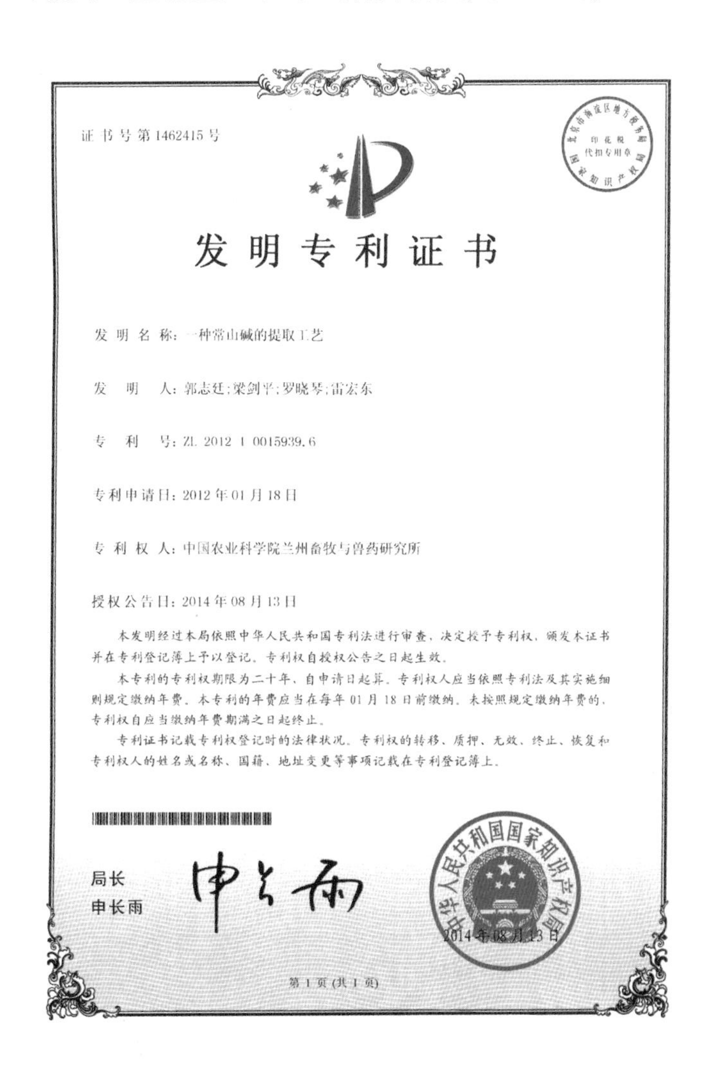

证书号第 1462415 号

发明专利证书

发 明 名 称：一种常山碱的提取工艺

发　明　人：郭志廷；梁剑平；罗晓琴；雷宏东

专　利　号：ZL 2012 1 0015939.6

专利申请日：2012 年 01 月 18 日

专 利 权 人：中国农业科学院兰州畜牧与兽药研究所

授权公告日：2014 年 08 月 13 日

本发明经过本局依照中华人民共和国专利法进行审查，决定授予专利权，颁发本证书并在专利登记簿上予以登记。专利权自授权公告之日起生效。

本专利的专利权期限为二十年，自申请日起算。专利权人应当依照专利法及其实施细则规定缴纳年费。本专利的年费应当在每年 01 月 18 日前缴纳。未按照规定缴纳年费的，专利权自应当缴纳年费期满之日起终止。

专利证书记载专利权登记时的法律状况。专利权的转移、质押、无效、终止、恢复和专利权人的姓名或名称、国籍、地址变更等事项记载在专利登记簿上。

局长
申长雨

2014 年 08 月 13 日

第 1 页 (共 1 页)

55. 一种苦马豆素的酶法提取工艺

专利号：ZL201210176457.9

发明人：郝宝成 梁剑平 杨贤鹏 王学红 陶蕾 王保海 刘建枝 刘宇 郭文柱 尚若锋 郭志廷 华兰英

授权公告日：2014 年 8 月 13 日

摘要：

本发明公开了一种苦马豆素的酶法提取工艺，包括以下步骤：①将茎直黄芪晾干，粉碎后过 40~80 目筛；②以 pH 值为 4.5 的水作为溶剂，在水中加入纤维素酶和步骤①制备的茎直黄芪；纤维素酶加入量为茎直黄芪重量的 1%~5%，茎直黄芪与溶剂的重量体积比为 1∶10~50 克/毫升；③50℃下反应 1~5 小时，得到苦马豆素的提取液。本发明提出的苦马豆素的酶法提取工艺具有提取率高、能耗低、提取时间短的优点。

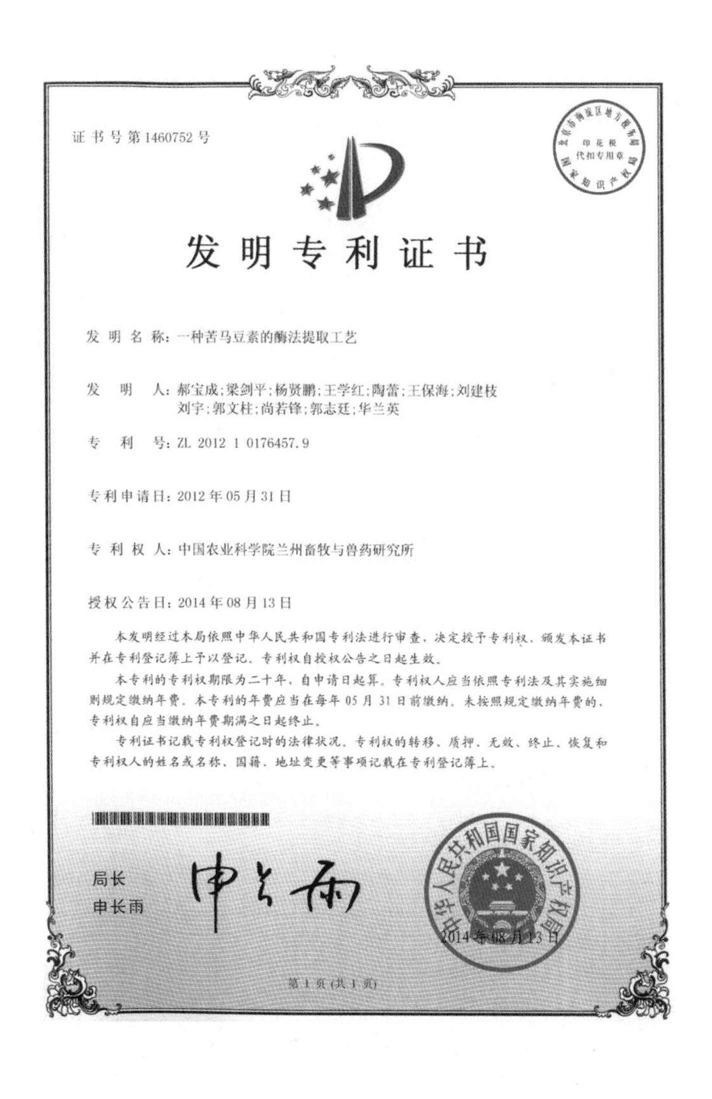

证书号第1460752号

发明专利证书

发明名称：一种苦马豆素的酶法提取工艺

发明人：郝宝成;梁剑平;杨贤鹏;王学红;陶蕾;王保海;刘建枝
刘宇;郭文柱;尚若锋;郭志廷;华兰英

专利号：ZL 2012 1 0176457.9

专利申请日：2012 年 05 月 31 日

专利权人：中国农业科学院兰州畜牧与兽药研究所

授权公告日：2014 年 08 月 13 日

本发明经过本局依照中华人民共和国专利法进行审查，决定授予专利权，颁发本证书并在专利登记簿上予以登记。专利权自授权公告之日起生效。

本专利的专利权期限为二十年，自申请日起算。专利权人应当依照专利法及其实施细则规定缴纳年费。本专利的年费应当在每年 05 月 31 日前缴纳。未按照规定缴纳年费的，专利权自应当缴纳年费期满之日起终止。

专利证书记载专利权登记时的法律状况。专利权的转移、质押、无效、终止、恢复和专利权人的姓名或名称、国籍、地址变更等事项记载在专利登记簿上。

局长
申长雨

中华人民共和国国家知识产权局
2014 年 08 月 13 日

第 1 页（共 1 页）

56. 一种提取黄芪多糖的发酵培养基

专利号：ZL201210141832.6

发明人：张凯　李建喜　张景艳　孟嘉仁　杨志强　王学智

授权公告日：2014 年 10 月 29 日

摘要：

本发明公开了一种提取黄芪多糖的发酵培养基，由以下重量份数的成分制备完成：乳清粉：3.908~6.408 份；蛋白胨：0.445~0.467 份；葡萄糖：0.04~0.2 份；酵母粉：0.102~0.522 份；无机盐：0.142~0.246 份；黄芪粉：12.54~19.46 份；水：200 份；所述无机盐为磷酸二氢钾和磷酸氢二钾。本发明公开的提取黄芪多糖的发酵培养基能够使黄芪多糖的提取率明显增高且非常稳定、在提取产物中的含量显著增加。

证书号第1504903号

发明专利证书

发 明 名 称：一种提取黄芪多糖的发酵培养基

发　明　人：张凯；李建喜；张景艳；孟嘉仁；杨志强；王学智

专　利　号：ZL 2012 1 0141832.6

专利申请日：2012 年 05 月 09 日

专 利 权 人：中国农业科学院兰州畜牧与兽药研究所

授权公告日：2014 年 10 月 29 日

本发明经过本局依照中华人民共和国专利法进行审查，决定授予专利权，颁发本证书并在专利登记簿上予以登记。专利权自授权公告之日起生效。

本专利的专利权期限为二十年，自申请日起算。专利权人应当依照专利法及其实施细则规定缴纳年费。本专利的年费应当在每年 05 月 09 日前缴纳。未按照规定缴纳年费的，专利权自应当缴纳年费期满之日起终止。

专利证书记载专利权登记时的法律状况。专利权的转移、质押、无效、终止、恢复和专利权人的姓名或名称、国籍、地址变更等事项记载在专利登记簿上。

局长
申长雨

中华人民共和国国家知识产权局

2014 年 10 月 29 日

第 1 页（共 1 页）

57. 一种防治鸡慢性呼吸道病的中药组合物及其制备和应用

专利号：ZL201310154850. 2

发明人：王贵波　谢家声　郑继方　辛蕊华　罗永江　李锦宇　罗超应

授权公告日：2014 年 10 月 13 日

摘要：

本发明公开了一种防治鸡慢性呼吸道病的中药组合物，包括以下重量份的组分：麻黄 6 份，杏仁 6 份，石膏 6 份，苏子 6 份，桑白皮 4 份，半夏 4 份，黄芩 4 份，川贝母 4 份，甘草 1 份。本发明的中药组合物具有对防治鸡慢性呼吸道病效果好、对支原体作用具有多靶性、低残留、生物安全性好的优点。

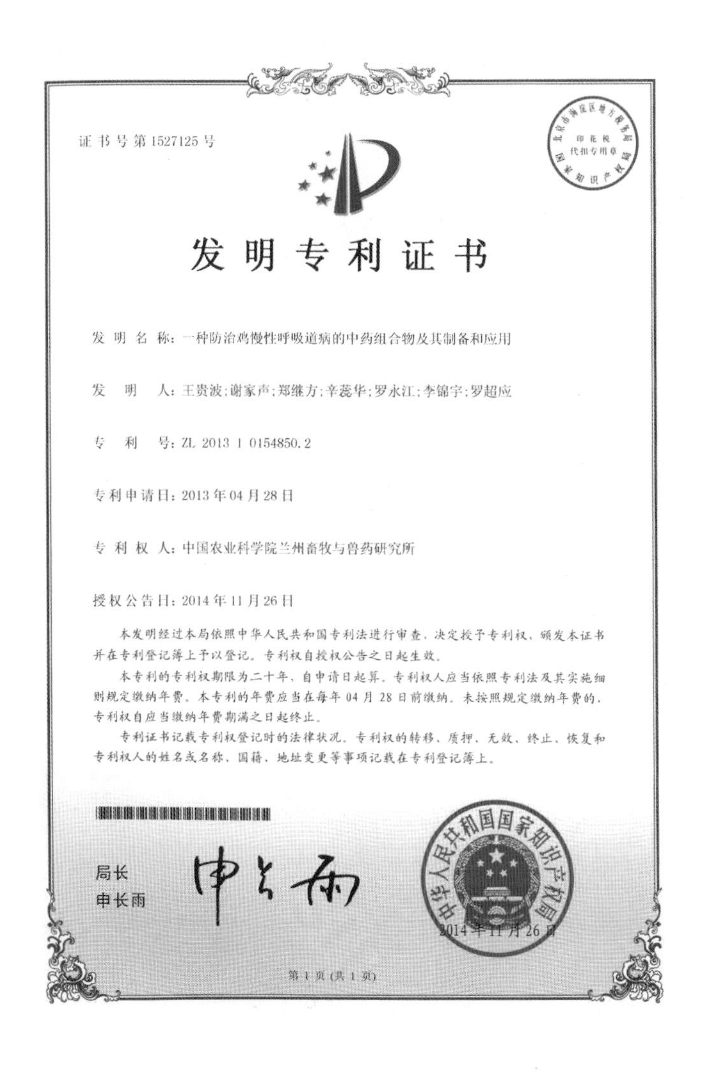

证书号第 1527125 号

发明专利证书

发 明 名 称：一种防治鸡慢性呼吸道病的中药组合物及其制备和应用

发　明　人：王贵波;谢家声;郑继方;辛蕊华;罗永江;李锦宇;罗超应

专　利　号：ZL 2013 1 0154850. 2

专利申请日：2013 年 04 月 28 日

专 利 权 人：中国农业科学院兰州畜牧与兽药研究所

授权公告日：2014 年 11 月 26 日

本发明经过本局依照中华人民共和国专利法进行审查，决定授予专利权，颁发本证书并在专利登记簿上予以登记。专利权自授权公告之日起生效。

本专利的专利权期限为二十年，自申请日起算。专利权人应当依照专利法及其实施细则规定缴纳年费。本专利的年费应当在每年 04 月 28 日前缴纳。未按照规定缴纳年费的，专利权自应当缴纳年费期满之日起终止。

专利证书记载专利权登记时的法律状况。专利权的转移、质押、无效、终止、恢复和专利权人的姓名或名称、国籍、地址变更等事项记载在专利登记簿上。

局长
申长雨

中华人民共和国国家知识产权局

2014 年 11 月 26 日

第 1 页（共 1 页）

58. 一种藏羊专用浓缩料及其配制方法

专利号：ZL201310090240.0

发明人：王宏博　阎萍　郭宪　梁春年　朱新书　郎侠　丁学智

授权公告日：2014 年 10 月 15 日

摘要：

本发明公开了一种藏羊专用浓缩料及其配制方法，该藏羊专用浓缩料的组成原料及质量配比为：向日葵仁粕 22.16%、菜籽粕 17.74%、豆粕 15.69%、麦芽根 11.95%、玉米酒糟 20.99%、微量元素添加剂 9.04%、食盐 2.43%；配制该藏羊专用浓缩料时，首先将向日葵仁粕、菜籽粕、豆粕、麦芽根、玉米酒糟以一定的质量比混合，粉碎、搅拌均匀；然后向所得加工粉碎的原料中加入微量元素添加剂、食盐，充分混合、搅拌均匀；最后对所得藏羊专用浓缩料装袋包装；该藏羊专用浓缩料不仅保证了藏羊安全度过冬春季，而且可保证藏羊妊娠期的营养供给，提高了藏羊羔羊的出生成活率、出生重以及当年断奶羔羊成活率，综合经济效益明显。

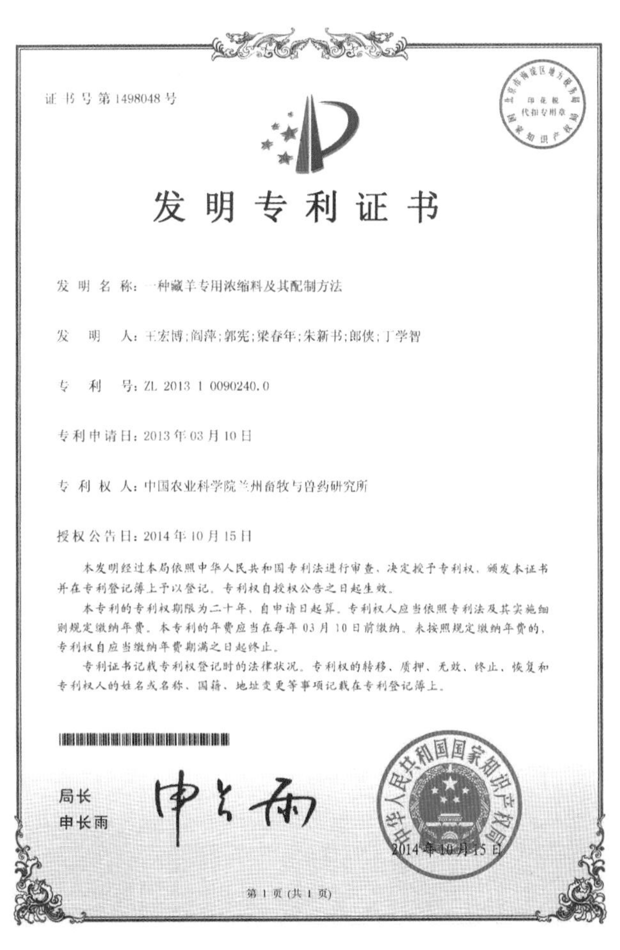

证书号第1498048号

发明专利证书

发明名称：一种藏羊专用浓缩料及其配制方法

发明人：王宏博;阎萍;郭宪;梁春年;朱新书;郎侠;丁学智

专利号：ZL 2013 1 0090240.0

专利申请日：2013 年 03 月 10 日

专利权人：中国农业科学院兰州畜牧与兽药研究所

授权公告日：2014 年 10 月 15 日

本发明经过本局依照中华人民共和国专利法进行审查，决定授予专利权，颁发本证书并在专利登记簿上予以登记。专利权自授权公告之日起生效。

本专利的专利权期限为二十年，自申请日起算。专利权人应当依照专利法及其实施细则规定缴纳年费。本专利的年费应当在每年 03 月 10 日前缴纳。未按照规定缴纳年费的，专利权自应当缴纳年费期满之日起终止。

专利证书记载专利权登记时的法律状况。专利权的转移、质押、无效、终止、恢复和专利权人的姓名或名称、国籍、地址变更等事项记载在专利登记簿上。

局长
申长雨

2014 年 10 月 15 日

第 1 页 (共 1 页)

59. 一种欧拉羊提纯复壮的方法

专利号：ZL201310084732.9

发明人：梁春年　杨勤　郎侠　阎萍　王宏博　孙胜祥　杨树猛

授权公告日：2014 年 10 月 15 日

摘要：

本发明公开了一种欧拉羊复壮的方法，根据欧拉羊的牧户生产水平，制定遴选进入选育群的欧拉羊初步标准，以此指导组建选育群，包括一、二、三级选育群；对组建的一级选育群投放野生的盘羊进行杂交，并对杂交后代测定和选留；根据个体本身表型和后裔鉴定成绩选种，同时采用个体选配；一级选育群培育的优良后代推广到二、三级选育群进行扩繁，优良的后代采取滚动投放发展模式复壮欧拉羊；本发明从遗传育种角度选择藏羊的合适的近缘野生种盘羊个体并注意保持特有的遗传特性，通过杂交育种技术复壮欧拉羊，盘羊与欧拉羊良种杂交后代初生、3 月龄、6 月龄、12 月龄体重比欧拉羊群体平均提高 10%～15%，产肉性提高 10% 以上，推动了欧拉羊的健康发展。

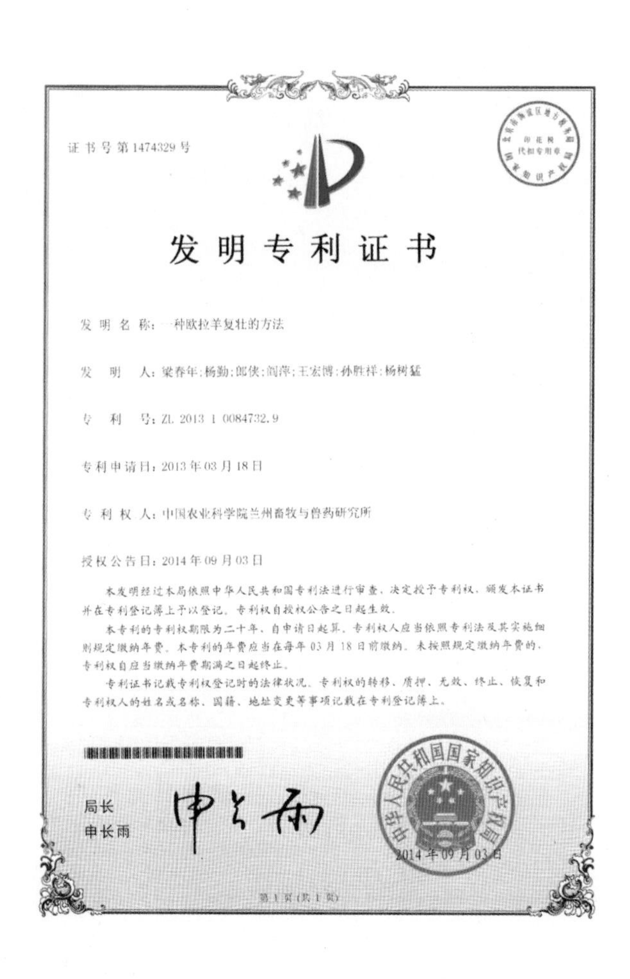
证书号第1474329号

发明专利证书

发明名称：一种欧拉羊复壮的方法

发明人：梁春年；杨勤；郎侠；阎萍；王宏博；孙胜祥；杨树猛

专利号：ZL 2013 1 0084732.9

专利申请日：2013 年 03 月 18 日

专利权人：中国农业科学院兰州畜牧与兽药研究所

授权公告日：2014 年 09 月 03 日

本发明经过本局依照中华人民共和国专利法进行审查，决定授予专利权，颁发本证书并在专利登记簿上予以登记。专利权自授权公告之日起生效。

本专利的专利权期限为二十年，自申请日起算。专利权人应当依照专利法及其实施细则规定缴纳年费。本专利的年费应当在每年 03 月 18 日前缴纳。未按照规定缴纳年费的，专利权自应当缴纳年费期满之日起终止。

专利证书记载专利权登记时的法律状况。专利权的转移、质押、无效、终止、恢复和专利权人的姓名或名称、国籍、地址变更等事项记载在专利登记簿上。

局长
申长雨

中华人民共和国国家知识产权局
2014 年 09 月 03 日

第 1 页（共 1 页）

60. 一种具有免疫增强功能的中药处方犬粮

专利号：ZL201210156945. 3

发明人：陈炅然　王玲　崔东安

授权公告日：2015 年 3 月 4 日

摘要：

本发明公开一种宠物成年犬用的保健食品。本发明是在常用的宠物粮中添加一定量的由黄芪、防风、茯苓、白术、当归、五味子和甘草等构成的一组中药复方，使这种宠物犬粮具有扶本固正、健脾生津、补肝益肾的保健功效，可增加宠物食欲，提高宠物抵抗多种疾病的能力，减少宠物应激反应，增强免疫功能。适用于传染病亚临床感染期，抗感染治疗时辅助治疗。

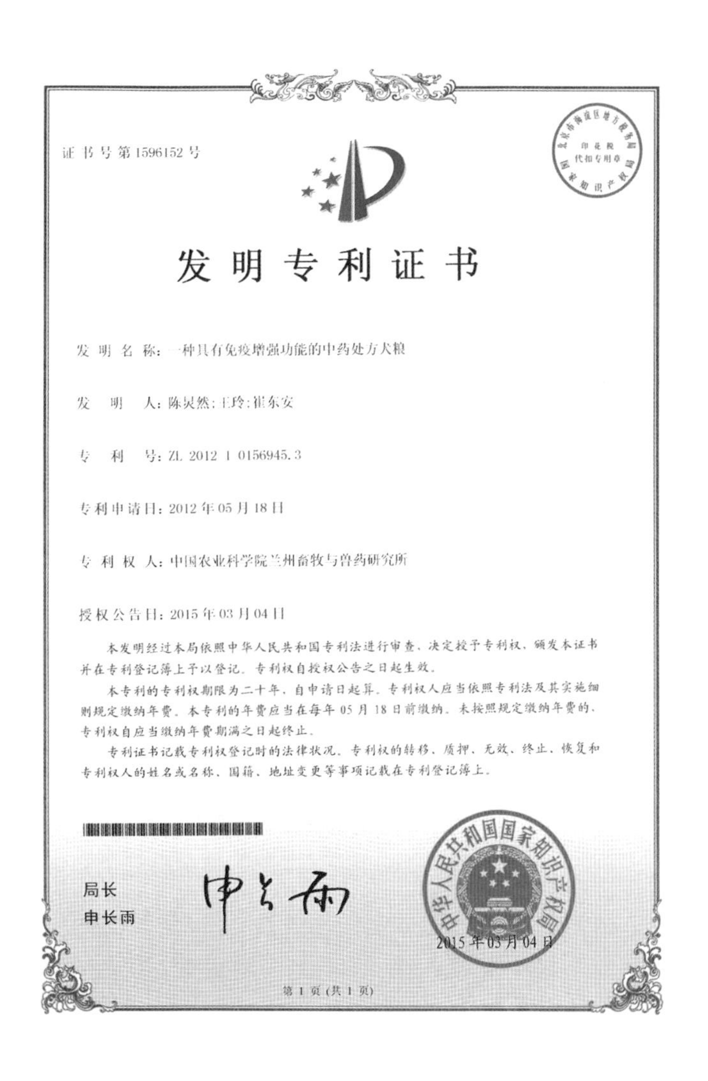

证书号第1596152号

发明专利证书

发明名称：一种具有免疫增强功能的中药处方犬粮

发明人：陈炅然；王玲；崔东安

专利号：ZL 2012 1 0156945.3

专利申请日：2012 年 05 月 18 日

专利权人：中国农业科学院兰州畜牧与兽药研究所

授权公告日：2015 年 03 月 04 日

本发明经过本局依照中华人民共和国专利法进行审查，决定授予专利权，颁发本证书并在专利登记簿上予以登记。专利权自授权公告之日起生效。

本专利的专利权期限为二十年，自申请日起算。专利权人应当依照专利法及其实施细则规定缴纳年费。本专利的年费应当在每年 05 月 18 日前缴纳。未按照规定缴纳年费的，专利权自应当缴纳年费期满之日起终止。

专利证书记载专利权登记时的法律状况。专利权的转移、质押、无效、终止、恢复和专利权人的姓名或名称、国籍、地址变更等事项记载在专利登记簿上。

局长
申长雨

中华人民共和国国家知识产权局

2015 年 03 月 04 日

第 1 页（共 1 页）

61. 一种提高藏羊繁殖率的方法

专利号：ZL201310171815.1

发明人：郭宪 阎萍 丁学智 保善科 梁春年 扎西塔 王宏博 裴杰 包鹏甲

授权公告日：2015 年 9 月 2 日

摘要：

本发明涉及一种提高藏羊繁殖率的方法，包括：分别在 3 个不同配种时间控制点进行配种、3 个不同产羔时间控制点进行产羔、3 个不同断奶时间控制点进行断奶；所述配种、产羔和断奶时间点之间实施繁育配套措施；所述 3 个配种时间控制点分别是 3 月、10 月和翌年 6 月；所述繁育配套措施包括配种公羊补饲、基础母羊营养调控和断奶羔羊育肥。本发明技术与方法全面，操作方便，能充分发挥能繁母羊的繁殖潜能，可实现藏羊 2 年 3 产，增加藏羊的数量，有效提高藏羊的繁殖效率，宜于在藏羊选育与生产中使用。

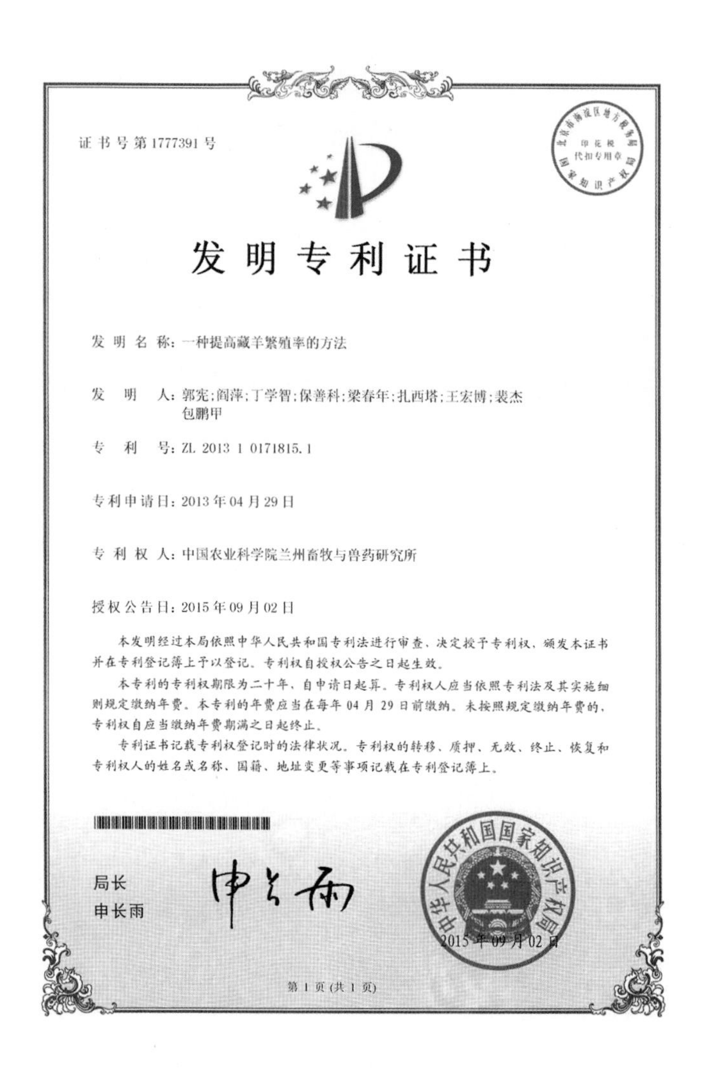

证书号第1777391号

发明专利证书

发明名称：一种提高藏羊繁殖率的方法

发明人：郭宪;阎萍;丁学智;保善科;梁春年;扎西塔;王宏博;裴杰
包鹏甲

专利号：ZL 2013 1 0171815.1

专利申请日：2013 年 04 月 29 日

专利权人：中国农业科学院兰州畜牧与兽药研究所

授权公告日：2015 年 09 月 02 日

本发明经过本局依照中华人民共和国专利法进行审查，决定授予专利权，颁发本证书并在专利登记簿上予以登记。专利权自授权公告之日起生效。

本专利的专利权期限为二十年，自申请日起算。专利权人应当依照专利法及其实施细则规定缴纳年费。本专利的年费应当在每年 04 月 29 日前缴纳。未按照规定缴纳年费的，专利权自应当缴纳年费期满之日起终止。

专利证书记载专利权登记时的法律状况。专利权的转移、质押、无效、终止、恢复和专利权人的姓名或名称、国籍、地址变更等事项记载在专利登记簿上。

局长
申长雨

中华人民共和国国家知识产权局
2015 年 09 月 02 日

第 1 页 (共 1 页)

62. 一种体外生产牦牛胚胎的方法

专利号：ZL201210206870. 5

发明人：郭宪　阎萍　丁学智　裴杰　包鹏甲　梁春年　褚敏　朱新书

授权公告日：2015 年 8 月 19 日

摘要：

本发明公开了一种体外生产牦牛胚胎的方法，由下述时间点控制：卵巢保存时间 0～3 小时，卵母细胞成熟时间 27～28 小时，成熟卵母细胞体外受精时间 16～18 小时，受精卵培养时间 144～168 小时。并提供了牦牛卵母细胞成熟液、卵母细胞体外受精液的基本组成，确保体外生产胚胎的质量和效率，防止卵母细胞不完全成熟或多精受精。该技术与方法全面，可完全应用于牦牛胚胎体外生产，能够有效提高牦牛的繁殖效率，保护牦牛种质资源。

证书号第1764372号

发明专利证书

发明名称：一种体外生产牦牛胚胎的方法

发明人：郭宪；阎萍；丁学智；裴杰；包鹏甲；梁春年；褚敏；朱新书

专利号：ZL 2012 1 0206870. 5

专利申请日：2012 年 06 月 12 日

专利权人：中国农业科学院兰州畜牧与兽药研究所

授权公告日：2015 年 08 月 19 日

本发明经过本局依照中华人民共和国专利法进行审查，决定授予专利权，颁发本证书并在专利登记簿上予以登记。专利权自授权公告之日起生效。

本专利的专利权期限为二十年，自申请日起算。专利权人应当依照专利法及其实施细则规定缴纳年费。本专利的年费应当在每年 06 月 12 日前缴纳。未按照规定缴纳年费的，专利权自应当缴纳年费期满之日起终止。

专利证书记载专利权登记时的法律状况。专利权的转移、质押、无效、终止、恢复和专利权人的姓名或名称、国籍、地址变更等事项记载在专利登记簿上。

局长
申长雨

中华人民共和国国家知识产权局
2015 年 08 月 19 日

第 1 页（共 1 页）

63. 抗喹乙醇单克隆抗体及其杂交瘤细胞株、其制备方法及用于检测饲料中喹乙醇的试剂盒

专利号：ZL201310053673.9

发明人：李建喜　张景艳　王磊　杨志强　张凯　王学智　张宏　秦哲　孟嘉仁

授权公告日：2015年1月7日

摘要：

本发明公开了一种具有高效价及灵敏度的高特异性抗喹乙醇单克隆抗体，并公开了能够生产抗喹乙醇单克隆抗体的具有保藏号为CGMCCNo.6260的杂交瘤细胞株、其制备方法及用于检测饲料中喹乙醇的试剂盒。本发明的有益效果为：本发明提供的抗喹乙醇单克隆抗体具有较高特异性和灵敏度，并且线性范围大，能够用于建立快速检测饲料中喹乙醇非法添加的免疫学方法，其应用方法为间接竞争ELISA酶联免疫试剂盒与胶体金试纸条，该方法对仪器设备和人员操作的要求较低，检测成本低，能够满足对大批量饲料样品检测的需要。

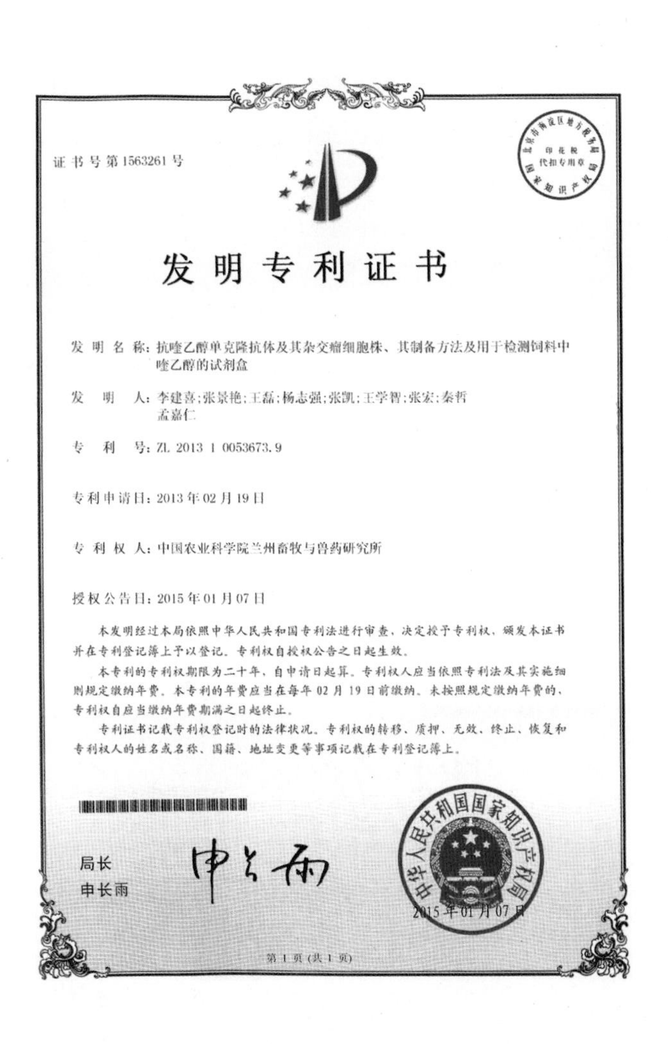

证书号第1563261号

发明专利证书

发明名称：抗喹乙醇单克隆抗体及其杂交瘤细胞株、其制备方法及用于检测饲料中喹乙醇的试剂盒

发明人：李建喜;张景艳;王磊;杨志强;张凯;王学智;张宏;秦哲
孟嘉仁

专利号：ZL 2013 1 0053673.9

专利申请日：2013年02月19日

专利权人：中国农业科学院兰州畜牧与兽药研究所

授权公告日：2015年01月07日

本发明经过本局依照中华人民共和国专利法进行审查，决定授予专利权，颁发本证书并在专利登记簿上予以登记。专利权自授权公告之日起生效。

本专利的专利权期限为二十年，自申请日起算。专利权人应当依照专利法及其实施细则规定缴纳年费。本专利的年费应当在每年02月19日前缴纳。未按照规定缴纳年费的，专利权自应当缴纳年费期满之日起终止。

专利证书记载专利权登记时的法律状况。专利权的转移、质押、无效、终止、恢复和专利权人的姓名或名称、国籍、地址变更等事项记载在专利登记簿上。

局长
申长雨

2015年01月07日

第1页(共1页)

64. 一种预防和治疗奶牛隐性乳房炎的中药组合物及其应用

专利号：ZL201310179168.9

发明人：李建喜　杨志强　王旭荣　王学智　王磊　张景艳　张凯　孟嘉仁　秦哲

授权公告日：2015年4月1日

摘要：

本发明公开了一种预防和治疗奶牛隐性乳房炎的中药组合物，由以下重量份的组分制备完成：蒲公英30~45份；王不留行15~25份；淫羊藿20~30份；黄芪多糖3~4份；赤芍20~25份；丹参20~25份；甘草10~15份。本发明的中药组合物具有药物稳定性好、治疗效果显著的优点。

证书号第1618428号

印花税代扣专用章

发明专利证书

发明名称：一种预防和治疗奶牛隐性乳房炎的中药组合物及其应用

发明人：李建喜；杨志强；王旭荣；王学智；王磊；张景艳；张凯
孟嘉仁；秦哲

专利号：ZL 2013 1 0179168.9

专利申请日：2013年05月15日

专利权人：中国农业科学院兰州畜牧与兽药研究所

授权公告日：2015年04月01日

本发明经过本局依照中华人民共和国专利法进行审查，决定授予专利权，颁发本证书并在专利登记簿上予以登记。专利权自授权公告之日起生效。

本专利的专利权期限为二十年，自申请日起算。专利权人应当依照专利法及其实施细则规定缴纳年费。本专利的年费应当在每年05月15日前缴纳。未按照规定缴纳年费的，专利权自应当缴纳年费期满之日起终止。

专利证书记载专利权登记时的法律状况。专利权的转移、质押、无效、终止、恢复和专利权人的姓名或名称、国籍、地址变更等事项记载在专利登记簿上。

局长
申长雨

中华人民共和国国家知识产权局
2015年04月01日

第1页（共1页）

65. 一种中药组合物及其制备方法和应用

专利号：ZL201310167878. X

发明人：李建喜　谢家声　王学智　崔东安　杨志强　孟嘉仁　张凯　张景艳　王磊　秦哲　王旭荣

授权公告日：2015 年 5 月 26 日

摘要：

本发明公开了一种中药组合物，所述中药组合物包括以重量份计的以下原料药：急性子 20~80 份，益母草 20~60 份，当归 15~45 份，桃仁 15~45 份，红花 20~30 份，没药 15~60 份，川牛膝 15~30 份，车前子 10~35 份，香附 15~60 份，干姜 10~25 份。本发明的有益效果为：本发明针对产后奶牛多虚多瘀的病理生理特点，在对奶牛胎衣不下进行辨证分型，总结出其总病机——血瘀的基础上，通过各药的配伍组合，达到活血化瘀、利水消肿的功效，可通过调节子宫活动，恢复其正常收缩，改善机体血液循环，消除胎盘绒毛的充血、瘀血，以利于绒毛中血液的排出，降低血管壁的通透性，抑制水肿、炎症，使腺窝内压力下降，胎衣得以脱落。

证书号第1734003号

发明专利证书

发明名称：一种中药组合物及其制备方法和应用

发明人：李建喜；谢家声；王学智；崔东安；杨志强；孟嘉仁；张凯
张景艳；王磊；秦哲；王旭荣

专利号：ZL 2013 1 0167878. X

专利申请日：2013 年 05 月 09 日

专利权人：中国农业科学院兰州畜牧与兽药研究所

授权公告日：2015 年 07 月 22 日

本发明经过本局依照中华人民共和国专利法进行审查，决定授予专利权，颁发本证书并在专利登记簿上予以登记。专利权自授权公告之日起生效。

本专利的专利权期限为二十年，自申请日起算。专利权人应当依照专利法及其实施细则规定缴纳年费。本专利的年费应当在每年 05 月 09 日前缴纳。未按照规定缴纳年费的，专利权自应当缴纳年费期满之日起终止。

专利证书记载专利权登记时的法律状况。专利权的转移、质押、无效、终止、恢复和专利权人的姓名或名称、国籍、地址变更等事项记载在专利登记簿上。

局长
申长雨

中华人民共和国国家知识产权局
2015 年 07 月 22 日

第 1 页 (共 1 页)

66. 嘧啶苯甲酰胺类化合物及其制备和应用

专利号：ZL201210072942.1

发明人：李剑勇　刘希望　杨亚军　张继瑜　张晗　周绪正　李冰　魏小娟　牛建荣

授权公告日：2015 年 3 月 11 日

摘要：

本发明公开了一种嘧啶苯甲酰胺类化合物，其结构通式为：将定量的取代苯甲酰氯冰浴滴加到取代氨基嘧啶的无水吡啶溶液中，室温搅拌过夜，TLC 跟踪检测反应完全后，减压除去多余吡啶，残余物用石油醚和乙酸乙酯以 8∶1～2∶1 或者二氯甲烷和丙酮 100∶1～20∶1 梯度洗脱，通过硅胶柱层析分离纯化，得嘧啶苯甲酰胺类化合物。本发明的实验证实，制备的化合物对艰难梭菌具有具有显著的抑制效果。以该化合物为活性成分，可制备成抗艰难梭菌的抗菌药物，可用于临床预防和治疗艰难梭菌引发的疾病，对公共卫生意义重大，具有广阔的应用前景。

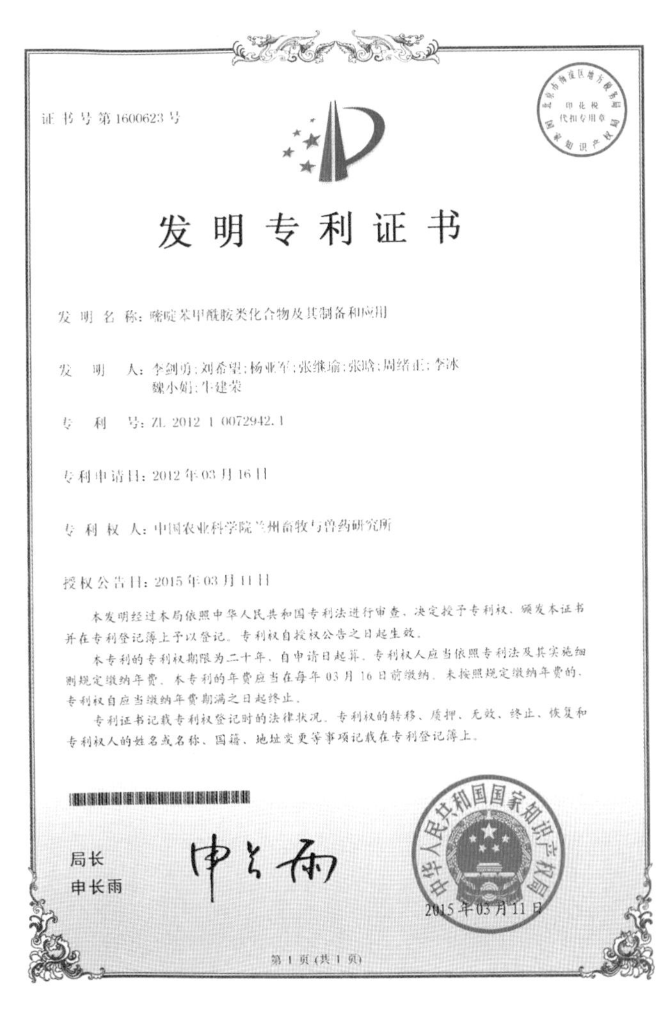

证书号第1600623号

印花税代扣专用章

发明专利证书

发明名称：嘧啶苯甲酰胺类化合物及其制备和应用

发明人：李剑勇；刘希望；杨亚军；张继瑜；张晗；周绪正；李冰
魏小娟；牛建荣

专利号：ZL 2012 1 0072942.1

专利申请日：2012 年 03 月 16 日

专利权人：中国农业科学院兰州畜牧与兽药研究所

授权公告日：2015 年 03 月 11 日

本发明经过本局依照中华人民共和国专利法进行审查，决定授予专利权，颁发本证书并在专利登记簿上予以登记。专利权自授权公告之日起生效。

本专利的专利权期限为二十年，自申请日起算。专利权人应当依照专利法及其实施细则规定缴纳年费。本专利的年费应当在每年 03 月 16 日前缴纳。未按照规定缴纳年费的，专利权自应当缴纳年费期满之日起终止。

专利证书记载专利权登记时的法律状况。专利权的转移、质押、无效、终止、恢复和专利权人的姓名或名称、国籍、地址变更等事项记载在专利登记簿上。

局长
申长雨

中华人民共和国国家知识产权局

2015 年 03 月 11 日

第 1 页（共 1 页）

67. 一种防治仔猪黄、白痢的中药组合物及其制备和应用

专利号：ZL201310301888.8

发明人：李锦宇　罗超应　谢家声　韩霞　王贵波　郑继方　罗永江　辛蕊华

授权公告日：2015 年 4 月 15 日

摘要：

本发明公开了一种防治仔猪黄、白痢的中药组合物，由以下重量份的组分制备完成：藿香（200±20）份；党参（180±10）份；白术（100±10）份；马齿苋（100±10）份；半夏（100±10）份；茯苓（100±10）份；乌梅（100±10）份；生姜（60±5）份；炙甘草（60±5）份。本发明的防治仔猪黄、白痢的中药组合物具有治愈率高、毒副作用小、不易产生耐药性的优点。

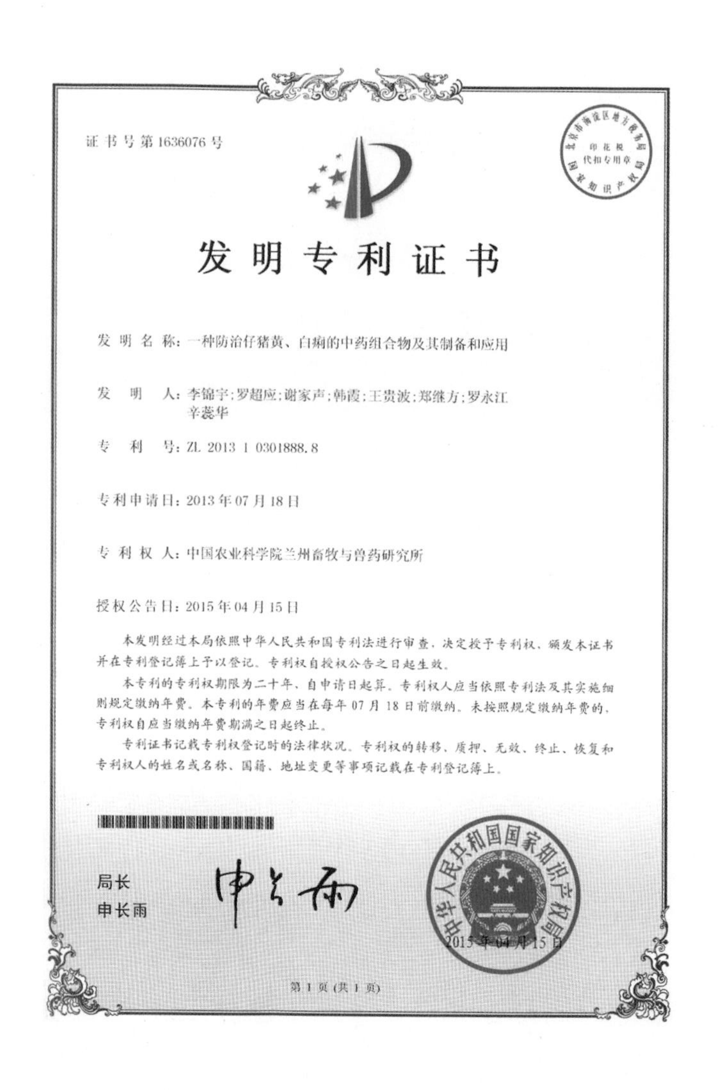
证书号第1636076号

发明专利证书

发明名称：一种防治仔猪黄、白痢的中药组合物及其制备和应用

发明人：李锦宇;罗超应;谢家声;韩霞;王贵波;郑继方;罗永江
辛蕊华

专利号：ZL 2013 1 0301888.8

专利申请日：2013 年 07 月 18 日

专利权人：中国农业科学院兰州畜牧与兽药研究所

授权公告日：2015 年 04 月 15 日

本发明经过本局依照中华人民共和国专利法进行审查，决定授予专利权，颁发本证书并在专利登记簿上予以登记。专利权自授权公告之日起生效。

本专利的专利权期限为二十年，自申请日起算。专利权人应当依照专利法及其实施细则规定缴纳年费。本专利的年费应当在每年 07 月 18 日前缴纳。未按照规定缴纳年费的，专利权自应当缴纳年费期满之日起终止。

专利证书记载专利权登记时的法律状况。专利权的转移、质押、无效、终止、恢复和专利权人的姓名或名称、国籍、地址变更等事项记载在专利登记簿上。

局长
申长雨

2015 年 04 月 15 日

第 1 页（共 1 页）

68. 一种无角牦牛新品系的育种方法

专利号：ZL201310275714. 9

发明人：梁春年　阎萍　丁学智　郭宪　王宏博　包鹏甲　刘文博　朱新书

授权公告日：2015 年 9 月 30 日

摘要：

本发明公开了一种无角牦牛新品系的培育方法，具体做法是：①对选育区的牦牛群体进行普查，普查的内容主要是牦牛角的有无，体形结构，外貌特征等；②对步骤①普查的牦牛选择外貌基本一致，无角，性状相似母牛打号、登记，建立档案，组建基础母牛群；③对步骤②选留的基础母牛群采用优秀的无角公牦牛进行杂交，并对其后代进行测定和选留；④用分子标记辅助选择技术的方法加快品系育种进程，用群体继代选育的方法通过 3~4 个世代横交固定，获得无角牦牛新品系。新品系相比家牦牛具有产肉性能好，繁殖率高，适应环境能力强的优点。

证书号第1808242号

发明专利证书

发明名称：一种无角牦牛新品系的育种方法

发 明 人：梁春年；阎萍；丁学智；郭宪；王宏博；包鹏甲；刘文博
朱新书

专 利 号：ZL 2013 1 0275714.9

专利申请日：2013 年 06 月 28 日

专利权人：中国农业科学院兰州畜牧与兽药研究所

授权公告日：2015 年 09 月 30 日

本发明经过本局依照中华人民共和国专利法进行审查，决定授予专利权，颁发本证书并在专利登记薄上予以登记。专利权自授权公告之日起生效。

本专利的专利权期限为二十年，自申请日起算。专利权人应当依照专利法及其实施细则规定缴纳年费。本专利的年费应当在每年 06 月 28 日前缴纳。未按照规定缴纳年费的，专利权自应当缴纳年费期满之日起终止。

专利证书记载专利权登记时的法律状况。专利权的转移、质押、无效、终止、恢复和专利权人的姓名或名称、国籍、地址变更等事项记载在专利登记薄上。

局长
申长雨

中华人民共和国国家知识产权局
2015 年 09 月 30 日

第 1 页（共 1 页）

69. 一种喹烯酮衍生物及其制备方法和应用

专利号：ZL201310066005. X

发明人：梁剑平　张铎　陶蕾　郝宝成　刘宇　王学红　尚若峰　郭文柱　郭志廷　华兰英　赵凤舞

授权公告日：2015 年 3 月 25 日

摘要：

本发明属于兽药领域，提供一种喹烯酮衍生物。该喹烯酮衍生物具有如下化学结构式：

O N N O O COONa

，它由乙酰甲喹与 2-甲酰苯甲酸钠通过 Claisen-Schumidt 缩合得到。该喹烯酮衍生物与喹烯酮相比，水溶性和抑菌活性得到明显提高，其毒性与喹烯酮几乎一致，但毒性显著地弱于喹乙醇，该化合物能明显地提高畜禽的日增重量，其生物利用度、生长率明显高于相同添加量的喹烯酮，是一种安全可靠的饲料添加剂。

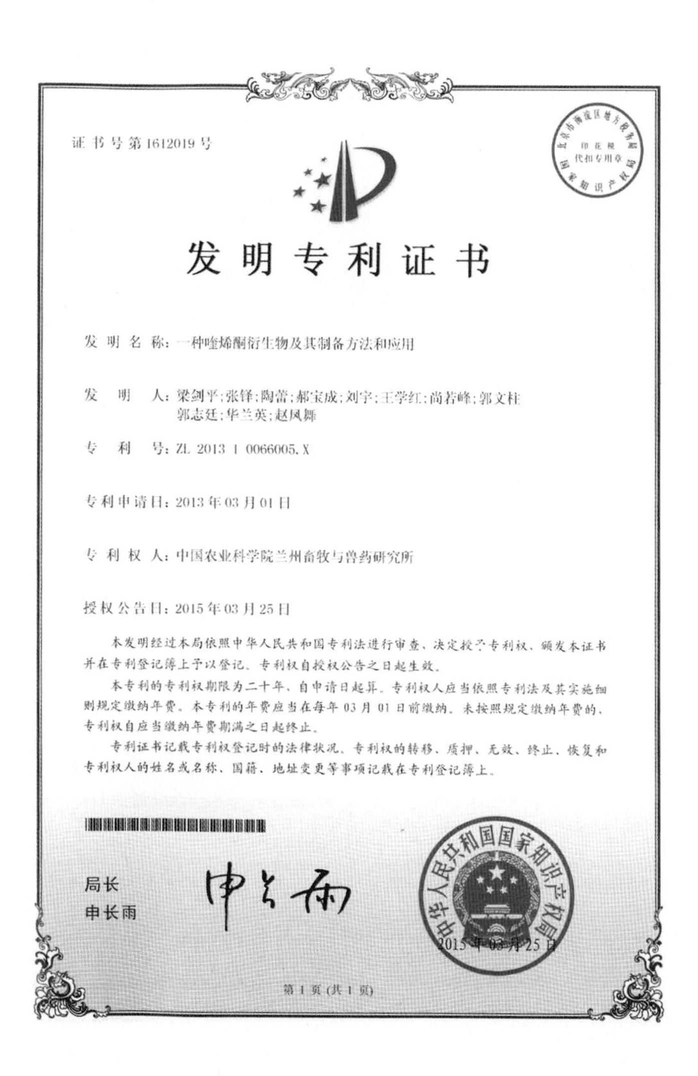

证书号第1612019号

发明专利证书

发明名称：一种喹烯酮衍生物及其制备方法和应用

发明人：梁剑平；张铎；陶蕾；郝宝成；刘宇；王学红；尚若峰；郭文柱
郭志廷；华兰英；赵凤舞

专利号：ZL 2013 1 0066005. X

专利申请日：2013 年 03 月 01 日

专利权人：中国农业科学院兰州畜牧与兽药研究所

授权公告日：2015 年 03 月 25 日

本发明经过本局依照中华人民共和国专利法进行审查，决定授予专利权，颁发本证书并在专利登记簿上予以登记。专利权自授权公告之日起生效。

本专利的专利权期限为二十年，自申请日起算。专利权人应当依照专利法及其实施细则规定缴纳年费。本专利的年费应当在每年 03 月 01 日前缴纳。未按照规定缴纳年费的，专利权自应当缴纳年费期满之日起终止。

专利证书记载专利权登记时的法律状况。专利权的转移、质押、无效、终止、恢复和专利权人的姓名或名称、国籍、地址变更等事项记载在专利登记簿上。

局长
申长雨

2015 年 03 月 25 日

第 1 页（共 1 页）

70. 青藏地区奶牛专用营养舔砖及其制备方法

专利号：ZL201210084921.1

发明人：刘永明　齐志明　王胜义　刘世祥　潘虎　荔霞

授权公告日：2015 年 4 月 8 日

摘要：

本发明公开一种专门用于青藏地区奶牛的专用营养舔砖及其制备方法。本发明的青藏地区奶牛专用营养舔砖的组份及配方重量比为：食盐 600～800 份，膨润土 80～130 份，含铜质量比 25%的硫酸铜 5～8 份，含锌质量比 34.5%的硫酸锌 6～9 份，含锰质量比 31.8%的硫酸锰 3～5 份，含钾质量比 2%的碘化钾 14～20 份，含钠质量比 1%的亚硒酸钠 3～6 份，含钴质量比 1%的氯化钴 1～8 份，含铁质量比 30%的硫酸亚铁 3～7 份，糖蜜 80～130 份。

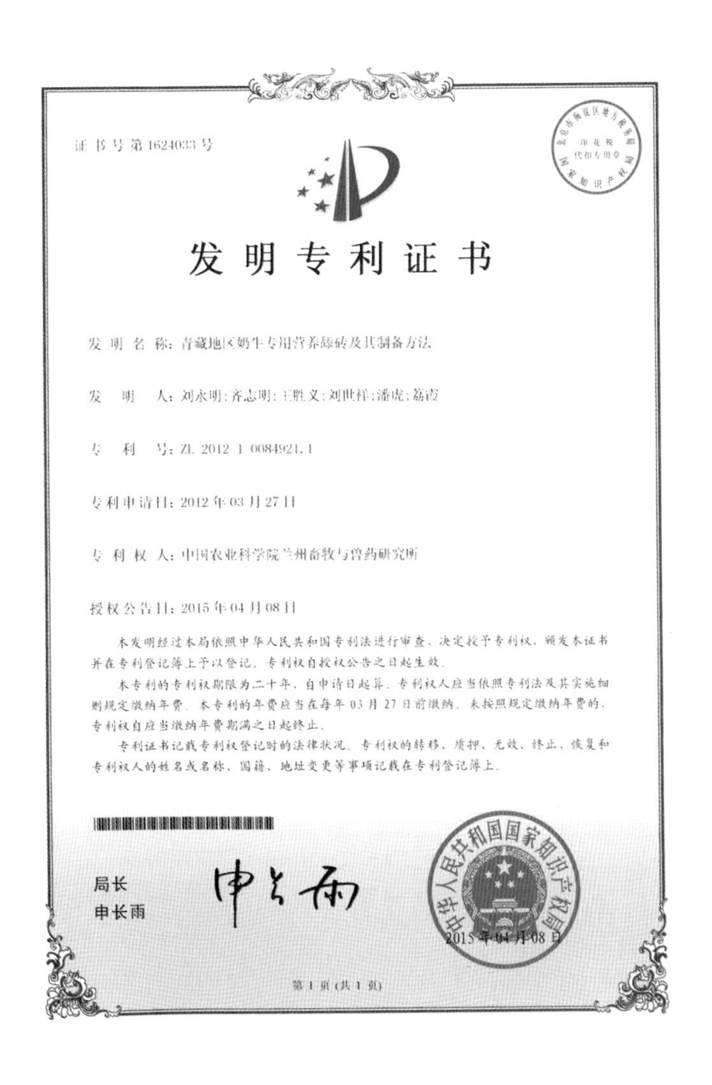

证书号第1624033号

发明专利证书

发明名称：青藏地区奶牛专用营养舔砖及其制备方法

发明人：刘永明；齐志明；王胜义；刘世祥；潘虎；荔霞

专利号：ZL 2012 1 0084921.1

专利申请日：2012 年 03 月 27 日

专利权人：中国农业科学院兰州畜牧与兽药研究所

授权公告日：2015 年 04 月 08 日

本发明经过本局依照中华人民共和国专利法进行审查，决定授予专利权，颁发本证书并在专利登记簿上予以登记。专利权自授权公告之日起生效。

本专利的专利权期限为二十年，自申请日起算。专利权人应当依照专利法及其实施细则规定缴纳年费。本专利的年费应当在每年 03 月 27 日前缴纳。未按照规定缴纳年费的，专利权自应当缴纳年费期满之日起终止。

专利证书记载专利权登记时的法律状况。专利权的转移、质押、无效、终止、恢复和专利权人的姓名或名称、国籍、地址变更等事项记载在专利登记簿上。

局长
申长雨

中华人民共和国国家知识产权局

2015 年 04 月 08 日

第 1 页（共 1 页）

71. 一种酰胺类化合物及其制备方法和应用

专利号：ZL201410161245. 2

发明人：刘宇　郝宝成　梁剑平　尚若峰　王学红　程富胜　华兰英

授权公告日：2015 年 3 月 25 日

摘要：

本发明通过包括如下步骤：2，4-二氯苯氧乙酰氯与尿素反应得到所述酰胺类化合物。本发明所述的酰胺类化合物具有良好的除草活性，特别是对双子叶植物杂草的除草活性显著优于单子叶植物杂草。所述酰胺类化合物的制备方法操作简单，收率高。

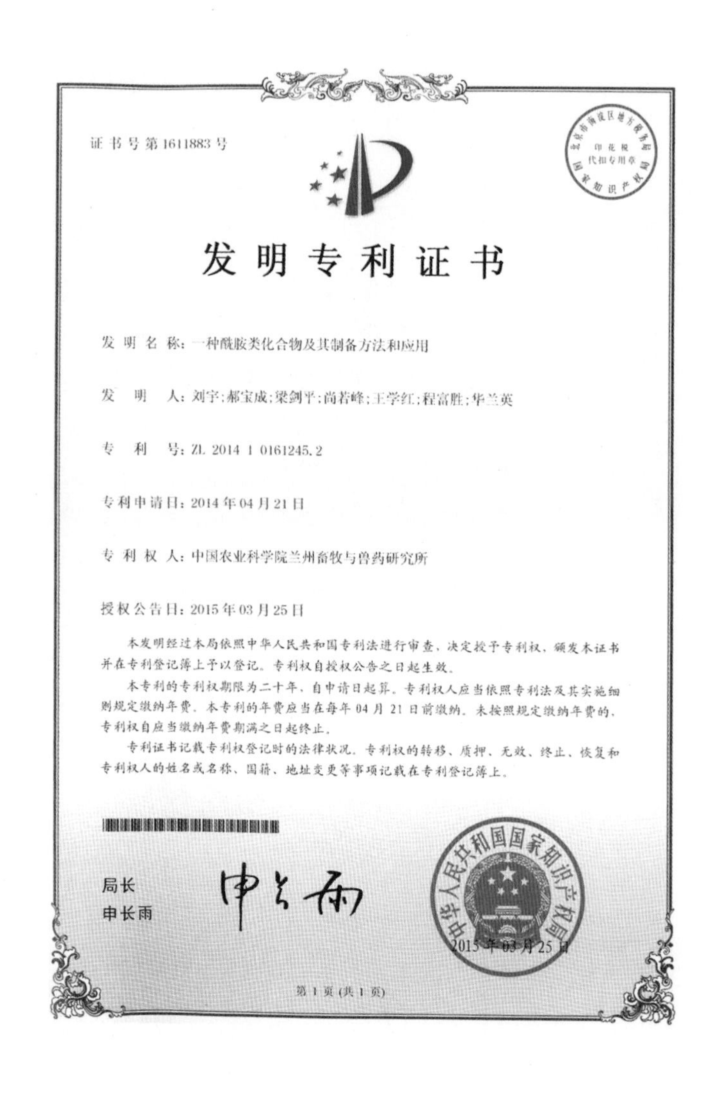

证书号第1611883号

印花税代扣专用章

发明专利证书

发明名称：一种酰胺类化合物及其制备方法和应用

发明人：刘宇;郝宝成;梁剑平;尚若峰;王学红;程富胜;华兰英

专利号：ZL 2014 1 0161245.2

专利申请日：2014 年 04 月 21 日

专利权人：中国农业科学院兰州畜牧与兽药研究所

授权公告日：2015 年 03 月 25 日

本发明经过本局依照中华人民共和国专利法进行审查，决定授予专利权，颁发本证书并在专利登记簿上予以登记。专利权自授权公告之日起生效。

本专利的专利权期限为二十年，自申请日起算。专利权人应当依照专利法及其实施细则规定缴纳年费。本专利的年费应当在每年 04 月 21 日前缴纳。未按照规定缴纳年费的，专利权自应当缴纳年费期满之日起终止。

专利证书记载专利权登记时的法律状况。专利权的转移、质押、无效、终止、恢复和专利权人的姓名或名称、国籍、地址变更等事项记载在专利登记簿上。

局长
申长雨

中华人民共和国国家知识产权局

2015 年 03 月 25 日

第 1 页 (共 1 页)

72. 牛 ACTB 基因转录水平荧光定量 PCR 检测试剂盒

专利号：ZL201310252707.7

发明人：裴杰　阎萍　郭宪　包鹏甲　郎侠　梁春年　褚敏　冯瑞林

授权公告日：2015 年 6 月 10 日

摘要：

本发明公开了一种牛 ACTB 基因转录水平荧光定量 PCR 检测试剂盒，试剂盒由 2×SYBR、GREEN、MIX、引物混合液、标准 ACTB 基因模板和超纯水组成。本发明可以准确的测定 ACTB 基因的转录水平，并具有高度的特异性（图略）。扩增曲线结果表明 ACTB 基因荧光信号值符合标准的“S”形曲线，熔解曲线表明该荧光定量具有高度的检测专一性。

证书号第 1646360 号

北京市海淀区地方税务局 印花税代扣专用章 国家知识产权局

发明专利证书

发明名称：牛 ACTB 基因转录水平荧光定量 PCR 检测试剂盒

发　明　人：裴杰；阎萍；郭宪；包鹏甲；郎侠；梁春年；褚敏；冯瑞林

专　利　号：ZL 2013 1 0252707.7

专利申请日：2013 年 06 月 21 日

专 利 权 人：中国农业科学院兰州畜牧与兽药研究所

授权公告日：2015 年 04 月 22 日

本发明经过本局依照中华人民共和国专利法进行审查，决定授予专利权，颁发本证书并在专利登记簿上予以登记。专利权自授权公告之日起生效。

本专利的专利权期限为二十年，自申请日起算。专利权人应当依照专利法及其实施细则规定缴纳年费。本专利的年费应当在每年 06 月 21 日前缴纳。未按照规定缴纳年费的，专利权自应当缴纳年费期满之日起终止。

专利证书记载专利权登记时的法律状况。专利权的转移、质押、无效、终止、恢复和专利权人的姓名或名称、国籍、地址变更等事项记载在专利登记簿上。

局长
申长雨

中华人民共和国国家知识产权局
2015 年 04 月 22 日

第 1 页（共 1 页）

73. 一种牦牛专用浓缩料及其配制方法

专利号：ZL201310060710.9

发明人：王宏博　阎萍　郎侠　梁春年　郭宪　朱新书

授权公告日：2015 年 2 月 4 日

摘要：

本发明公开了一种牦牛专用浓缩料及其配制方法，该牦牛专用浓缩料各原料组成及其配比为：向日葵仁粕 21.26%，菜籽粕 23.44%，尿素 24.58%，骨粉 8.94%，微量元素添加剂 12.84%，食盐 8.94%。本发明的技术方案不仅可保证牦牛安全度过冬春季，而且可保证牦牛妊娠期的营养供给，提高牦牛犊牛的出生成活率和出生重；同时可提高当年断奶犊牛成活率。

证书号第1580264号

印花税代扣专用章

发明专利证书

发明名称：一种牦牛专用浓缩料及其配制方法

发明人：王宏博;阎萍;郎侠;梁春年;郭宪;朱新书

专利号：ZL 2013 1 0060710.9

专利申请日：2013 年 02 月 27 日

专利权人：中国农业科学院兰州畜牧与兽药研究所

授权公告日：2015 年 02 月 04 日

本发明经过本局依照中华人民共和国专利法进行审查，决定授予专利权，颁发本证书并在专利登记簿上予以登记。专利权自授权公告之日起生效。

本专利的专利权期限为二十年，自申请日起算。专利权人应当依照专利法及其实施细则规定缴纳年费。本专利的年费应当在每年 02 月 27 日前缴纳。未按照规定缴纳年费的，专利权自应当缴纳年费期满之日起终止。

专利证书记载专利权登记时的法律状况。专利权的转移、质押、无效、终止、恢复和专利权人的姓名或名称、国籍、地址变更等事项记载在专利登记簿上。

局长
申长雨

中华人民共和国国家知识产权局

2015 年 02 月 04 日

第 1 页 (共 1 页)

74. 一种防治奶牛产前产后瘫痪的高钙营养舔砖及其制备方法

专利号：ZL201410031374. X

发明人：王慧　齐志明　刘永明　王胜义　陈化琦　李胜坤　刘治岐

授权公告日：2015 年 5 月 20 日

摘要：

本发明公开了一种防治奶牛产前产后瘫痪的高钙营养舔砖，包括如下组分：按重量份计，食盐 600～900 份、石粉 40～100 份、含钙质量比 39. 2%的轻质碳酸钙 20～60 份、含铜质量比 25%的硫酸铜 3～10 份、含锌质量比 34. 5%的硫酸锌 3～8 份、含铁质量比 30%的硫酸亚铁 6～18 份、含锰质量比 31. 8%的硫酸锰 2～8 份、含碘质量比 74. 9%的碘化钾 0. 5～2 份、含硒质量比 44. 7%的亚硒酸钠 0. 1～0. 8 份、含钴质量比 39. 1%氯化钴 0. 2～1. 5 份。本发明防治奶牛产前产后瘫痪的高钙营养舔砖防治奶牛产前产后瘫痪临床效果显著，避免了多余元素的添加，既可减少微量元素添加成本又可防止因盲目过量添加造成对环境的污染，同时可更好地调节奶牛体内的矿物元素含量比，使动物的生产性能得到最大的发挥。

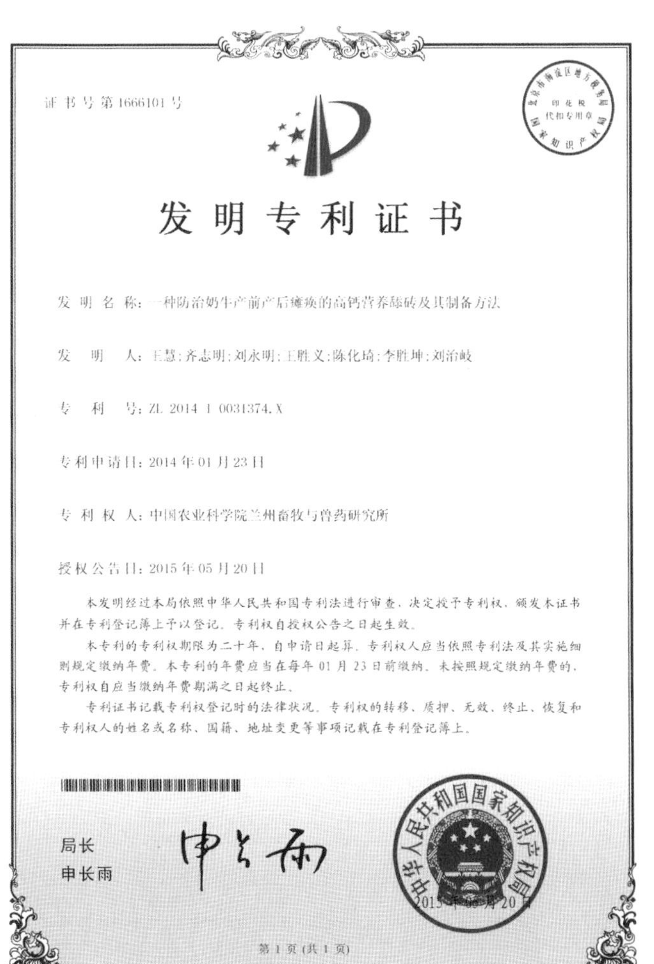
证书号第1666101号

发明专利证书

发明名称：一种防治奶牛产前产后瘫痪的高钙营养舔砖及其制备方法

发　明　人：王慧；齐志明；刘永明；王胜义；陈化琦；李胜坤；刘治岐

专　利　号：ZL 2014 1 0031374. X

专利申请日：2014 年 01 月 23 日

专利权人：中国农业科学院兰州畜牧与兽药研究所

授权公告日：2015 年 05 月 20 日

本发明经过本局依照中华人民共和国专利法进行审查，决定授予专利权，颁发本证书并在专利登记簿上予以登记。专利权自授权公告之日起生效。

本专利的专利权期限为二十年，自申请日起算。专利权人应当依照专利法及其实施细则规定缴纳年费。本专利的年费应当在每年 01 月 23 日前缴纳。未按照规定缴纳年费的，专利权自应当缴纳年费期满之日起终止。

专利证书记载专利权登记时的法律状况。专利权的转移、质押、无效、终止、恢复和专利权人的姓名或名称、国籍、地址变更等事项记载在专利登记簿上。

局长

申长雨

中华人民共和国国家知识产权局

2015 年 05 月 20 日

第 1 页（共 1 页）

75. 一种犊牛专用微量元素舔砖及其制备方法

专利号：ZL201410031181.4

发明人：王胜义　齐志明　刘永明　王慧　陈化琦　李胜坤　刘治岐

授权公告日：2015 年 4 月 8 日

摘要：

本发明公开了一种犊牛专用微量元素舔砖，包括如下组分：按重量份计，食盐 700～850 份，石粉 100～120 份，含钙质量比 39.2%的轻质碳酸钙 28～38 份，含铜质量比 25%的硫酸铜 15～20 份，含锌质量比 34.5%的硫酸锌 16～21 份，含锰质量比 31.8%的硫酸锰 13～18 份，含钾质量比 2%的碘化钾 6～10 份，含钠质量比 1%的亚硒酸钠 1～5 份，含钴质量比 1%氯化钴 0～3 份，含铁质量比 30%的硫酸亚铁 14～20 份。本发明对所舔砖微量元素量的选择，避免了多余元素的添加，既可减少微量元素添加成本又可防止因盲目添加造成过量对环境的污染，同时可更好地调节犊牛体内的矿物元素含量比，使犊牛的生长发育能得到最大的发挥，试验结果效果显著。

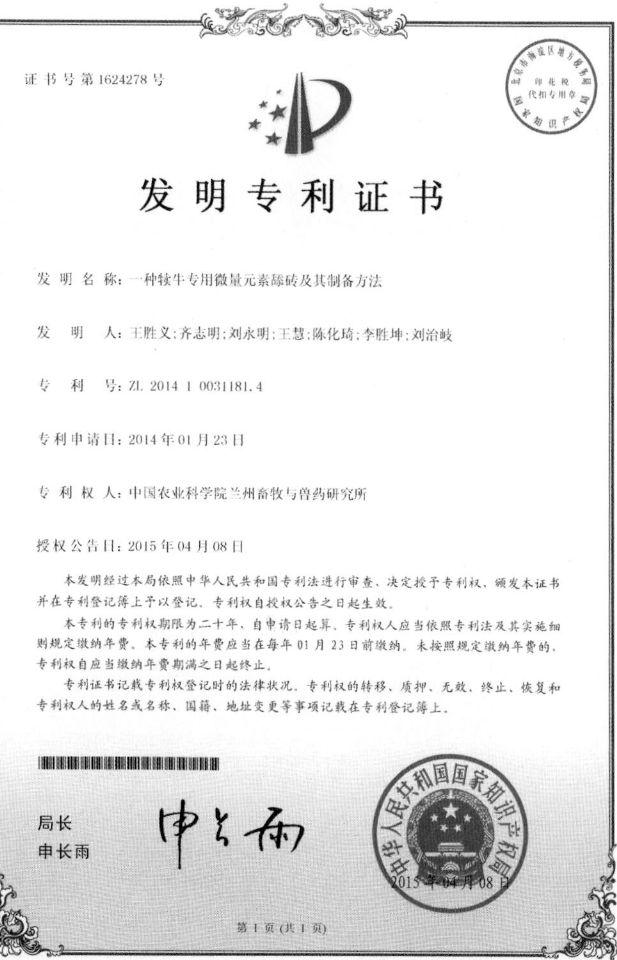
证书号第1624278号

北京市海淀区地方税务局 印花税代扣专用章 国家知识产权局

发明专利证书

发明名称：一种犊牛专用微量元素舔砖及其制备方法

发明人：王胜义；齐志明；刘永明；王慧；陈化琦；李胜坤；刘治岐

专利号：ZL 2014 1 0031181.4

专利申请日：2014 年 01 月 23 日

专利权人：中国农业科学院兰州畜牧与兽药研究所

授权公告日：2015 年 04 月 08 日

本发明经过本局依照中华人民共和国专利法进行审查，决定授予专利权，颁发本证书并在专利登记簿上予以登记。专利权自授权公告之日起生效。

本专利的专利权期限为二十年，自申请日起算。专利权人应当依照专利法及其实施细则规定缴纳年费。本专利的年费应当在每年 01 月 23 日前缴纳。未按照规定缴纳年费的，专利权自应当缴纳年费期满之日起终止。

专利证书记载专利权登记时的法律状况。专利权的转移、质押、无效、终止、恢复和专利权人的姓名或名称、国籍、地址变更等事项记载在专利登记簿上。

局长
申长雨

中华人民共和国国家知识产权局
2015 年 04 月 08 日

第 1 页（共 1 页）

76. 一种无乳链球菌快速分离鉴定试剂盒及其应用

专利号：ZL201310161818.7

发明人：王旭荣　李宏胜　张世栋　杨峰　罗金印　李新圃　陈炅然

授权公告日：2015 年 1 月 7 日

摘要：

本发明公开了一种无乳链球菌快速分离鉴定试剂盒，所述试剂盒中包括以下试剂：绵羊脱纤血平板、3%H_2O_2、金黄色葡萄球菌株、特异性 PCR 反应液、阳性对照 DNA。本发明的有益效果为：本发明提供的一种无乳链球菌快速分离鉴定试剂盒，将细菌形态学观察、接触酶试验、CAMP 反应和 PCR 检测联合使用，能够简化鉴定程序，特异性强，敏感性提高 15%以上，且鉴定成本低、耗时短（只需 3 天），既可以分离获得无乳链球菌菌株，又可以准确鉴定，可用于人或奶牛的乳样、宫颈黏液、阴道拭子等样品的分离鉴定。

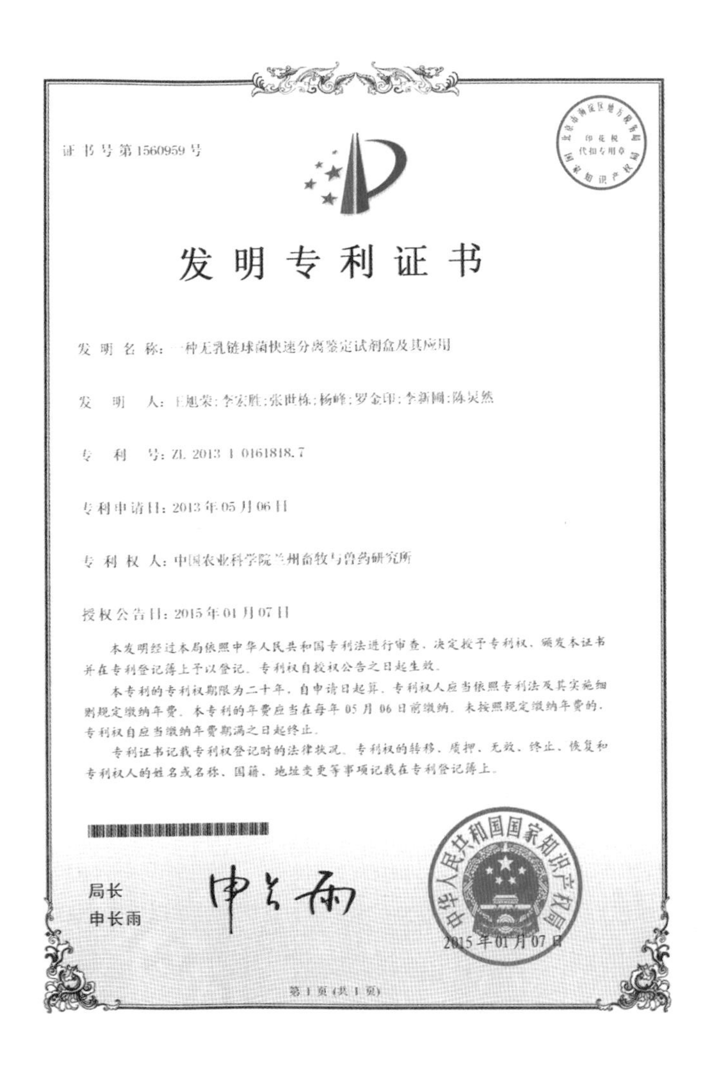

证书号第1560959号

发明专利证书

发明名称：一种无乳链球菌快速分离鉴定试剂盒及其应用

发明人：王旭荣；李宏胜；张世栋；杨峰；罗金印；李新圃；陈炅然

专利号：ZL 2013 1 0161818.7

专利申请日：2013 年 05 月 06 日

专利权人：中国农业科学院兰州畜牧与兽药研究所

授权公告日：2015 年 01 月 07 日

本发明经过本局依照中华人民共和国专利法进行审查，决定授予专利权，颁发本证书并在专利登记簿上予以登记。专利权自授权公告之日起生效。

本专利的专利权期限为二十年，自申请日起算。专利权人应当依照专利法及其实施细则规定缴纳年费。本专利的年费应当在每年 05 月 06 日前缴纳。未按照规定缴纳年费的，专利权自应当缴纳年费期满之日起终止。

专利证书记载专利权登记时的法律状况。专利权的转移、质押、无效、终止、恢复和专利权人的姓名或名称、国籍、地址变更等事项记载在专利登记簿上。

局长
申长雨

2015 年 01 月 07 日

第 1 页（共 1 页）

77. 一种以水为基质的多拉菌素 O/W 型注射液及其制备方法

专利号：ZL201210155335.1

发明人：周绪正 张继瑜 李冰 李剑勇 魏小娟 牛建荣 杨亚军 刘希望 李金善

授权公告日：2015 年 5 月 18 日

摘要：

本发明公开了一种以水为基质的多拉菌素 O/W（水包油）型注射液及其制备方法，该注射液由 OP 乳化剂、PEG400、油酸乙酯、多拉菌素、注射用水组成的 O/W 注射液；发明的关键点是注射液配方组成及各组分的含量确定。该注射液主要是以水为基质，含有少量的有机溶剂，减少了有机溶剂对畜禽和环境的影响，对生产者和使用者的危害小，贮藏、运输更安全对畜禽毒副作用小；解决了由于传统剂型（油剂）在生产和使用过程中对畜禽的伤害及对环境的污染等问题。

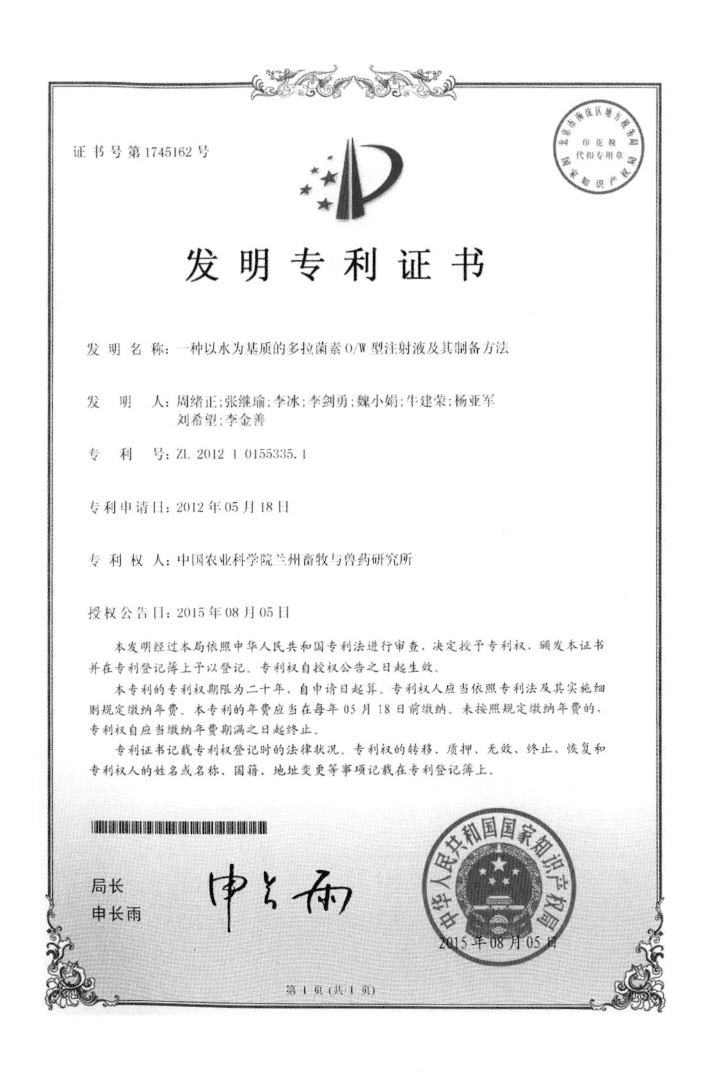

证书号第1745162号

发明专利证书

发明名称：一种以水为基质的多拉菌素 O/W 型注射液及其制备方法

发明人：周绪正;张继瑜;李冰;李剑勇;魏小娟;牛建荣;杨亚军
刘希望;李金善

专利号：ZL 2012 1 0155335.1

专利申请日：2012 年 05 月 18 日

专利权人：中国农业科学院兰州畜牧与兽药研究所

授权公告日：2015 年 08 月 05 日

本发明经过本局依照中华人民共和国专利法进行审查，决定授予专利权，颁发本证书并在专利登记簿上予以登记。专利权自授权公告之日起生效。

本专利的专利权期限为二十年，自申请日起算。专利权人应当依照专利法及其实施细则规定缴纳年费。本专利的年费应当在每年 05 月 18 日前缴纳。未按照规定缴纳年费的，专利权自应当缴纳年费期满之日起终止。

专利证书记载专利权登记时的法律状况。专利权的转移、质押、无效、终止、恢复和专利权人的姓名或名称、国籍、地址变更等事项记载在专利登记簿上。

局长
申长雨

中华人民共和国国家知识产权局
2015 年 08 月 05 日

第 1 页（共 1 页）

78. 一种提高牦牛繁殖率的方法

专利号：ZL201310400985.2

发明人：郭宪　阎萍　保善科　梁春年　丁学智　裴杰　包鹏甲　王宏博　褚敏　孔祥颖

授权公告日：2015 年 11 月 5 日

摘要：

本发明涉及一种提高牦牛繁殖率的方法，包括：配种时间控制点、产犊时间控制点、断奶时间控制点；所述配种、产犊和断奶时间控制点之间实施繁育配套措施；所述配种时间控制点是 7—9 月；所述产犊时间控制点是 4—5 月；所述断奶时间控制点是 7—8 月；所述繁育配套措施包括配种公牦牛补饲、基础母牦牛营养调控和断奶犊牛培育。本发明技术与方法全面，操作方便，能充分发挥能繁母牦牛的繁殖潜能，可实现牦牛 1 年 1 产，增加牦牛的数量，有效提高牦牛的繁殖效率，宜于在牦牛选育与生产中使用。

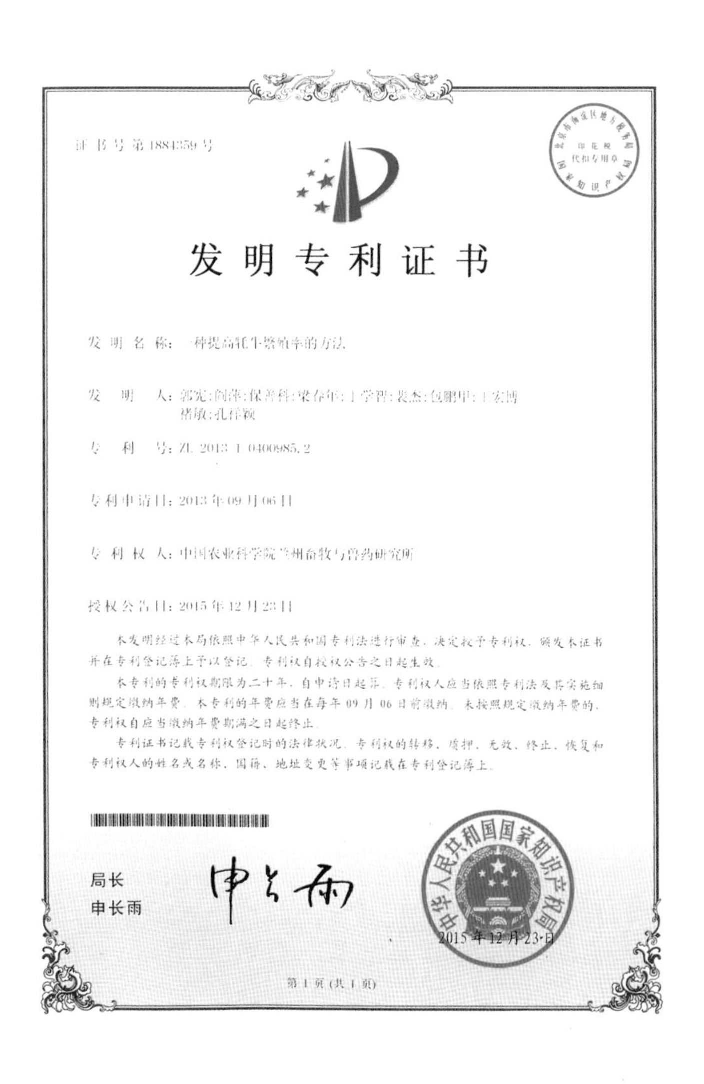

证书号第1884359号

发明专利证书

发明名称：一种提高牦牛繁殖率的方法

发明人：郭宪；阎萍；保善科；梁春年；丁学智；裴杰；包鹏甲；王宏博；褚敏；孔祥颖

专利号：ZL 2013 1 0400985.2

专利申请日：2013 年 09 月 06 日

专利权人：中国农业科学院兰州畜牧与兽药研究所

授权公告日：2015 年 12 月 23 日

本发明经过本局依照中华人民共和国专利法进行审查，决定授予专利权，颁发本证书并在专利登记簿上予以登记。专利权自授权公告之日起生效。

本专利的专利权期限为二十年，自申请日起算。专利权人应当依照专利法及其实施细则规定缴纳年费。本专利的年费应当在每年 09 月 06 日前缴纳。未按照规定缴纳年费的，专利权自应当缴纳年费期满之日起终止。

专利证书记载专利权登记时的法律状况。专利权的转移、质押、无效、终止、恢复和专利权人的姓名或名称、国籍、地址变更等事项记载在专利登记簿上。

局长
申长雨

中华人民共和国国家知识产权局

2015 年 12 月 23 日

第 1 页（共 1 页）

79. 一种在青藏高原高海拔地区草地设置土石围栏的方法

专利号：ZL201310251354. 9

发明人：田福平　时永杰　路远　胡宇　张小甫　李润林　达娃央拉　普布次仁

授权公告日：2015 年 10 月 21 日

摘要：

本发明公开了一种在青藏高原高海拔地区草地设置土石围栏的方法，包括如下步骤：①围栏地块的选择；②围栏的设计；③围栏的设置；④根据实际情况设置围栏的门；⑤对围栏要经常检查，发现松动或损坏的部位要及时维修。本发明采用一种造价低廉、坚固耐用的土石结合的方法进行围栏，作为屏障阻碍牲畜放牧，达到了封育目的，另外，本发明因地制宜，就地取材，效果良好，能够提高单位面积上天然草地的牧草产量。

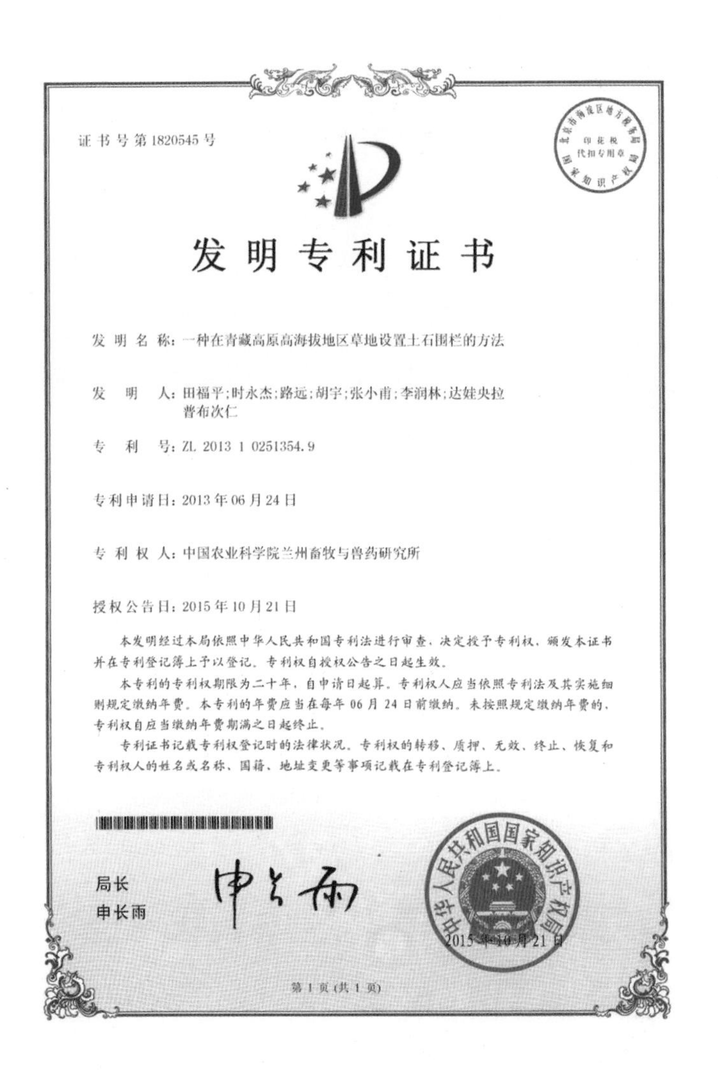

证书号第1820545号

发明专利证书

发 明 名 称：一种在青藏高原高海拔地区草地设置土石围栏的方法

发　明　人：田福平；时永杰；路远；胡宇；张小甫；李润林；达娃央拉
普布次仁

专　利　号：ZL 2013 1 0251354. 9

专利申请日：2013 年 06 月 24 日

专 利 权 人：中国农业科学院兰州畜牧与兽药研究所

授权公告日：2015 年 10 月 21 日

本发明经过本局依照中华人民共和国专利法进行审查，决定授予专利权，颁发本证书并在专利登记簿上予以登记。专利权自授权公告之日起生效。

本专利的专利权期限为二十年，自申请日起算。专利权人应当依照专利法及其实施细则规定缴纳年费。本专利的年费应当在每年 06 月 24 日前缴纳。未按照规定缴纳年费的，专利权自应当缴纳年费期满之日起终止。

专利证书记载专利权登记时的法律状况。专利权的转移、质押、无效、终止、恢复和专利权人的姓名或名称、国籍、地址变更等事项记载在专利登记簿上。

局长
申长雨

2015 年 10 月 21 日

第 1 页（共 1 页）

80. 一种防治仔猪腹泻的药物组合物及其制备方法和应用

专利号：ZL201310448771.2

发明人：潘虎　尚小飞　王学智　苗小楼　王东升　王瑜　汪晓斌

授权公告日：2015 年 10 月 10 日

摘要：

本发明公开了一种防治仔猪腹泻的药物组合物，所述药物组合物包括以下组分：按照重量份计为珠芽蓼 40 份、三颗针 20 份、苦参 20 份、白芍 5 份、苍术 10 份、焦山楂 5 份；并提供了其制备和应用方法。本发明的有益效果为：本发明提供了一种防治仔猪腹泻的药物组合物，并提供了其制备和应用方法，该药物组合物不仅具有良好的清热化湿、收敛止泻、健脾消食等功效，而且还具有临床疗效明显、副作用低、无残留、不易产生耐药性、成本低廉、使用方便等特点，对于仔猪腹泻具有良好的预防和治疗效果。符合集约规模化养猪生产需要，可有效降低或减少抗生素、化学合成药物在防治仔猪腹泻中的使用量。

证书号第1838406号

发明专利证书

发明名称：一种防治仔猪腹泻的药物组合物及其制备方法和应用

发明人：潘虎；尚小飞；王学智；苗小楼；王东升；王瑜；汪晓斌

专利号：ZL 2013 1 0448771.2

专利申请日：2013 年 09 月 28 日

专利权人：中国农业科学院兰州畜牧与兽药研究所

授权公告日：2015 年 11 月 18 日

本发明经过本局依照中华人民共和国专利法进行审查，决定授予专利权，颁发本证书并在专利登记簿上予以登记。专利权自授权公告之日起生效。

本专利的专利权期限为二十年，自申请日起算。专利权人应当依照专利法及其实施细则规定缴纳年费。本专利的年费应当在每年 09 月 28 日前缴纳。未按照规定缴纳年费的，专利权自应当缴纳年费期满之日起终止。

专利证书记载专利权登记时的法律状况。专利权的转移、质押、无效、终止、恢复和专利权人的姓名或名称、国籍、地址变更等事项记载在专利登记簿上。

局长
申长雨

中华人民共和国国家知识产权局
2015 年 11 月 18 日

第 1 页（共 1 页）

二、实用新型专利

序号	专利名称	专利号	授权公告日	发明人
1	毛丛分段切样器	ZL200820003445.5	2009 年 1 月 14 日	牛春娥、高雅琴、郭天芬、王宏博、席 斌、杜天庆、李维红、常玉兰、梁丽娜
2	一种可拆装的烈犬诊疗保定架	ZL201020126594.8	2010 年 10 月 27 日	周绪正、张继瑜、李金善、李剑勇、李 冰、魏小娟、牛建荣、汪 芳
3	牛用缓释剂投服器	ZL201120034562.X	2011 年 8 月 31 日	刘世祥、齐志明、刘永明、荔 霞、孟嘉仁、王胜义
4	羊用缓释剂投服器	ZL201120034563.4	2011 年 1 月 29 日	齐志明、刘世祥、刘永明、荔 霞、孟嘉仁、王胜义
5	一种动物饮水计量给药装置	ZL210020064886.8	2011 年 11 月 2 日	荔 霞、刘世祥、严作廷、刘永明、齐志明、董书伟、王胜义、孟嘉仁、刘 旭、严建鹏
6	一种制作牛羊复合型营养舔砖的专用模具	ZL 201120123489.3	2011 年 12 月 7 日	齐志明、刘世祥、刘永明、荔 霞、王胜义、董书伟
7	牛羊舔砖	ZL 201130088786.4	2011 年 12 月 28 日	齐志明、刘世祥、刘永明、荔 霞、王胜义、董书伟
8	凝胶斑点切取器	ZL201220154782.0	2012 年 11 月 7 日	董书伟、刘世祥、荔 霞、严作廷、刘姗姗、高昭辉
9	组合式高通量组合凝胶染色柜	ZL2012201481895	2012 年 9 月 5 日	董书伟、刘世祥、荔 霞、严作廷、刘姗姗、高昭辉
10	一种凝胶条带切取器	ZL201220190390.X	2012 年 9 月 17 日	董书伟、刘世祥、荔 霞、严作廷、刘姗姗、高昭辉
11	牲畜饲料混合车	ZL201220099659.3	2012 年 10 月 3 日	乔国华、朱新强、杨 晓、李锦华
12	一种方便野外保定牦牛的简易保定架	ZL201220094105.4	2012 年 10 月 10 日	曾玉峰、阎 萍、丁学智、王学智、董鹏程、周 磊、师 音
13	取样器	ZL201220286261.0	2012 年 12 月 12 日	郭天芬、牛春娥、郭天蓉、李维红、杨博辉、刘建斌、梁 伟、常玉兰、杜天庆、梁丽娜、熊 琳
14	牛子宫细胞取样刷	ZL201220184139.2	2012 圻 11 月 7 日	严作廷、王东升、张世栋、刘姗姗、陈炅然、刘世祥、荔 霞、李锦宇、董书伟、严建鹏
15	便携式电动奶牛子宫冲洗器	ZL201220185390.0	2012 年 11 月 17 日	严作廷、王东升、张世栋、刘姗姗、刘世祥、李锦宇、陈炅然、董书伟、严 斌
16	一种放置牛羊添砖的专用支架	ZL201220004831.2	2012 年 9 月 5 日	刘世祥、刘永明、齐志明、王胜义、荔 霞、潘 虎、董书伟、王海军
17	奶牛专用矿物质营养添砖支架	ZL201220020019.9	2012 年 9 月 5 日	齐志明、刘永明、刘世祥、王胜义、荔 霞、潘 虎、董书伟、王海军

续表

序号	专利名称	专利号	授权公告日	发明人
18	实验大鼠保定袋	ZL201320211502. X	2013 年 9 月 11 日	李建喜、王　磊、王学智、杨志强、张景艳、张　凯、秦　哲、王旭荣、孟嘉仁
19	艾灸按摩一体盒	ZL201320211643. 1	2013 年 9 月 11 日	王贵波、李锦宇、罗超应、郑继方、辛蕊华、罗永江、谢家声
20	一种板蓝根泡腾片	ZL201320104066. 6	2013 年 7 月 31 日	辛蕊华、谢家声、郑继方、罗永江、罗超应、李锦宇、王贵波
21	一种泡腾片的铝塑泡罩装置	ZL201320104198. 9	2013 年 7 月 31 日	辛蕊华、郑继方、谢家声、王贵波、罗永江、李锦宇、罗超应
22	一种适合微量药品称量的器皿	ZL201320234197. 6	2013 年 9 月 18 日	辛蕊华、郑继方、谢家声、王贵波、罗永江、李锦宇、罗超应
23	动物毛纤维夹取器	ZL201320200460. X	2013 年 9 月 4 日	李维红、高雅琴、梁丽娜、常玉兰、王宏博、牛春娥
24	动物毛绒横截面切取器	ZL201320200362. 6	2013 年 9 月 4 日	李维红、高雅琴、梁丽娜、常玉兰、王宏博、牛春娥、熊　琳
25	毛绒样品洗毛袋	ZL201320015222. 1	2013 年 6 月 19 日	郭天芬、牛春娥、杨博辉、高雅琴、李维红、杜天庆、梁丽娜、王宏博、常玉兰
26	一种牦牛人工授精用巷道装置	ZL201320178576. 8	2013 年 9 月 11 日	郭　宪、丁学智、梁春年、王宏博、阎　萍
27	一种牦牛生产用简易拴系装置	ZL201320232448. 7	2013 年 10 月 9 日	郭　宪、阎　萍、杨　勤、丁学智
28	一种聚乙烯面料的绵、山羊罩衣	ZL201320232445. 3	2013 年 10 月 9 日	孙晓萍、刘建斌、杨博辉、岳耀敬
29	一种移动便携式放牧羊围栏秤	ZL201320195011. 0	2013 年 10 月 9 日	孙晓萍、刘建斌、杨博辉、郭婷婷、岳耀敬
30	一种 96 孔板的保护盒	ZL201320259901. 3	2013 年 9 月 25 日	李建喜、张景艳、张　宏、杨志强、王　磊、秦　哲、王学智、张　凯、孟嘉仁
31	牛用开口器	ZL201320239469. 1	2013 年 10 月 16 日	严作廷、刘姗姗、王东升、董书伟、张世栋、荔　霞、刘世祥
32	石蜡包埋盒	ZL201320248268. 8	2013 年 9 月 25 日	李建喜、张景艳、孟嘉仁、杨志强、张　凯、王　磊、秦　哲、尚利明、刘有斌
33	多功能动物医疗手推车	ZL201220362341. X	2013 年 1 月 23 是	王贵波、罗超应、李锦宇、郑继方、罗永江、谢家声、辛蕊华
34	绒毛样品抽样装置	ZL201220349372. 1	2013 年 1 月 9 日	郭天芬、李维红、牛春娥、杨博辉、梁丽娜、杜天庆、常玉兰
35	一种高寒牧区野外牛羊饲喂舔砖的装置	ZL201320079888. 3	2013 年 6 月 7 日	梁春年、丁学智、阎　萍、郭　宪、王宏博、包鹏甲、裴　杰、褚　敏、刘文博
36	一种评定牛羊牧草营养价值体外发酵装置	ZL201310207034. 3	2013 年 6 月 13 日	丁学智、郭　宪、阎　萍、梁春年、王宏博

续表

序号	专利名称	专利号	授权公告日	发明人
37	毛发密度取样器	ZL201220349085.0	2013年1月3日	郭天芬、郭天蓉、牛春娥、李维红、杨博辉、梁　伟、杜天庆、常玉兰、梁丽娜、席　斌
38	一种一次性采血盛血器	ZL201220619517.5	2013年2月27日	岳耀敬、杨博辉、郭　健、刘建斌、郭婷婷、冯瑞林、孙晓萍、牛春娥
39	玻璃板晾置架	ZL201220155684.9	2013年3月13日	董书伟、刘世祥、荔　霞、严作廷、刘姗姗、高昭辉
40	一种实验用大鼠固定器	ZL201320324168.9	2013年11月6日	秦　哲、李建喜、杨志强、王学智、张景艳、王旭荣、王　磊、孟嘉仁
41	一种适用于化学制备的薄层色谱展开缸	ZL201320211547.7	2013年11月27日	辛蕊华、郑继方、谢家声、王贵波、罗永江、罗超应、李锦宇
42	大鼠采血固定器	ZL201320305687.0	2013年11月6日	刘世祥、王　慧、王胜义、刘永明、齐志明、严作廷、刘有斌、夏鑫超
43	便携式动物称量装置	ZL201320229746.0	2013年9月11日	刘世祥、王胜义、刘姗姗、王　慧、刘永明、齐志明、王海军、夏鑫超
44	奶牛乳房炎和子宫内膜炎样品采集储运管	ZL201320285644.0	2013年11月6日	李宏胜、罗金印、李新圃、杨　峰、王旭荣、陈炅然、尚立宏
45	一种大鼠体温检测辅助装置	ZL201320315062.2	2013年11月13日	张世栋、严作延、王东升、王旭荣、董书伟
46	一种耐高温耐高压试管斜面培养基细菌棒	ZL201320270662.1	2013年10月30日	杨　峰、王旭荣、李宏胜、罗金印、李新圃、张世栋
47	一种无菌脱纤棉羊全血采集装置	ZL201320366280.9	2013年11月20日	李宏胜、罗金印、杨峰、王旭荣、李新圃、陈炅然、张世栋
48	实验容器清洁刷	ZL201320256479.6	2013年10月16日	李建喜、张景艳、杨志强、张　宏、秦　哲、王　磊、王学智、张　凯、王旭荣、孟嘉仁
49	羊毛分捡收集装置	ZL201320269282.6	2013年11月6日	牛春娥、郭天芬、郭婷婷、岳耀敬、杨博辉、郭　健、刘建斌、冯瑞林、杜天庆、李维红、高雅琴、梁丽娜、孙晓萍
50	一种剪毛设施	ZL201320334238.9	2013年11月6日	牛春娥、郭天芬、杨博辉、郭　健、岳耀敬、郭婷婷、熊　琳、刘建斌、高雅琴、冯瑞林、李维红、杜天庆、梁丽娜、
51	一种用于藏羊野外防疫的简易圈定装置	ZL201320232394.4	2013年11月6日	王宏博、阎　萍、郭　宪、梁春年、朱新书、郎　侠
52	一种实验大鼠注射及采血辅助装置	ZL201320379717.2	2013年12月4日	张世栋、严作廷、王东升、董书伟、王旭荣
53	一种用于奶牛临床型乳房炎乳汁性状观察的诊断盘套装	ZL201320589243.4	2014年3月19日	王旭荣、李建喜、张世栋、王学智、王　磊、杨志强、李宏胜
54	温热灸按摩一体棒	ZL201320324028.1	2014年1月22日	王贵波、罗超应、郑继方、李锦宇、辛蕊华、罗永江、谢家声
55	一种可拆卸式糟渣饲料成型装置	ZL201320605686.8	2014年3月26日	王晓力

续表

序号	专利名称	专利号	授权公告日	发明人
56	一种糟渣饲料成型装置	ZL201320599758.2	2014年3月26日	王晓力
57	一种聚丙烯酰胺凝胶制备装置	ZL201320488482.0	2014年1月22日	裴　杰、阎　萍、郭　宪、包鹏甲、梁春年、褚敏、丁学智、冯瑞林
58	一种RNA酶去除装置	ZL201320460609.8	2014年1月22日	裴　杰、阎　萍、郭　宪、包鹏甲、梁春年、郎　侠、褚　敏、丁学智、冯瑞林
59	一种野外牦牛分群补饲装置	ZL201320232591.6	2014年1月15日	梁春年、阎　萍、郭　宪、丁学智、王宏博、刘文博、孙胜祥、包鹏甲、吴晓云
60	一种牦牛野外称量体重的装置	ZL201320079880.7	2014年2月19日	梁春年、巴桑旺堆、阎　萍、王宏博、郭宪、丁学智、包鹏甲、褚敏、朱彦斌
61	集成式固体食品分析样品采样盒	ZL201320825605.5	2014年5月14日	熊　琳、李维红、高雅琴、牛春娥、杨晓玲
62	一种测定溶液pH的装置	ZL201320815357.6	2014年5月14日	熊　琳、李维红、高雅琴、牛春娥、杨晓玲
63	畜禽内脏粉碎样品取样器	ZL201320790883.1	2014年5月7日	李维红、高雅琴、熊　琳、杜天庆、王宏博、牛春娥、刘建斌、郭天芬
64	奶牛子宫用药栓剂的制备模具	ZL201320366075.2	2013年12月18日	梁剑平、陆锡宏、刘　宇、陶　蕾、郝宝成、王学红、李雪虎、赵凤舞
65	一种羊毛分级台	ZL201320314448.1	2013年12月18日	牛春娥、郭婷婷、郭天芬、杨博辉、郭　健、岳耀敬、熊　琳、刘建斌、冯瑞林、李维红、高雅琴、杜天庆、梁丽娜、孙晓萍
66	一种单子叶植物幼苗液体培养用培养盒	ZL201420036315.7	2014年6月25日	王春梅、王晓力、王旭荣、张　茜、朱新强、张怀山
67	一种适用于长时间萌发且便于移栽的种子萌发盒	ZL201420039152.8	2014年6月25日	王春梅、王晓力、张　茜、王旭荣、朱新强、周学辉
68	一种采集奶牛子宫内膜分泌物的组合装置	ZL201320700881.9	2014年6月11日	李建喜、王旭荣、杨志强、王孝武、崔东安、王学智
69	一种冻存管集装裹袋	ZL201420055296.2	2014年7月23日	张世栋、王东升、董书伟、严作廷、杨　峰、王旭荣、褚　敏
70	一种用于琼脂平板培养基细菌接种的滚动涂抹棒	ZL201420007463.6	2014年6月18日	杨　峰、李宏胜、王旭荣、罗金印、李新圃、张世栋、尚立宏
71	一种畜禽肉及内脏样品水浴蒸干搅拌器	ZL201420023334.6	2014年6月25日	李维红、熊　琳、高雅琴、杜天庆、牛春娥、杨晓玲、郭天芬
72	一种自动洗毛机	ZL201420026738.3	2014年6月9日	熊　琳、高雅琴、牛春娥、郭天芬、王宏博、李维红、杨晓玲
73	涡旋混合器	ZL201420069694.X	2014年6月18日	熊　琳、高雅琴、牛春娥、李维红、郭天芬、王宏博
74	一种超声清洗仪	ZL201420069735.5	2014年6月12日	熊　琳、高雅琴、牛春娥、李维红、王宏博、王晓玲
75	一种皮革取样刀	ZL201420142056.6	2014年6月24日	牛春娥、郭　健、杨博辉、郭天芬、郭婷婷、岳耀敬、冯瑞林、刘建斌

续表

序号	专利名称	专利号	授权公告日	发明人
76	一种便携式可旋转绵羊毛分级台	ZL201320471973.4	2014年3月12日	孙晓萍、张万龙、刘建斌、杨博辉、陈永华、岳耀敬
77	一种新型适用于液氮冻存的七孔纱布袋	ZL201320831429.6	2014年6月4日	褚　敏、阎　萍、吴晓云、裴　杰、张世栋
78	一种新型适用于冻存管的动物软组织专用取样器	ZL201320809800.9	2014年6月4日	褚　敏、阎　萍、吴晓云、裴　杰、张世栋
79	一种种用牦牛补饲栏装置	ZL201420097955.9	2014年7月16日	郭　宪、裴　杰、梁春年、王宏博、阎　萍、丁学智、褚　敏、包鹏甲
80	一种适用于薄层板高温加热的支架	ZL201420180651.9	2014年8月13日	辛蕊华、郑继方、谢家声、王贵波、罗永江、罗超应、李锦宇
81	一种啮齿动物保定装置	ZL201420170367.3	2014年9月10日	罗永江、郑继方、王贵波、辛蕊华
82	圆形容器清洗刷	ZL201420199827.5	2014年8月27日	王贵波、李锦宇、罗永江、郑继方、罗超应、辛蕊华、谢家声
83	家畜灌胃开口器	ZL201420060230.2	2014年7月9日	王贵波、李锦宇、罗永江、罗超应、郑继方、辛蕊华、谢家声
84	一种大鼠电子体温检测装置	ZL201420176295.3	2014年8月27日	张世栋、董书伟、王东升、严作廷、杨　峰、王旭荣、褚　敏
85	一种大动物软组织采样切刀	ZL201420178030.7	2014年8月13日	张世栋、王东升、董书伟、严作廷、杨　峰、王旭荣、褚　敏
86	一种用于细菌微量生化鉴定管的定量吸头	ZL201420141687.6	2014年7月30日	李新圃、罗金印、李宏胜、杨　峰
87	一种用于放置细菌微量生化鉴定管的活动管架	ZL201420202030.6	2014年8月27日	李新圃、罗金印、李宏胜、杨　峰
88	一种可更换刷头的电动试管刷	ZL201420266582.3	2014年9月17日	李宏胜、杨　峰、王旭荣、罗金印、李新圃、陈炅然、张世栋、尚立宏
89	一种便携式可拆式羊用保定架	ZL201420198238.5	2014年8月27日	李宏胜、罗金印、杨　峰、李新圃、王旭荣、陈炅然、张世栋、尚立宏、王东升
90	一种旋转型培养皿架	ZL201420205867.6	2014年6月3日	杨　峰、李宏胜、王旭荣、罗金印、李新圃、张世栋、尚立宏
91	一种用于液体类药物抑菌试验的培养皿	ZL201420029756.4	2014年7月9日	杨　峰、李宏胜、王旭荣、罗金印、李新圃、张世栋、尚立宏
92	一种用于冻干管抽真空的连接头	ZL201420183782.2	2014年8月27日	杨　峰、李宏胜、王旭荣、罗金印、李新圃、张世栋、尚立宏
93	一种用于细菌培养和保藏的琼脂斜面管	ZL201420186896.2	2014年8月27日	杨　峰、李宏胜、王旭荣、罗金印、李新圃、张世栋、尚立宏
94	一种用于药敏纸片的移动抢	ZL201420198240.2	2014年8月27日	杨　峰、李宏胜、王旭荣、罗金印、李新圃、张世栋、陈炅然、尚立宏
95	自动化牛羊营养舔块制造机具	ZL201420136651.9	2014年7月30日	王胜义、刘姗姗、王　慧、白亚涛、荔　霞、刘永明、刘世祥、齐志明、王　瑜、陈化奇、王晓斌
96	微波消解防溅罩	ZL201420136558.8	2014年7月30日	王　慧、刘姗姗、王胜义、白亚涛、荔　霞、刘永明、刘世祥、齐志明

续表

序号	专利名称	专利号	授权公告日	发明人
97	奶牛用便携式药液防呛快速灌服器	ZL201420193643.8	2014年9月10日	王　磊、崔东安、李建喜、刘姗姗、王学智、杨志强、张景艳、王旭荣、刘世祥、秦　哲、孔晓军、孟嘉仁、荔　霞
98	用于兽医临床样品采集的多功能采样箱	ZL201420242428.2	2014年9月10日	王旭荣、杨　峰、李建喜、张世栋、王　磊、张景艳、秦　哲、孔晓军、王学智
99	一种新型采集提取DNA的新鲜植物叶片样品的干燥袋	ZL201420092537.0	2014年7月30日	张　茜、尉秋实、王春梅、王小利、朱新强、路　远、褚　敏、杨　晓
100	一种新型待提取DNA的植物干燥叶片样品的储藏盒	ZL201420092525.8	2014年7月16日	张　茜、尉秋实、王春梅、王小利、朱新强、路　远、褚　敏、杨　晓
101	一种防水干燥型植物标本夹包	ZL201420115952.3	2014年7月23日	张　茜、朱学泰、尉秋实、王春梅、王晓力、褚　敏、肖玉萍、朱新强、杨　晓
102	一种土壤样品采集存储盒	ZL201420110569.9	2013年7月23日	张　茜、田福平、李锦华、王晓力、朱新强、王春梅、褚　敏、肖玉萍
103	分子生物学实验操作盘	ZL201420150522.5	2014年8月6日	张　茜、朱学泰、王晓力、王春梅、路　远、田福平、褚　敏
104	微波炉加热凝胶液体杯	ZL201420150622.8	2014年8月6日	张　茜、王晓力、朱学泰、田福平、肖玉萍
105	一种鸡鸭胚液收集辅助器	ZL201420255228.0	2014年9月17日	贺洞杰、路　远、李锦华、杨　晓、朱新强、曾玉峰
106	一种折叠式无菌细管架	ZL201420249843.0	2014年9月10日	贺洞杰、李锦华、张　茜、王晓力、路　远、朱新强、杨　晓、周　磊
107	一种伸缩式斜置试剂瓶架	ZL201420249827.1	2014年9月10日	贺洞杰、王晓力、朱新强、张　茜、曾玉峰、王春梅、周　磊
108	一种自动固定式涡旋器	ZL201420251735.7	2014年9月10日	贺洞杰、朱新强、杨　晓、李锦华、路　远、曾玉峰
109	一种植物培养装置	ZL201420189764.5	2014年8月20日	贺洞杰、李锦华、张　茜、王晓力、路　远、朱新强、杨　晓、周　磊
110	测定须根系植物地上部分离子回运的方法的专用设备	ZL201420083518.1	2014年8月6日	王春梅、王晓力、张怀山、王旭荣、张　茜、朱新强
111	一种羊毛中有色纤维鉴别装置	ZL201420104199.8	2014年8月13日	高雅琴、王宏博、李维红、杜天庆、熊　琳、梁丽娜、郭天芬、牛春娥
112	一种牦牛屠宰保定装置	ZL201420083121.2	2014年7月16日	梁春年、丁学智、阎　萍、郭　宪、褚　敏、王宏博、包鹏甲
113	一种牧区野外饲草料晾晒和饲喂一体简易装置	ZL201420097858.X	2014年9月3日	梁春年、丁学智、阎　萍、王宏博、褚　敏
114	一种牧区野外多功能活动式牛羊补饲围栏装置	ZL201420097857.5	2014年9月3日	梁春年、阎　萍、郭　宪、包鹏甲、裴　杰
115	一种嵌套式小容量采血管	ZL2014200989546	2014年7月23日	褚　敏、裴　杰、梁春年、郭　宪、丁学智、包鹏甲、吴晓云、肖玉萍、张　茜、张世栋

续表

序号	专利名称	专利号	授权公告日	发明人
116	一种新型的开孔式微量冻存管	ZL2014201104569	2014 年 7 月 23 日	褚　敏、裴　杰、阎　萍、丁学智、郭　宪、梁春年、包鹏甲、王宏博、肖玉萍、张　茜、张世栋
117	一种可调式圆形切胶器	ZL2014200989160	2014 年 7 月 23 日	褚　敏、裴　杰、阎　萍、梁春年、郭　宪、丁学智、包鹏甲、王宏博、张世栋、肖玉萍、张　茜
118	一种新型可注入液氮式研磨器	ZL2013208395128	2014 年 6 月 25 日	褚　敏、阎　萍、吴晓云、裴　杰、张世栋
119	琼脂糖凝胶制胶器	ZL201420206301. 5	2014 年 8 月 27 日	裴　杰、郭　宪、梁春年、包鹏甲、褚　敏、郎　侠、丁学智、朱新书、冯瑞林、王宏博、阎　萍
120	一种新型动物组织采样器	ZL201420166093. 0	2014 年 8 月 27 日	裴　杰、褚　敏、郭　宪、包鹏甲、梁春年、朱新书、丁学智、冯瑞林、王宏博、阎　萍
121	一种 X 形羊用野外称重保定带	ZL201420129786. 2	2014 年 9 月 17 日	包鹏甲、裴　杰、王宏博、梁春年、丁学智、郭　宪、朱新书、褚　敏
122	一种电泳凝胶转移及染色脱色装置	ZL201420239522. 2	2014 年 9 月 3 日	郭婷婷、郭　健、牛春娥、岳耀敬、杨博辉、刘建斌、冯瑞林、孙晓萍
123	一种用于毛囊培养的装置	ZL21420164275. 4	2014 年 8 月 6 日	郭婷婷、牛春娥、岳耀敬、杨博辉、刘建斌、郭　健、冯瑞林、孙晓萍
124	一种兽医用手套	ZL201420097247. 5	2014 年 9 月 10 日	岳耀敬、秦　哲、杨博辉、郭　健、李范文、王天翔、孙晓萍、李桂英、郭婷婷、牛春娥、刘建斌、冯瑞林、李文辉、王喜军
125	通风柜	ZL201420069576. 9	2014 年 8 月 20 日	熊　琳、高雅琴、牛春娥、杜天庆
126	一种毛绒样品清洗装置	ZL201420110292. X	2014 年 10 月 1 日	郭天芬、王宏博、高雅琴、牛春娥、杜天庆、梁丽娜、熊　琳、刘建斌
127	用于盛放及清洗羊毛样品的装置	ZL201420110293. 4	2014 年 7 月 23 日	郭天芬、王宏博、牛春娥、高雅琴、熊　琳、刘建斌、杜天庆、梁丽娜
128	豚鼠专用注射固定器	ZL201420105314. 3	2014 年 8 月 10 日	周绪正、张继瑜、邢守叶、李　冰、李剑勇、魏小娟、牛建荣、杨亚军、刘希望
129	一种兽用丸剂制成型模具	ZL201420212350. X	2014 年 4 月 29 日	郝宝成、刘　宇、梁剑平、王学红、陶　蕾、王保海、刘建枝、次仁多吉、赵凤舞、尚若锋、郭文柱、郭志廷
130	分液漏斗支架装置	ZL201420221050. 8	2014 年 8 月 27 日	刘　宇、郝宝成、程富胜、梁剑平、尚若峰、王学红、华兰英
131	一种无菌操作台用容器支撑器	ZL201420174305. X	2014 年 9 月 10 日	张　茜、田福平、李锦华、王晓力、朱新强、王春梅、褚　敏、肖玉萍
132	一种用于组织切片或涂片烘干装置	ZL201420204676. 8	2014 年 10 月 15 日	孔晓军、王学智、王旭荣、李建喜、张景艳、秦　哲、王　磊、张　凯、孟嘉仁、杨志强

续表

序号	专利名称	专利号	授权公告日	发明人
133	一种毛、绒伸直长度测量板	ZL201420113746.9	2014 年 10 月 8 日	牛春娥、郭　健、郭天芬、郭婷婷、杨博辉、岳耀敬、冯瑞林、刘建斌、梁春年
134	一种饲料混合粉碎机	ZL201420336602.X	2014 年 10 月 15 日	张怀山、吴国锋、连晓雯、夏曾润、代立兰、李永鹏
135	一种剪毛束装置	ZL201420336601.5	2014 年 10 月 15 日	张怀山、吴国锋、连晓雯、夏曾润、代立兰、李永鹏
136	一种色谱仪进样瓶风干器	ZL201320836791.2	2014 年 8 月 27 日	熊　琳、杨晓玲、高雅琴、牛春娥、李维红
137	一种可拆卸晾毛架	ZL201420042302.0	2014 年 9 月 10 日	熊　琳、高雅琴、牛春娥、郭天芬、王宏博、李维红
138	一种预防动物疯草中毒制剂舔砖加工成型的模具	ZL201420230255.2	2014 年 5 月 4 日	郝宝成、刘　宇、梁剑平、王学红、陶蕾、王保海、刘建枝、次仁多吉、赵凤舞、尚若锋、郭文柱、郭志廷
139	一种用于安全运输菌株冻干管的保护管	ZL201420275462.X	2014 年 10 月 29 日	王玲、杨　峰、魏小娟
140	一种用于存放研钵及研磨棒的搁置架	ZL201420171321.3	2014 年 8 月 13 日	张　茜、王晓力、路　远、田福平、朱学泰、李锦华
141	一种野外植物采样工具包	ZL201420139451.9	2014 年 9 月 3 日	张　茜、朱学泰、王晓力、王春梅、尉秋实
142	一种测草产量的称重袋	ZL201420115688.3	2014 年 9 月 10 日	张　茜、王晓力、王春梅、田福平、李锦华、路　远、朱新强、杨　晓、褚　敏、肖玉萍
143	一种干燥防尘箱	ZL201420289919.2	2014 年 10 月 15 日	张　茜、王晓力、朱学泰、贺洞杰、田福平、尉秋实、朱新强
144	一种 DNA 电泳检测前制样用板	ZL201420294971.7	2014 年 11 月 26 日	张　茜、朱学泰、王晓力、贺洞杰、尉秋实、褚　敏
145	一种伸缩型牧草株高测量尺	ZL201420115305.2	2014 年 12 月 3 日	张　茜、田福平、王春梅、李锦华、王晓力、朱新强、路　远、褚　敏、肖玉萍
146	一种培养皿放置收纳箱	ZL201420284244.2	2014 年 12 月 3 日	张　茜、王晓力、朱学泰、贺洞杰、尉秋实、王春梅
147	一种便携式洗根器	ZL201420141934.2	2014 年 11 月 26 日	路　远、田福平、时永杰、胡　宇、张　茜、李润林
148	一种容量瓶	ZL201420300283.7	2014 年 11 月 26 日	朱新强、王晓力、李锦华、杨　晓、王春梅、张　茜、贺洞杰、胡　宇、张小甫
149	一种试验用玻璃棒	ZL201420300379.3	2014 年 12 月 1 日	朱新强、李锦华、王晓力、杨　晓、王春梅、张　茜、田福平、张小甫、路　远
150	涂布棒灼烧消毒固定工具	ZL201420231726.1	2014 年 10 月 29 日	贺洞杰、张　茜、李锦华、曾玉峰、朱新强、杨　晓
151	一种易拆装花盆	ZL201420268425.6	2014 年 10 月 15 日	胡　宇、田福平、路　远

续表

序号	专利名称	专利号	授权公告日	发明人
152	一种固态发酵蛋白饲料的发酵盒	ZL201420256016.4	2014年5月19日	王晓力、王永刚、朱新强、王春梅、张 茜、曾玉峰、周 磊、陈少辉
153	一种利于厌氧和好氧发酵转换的发酵袋	ZL201420255940.0	2014年5月19日	王晓力、王春梅、王永刚、朱新强、张 茜、周 磊
154	一种锥形瓶灭菌用的封口装置	ZL201420443935.2	2014年10月22日	王晓力、杨瑞基、朱跃明、王永刚、朱新强、王春梅、张 茜
155	一种对种子清洗消毒的装置	ZL201420190136.9	2014年4月18日	王春梅、王晓力、时永杰、田福平、杨红善、朱新强、张 茜、贺炯杰、杨 晓
156	一种带刺植物种子采集器	ZL201420262213.7	2014年5月23日	王春梅、王晓力、朱新强、夏曾润、李锦华、张 茜、田福平、王旭荣、周 磊、胡 宇、贺炯杰
157	一种定量稀释喷洒装置	ZL201420338783.X	2014年6月24日	王春梅、王晓力、杨 逵、朱新强、张怀山、张 茜、魏云霞、程胜利、肖玉萍、王旭荣
158	一种培养皿消毒装置	ZL201420261113.2	2014年5月21日	王春梅、王晓力、朱新强、张 茜、田福平、夏曾润、段丽婕、王旭荣、曾玉峰、贺炯杰、胡 宇
159	一种试管架	ZL201420315525.X	2014年11月5日	罗永江、郑继方、王贵波、辛蕊华
160	一种配置牛床的犊牛岛	ZL201420370740.X	2014年11月12日	秦 哲、李建喜、岳耀敬、张景艳、王旭荣、王 磊、孔晓军、杨志强、王学智、孟嘉仁
161	一种用于微生物学实验的接种针	ZL201420292141.0	2014年11月5日	王旭荣、杨 峰、王学智、张景艳、张世栋、王 磊、秦 哲、孔晓军、李建喜、李宏胜
162	一种耐高温高压的细菌冻干管贮运保护套	ZL201420045653.7	2014年7月23日	王旭荣、杨 峰、张世栋、李建喜、王学智、李宏胜
163	一种病理玻片架	ZL201420174174.5	2014年10月21日	张景艳、李建喜、王旭荣
164	母牛子宫内分泌物采集装置	ZL201420055292.4	2014年10月22日	张世栋、董书伟、王东升、严作廷、杨 峰、王旭荣、褚 敏
165	一种用于冻干管批量清洗装置	ZL201420297285.5	2014年10月15日	李宏胜、杨 峰、罗金印、李新圃、王旭荣、陈炅然、尚立宏、王玲
166	一种用于培养皿消毒和保藏的储存盒	ZL201420302266.7	2014年11月26日	李宏胜、杨 峰、王旭荣、罗金印、李新圃、陈炅然、尚立宏
167	一种多功能试管收纳筐	ZL201420331452.3	2014年6月20日	李新圃、罗金印、李宏胜、杨 峰
168	一种用于CO2培养箱的抽水装置	ZL201420160004.1	2014年10月17日	王 磊、李建喜、王学智、王旭荣、张景艳、杨志强、秦 哲、孔晓军、孟嘉仁
169	实验室用电动清洗刷	ZL201420207999.2	2014年10月10日	王贵波、罗永江、辛蕊华、李锦宇、罗超应、郑继方、谢家声
170	一种小鼠多功能夹式固定器	ZL201420391011.2	2014年10月22日	罗金印、李宏胜、李新圃、杨 峰
171	一种液氮罐用冻存管保存架	ZL201420247751.9	2014年10月31日	裴 杰、褚 敏、郭 宪、梁春年、包鹏甲、朱新书、郎 侠、丁学智、冯瑞林、阎 萍

续表

序号	专利名称	专利号	授权公告日	发明人
172	一种农区、半农半牧区家庭化舍饲养牛牛舍	ZL201420129922. 8	2014 年 10 月 15 日	包鹏甲、裴　杰、梁春年、王宏博、丁学智、郭　宪、朱新书、阎　萍
173	一种羊用野外称重保定装置	ZL201420110553. 8	2014 年 10 月 29 日	包鹏甲、裴　杰、王宏博、梁春年、丁学智、郭　宪、朱新书
174	一种便携式保温采样瓶	ZL201420319874. 9	2014 年 10 月 29 日	包鹏甲、阎　萍、郭　宪、曾玉峰、梁春年、裴　杰、王宏博
175	简易真空干燥装置	ZL201420042430. 5	2014 年 11 月 26 日	熊　琳、高雅琴、牛春娥、王宏博、李维红
176	一种洗毛夹	ZL201320836844. 0	2014 年 9 月 24 日	熊　琳、李维红、高雅琴、牛春娥、杨晓玲
177	一种绵羊产羔栏	ZL201420164233. 0	2014 年 10 月 29 日	郭　健、刘建斌、冯瑞林、牛春娥、岳耀敬、孙晓萍、郭婷婷、杨博辉
178	一种绵羊母子护理栏	ZL201420295132. 7	2014 年 10 月 15 日	郭　健、刘建斌、岳耀敬、冯瑞林、郭婷婷、牛春娥、孙晓萍、杨博辉
179	绵羊人工授精设施	ZL201420293214. 8	2014 年 11 月 19 日	郭　健、冯瑞林、刘建斌、岳耀敬、郭婷婷、牛春娥、孙晓萍、杨博辉
180	一种绵羊药浴设施	ZL201420382102. X	2014 年 11 月 6 日	郭　健、刘建斌、郭婷婷、冯瑞林、岳耀敬、牛春娥、孙晓萍、杨博辉
181	一种剪毛房	ZL201420098940. 4	2014 年 11 月 5 日	牛春娥、郭婷婷、郭　健、杨博辉、岳耀敬、冯瑞林、刘建斌、梁春年
182	一种用于菌株冻干的菌液收集管	ZL201420195648. 4	2014 年 12 月 10 日	杨　峰、李宏胜、王　玲、王旭荣、罗金印、李新圃、张世栋
183	一种毛、绒手排长度试验板	ZL201420134724. 0	2014 年 12 月 10 日	牛春娥、郭　健、郭天芬、郭婷婷、杨博辉、冯瑞林
184	一种实验室用实验组合柜	ZL201420400159. 8	2014 年 12 月 3 日	秦　哲、岳耀敬、李建喜、王学智、王旭荣、张景艳、王　磊、孔晓军、杨志强、孟嘉仁
185	一种水蒸气蒸馏装置	ZL201420217534. 5	2014 年 12 月 17 日	刘　宇、郝宝成、程富胜、梁剑平、尚若峰、王学红、华兰英
186	一种分段式柱体层析装置	ZL201420370838. 5	2014 年 12 月 8 日	秦　哲、李建喜、岳耀敬、张景艳、王旭荣、王　磊、孔晓军、杨志强、王学智、孟嘉仁
187	一种羊用人工授精保定台	ZL201520340744. 8	2015 年 10 月 7 日	包鹏甲、梁春年、裴　杰、王宏博、丁学智、郭　宪、褚　敏、朱新书、阎　萍
188	一种小型可调式手动中药铡刀	ZL201520370733. 4	2015 年 9 月 16 日	程富胜、张继瑜、张　霞、周绪正、李　冰、魏小娟、牛建荣、刘　宇、王娟娟
189	冻存专用采血管储存盒	ZL201520263023. 1	2015 年 8 月 19 日	褚　敏、裴　杰、吴晓云、阎　萍、梁春年、郭　宪、丁学智、包鹏甲、王宏博、朱新书、张　茜、王春梅、孙晓萍、刘建斌、张世栋

续表

序号	专利名称	专利号	授权公告日	发明人
190	快速液氮研磨器	ZL201520263036. 9	2015 年 8 月 26 日	褚　敏、裴　杰、吴晓云、阎　萍、梁春年、郭　宪、丁学智、包鹏甲、王宏博、朱新书、张　茜、王春梅、孙晓萍、刘建斌、张世栋
191	试验用便携式液氮储存壶	ZL201520263024. 6	2015 年 8 月 19 日	褚　敏、裴　杰、吴晓云、阎　萍、梁春年、郭　宪、丁学智、包鹏甲、王宏博、朱新书、张　茜、王春梅、孙晓萍、刘建斌、张世栋
192	液氮罐固定塞	ZL201520263090. 3	2015 年 10 月 21 日	褚　敏、裴　杰、吴晓云、阎　萍、梁春年、郭　宪、丁学智、包鹏甲、王宏博、朱新书、张　茜、王春梅、孙晓萍、刘建斌、张世栋
193	一种采血管保护装置	ZL201520250457. 8	2015 年 8 月 19 日	褚　敏、裴　杰、吴晓云、阎　萍、梁春年、郭　宪、丁学智、包鹏甲、王宏博、朱新书、张　茜、王春梅、孙晓萍、刘建斌、张世栋
194	一种可拆分式洗瓶刷晾置架	ZL201520263117. 9	2015 年 8 月 19 日	褚　敏、裴　杰、吴晓云、阎　萍、梁春年、郭　宪、丁学智、包鹏甲、王宏博、朱新书、张　茜、王春梅、孙晓萍、刘建斌、张世栋
195	一种可替换刀头式冻存管专用动物软组织取样器	ZL201520250311. 3	2015 年 8 月 12 日	褚　敏、裴　杰、吴晓云、阎　萍、梁春年、郭　宪、丁学智、包鹏甲、王宏博、朱新书、张　茜、王春梅、孙晓萍、刘建斌、张世栋
196	一种洗瓶刷	ZL201520250409. 9	2015 年 8 月 26 日	褚　敏、裴　杰、吴晓云、阎　萍、梁春年、郭　宪、丁学智、包鹏甲、王宏博、朱新书、张　茜、王春梅、孙晓萍、刘建斌、张世栋
197	一种自动混匀式水浴加热装置	ZL201520263087. 1	2015 年 10 月 21 日	褚　敏、裴　杰、吴晓云、阎　萍、梁春年、郭　宪、丁学智、包鹏甲、王宏博、朱新书、张　茜、王春梅、孙晓萍、刘建斌、张世栋
198	自动感应式洗手液盛放器	ZL201520263813. X	2015 年 8 月 26 日	褚　敏、裴　杰、吴晓云、阎　萍、梁春年、郭　宪、丁学智、包鹏甲、王宏博、朱新书、张　茜、王春梅、孙晓萍、刘建斌、张世栋
199	采血管收纳的腰间围带	ZL201520263663. 2	2015 年 8 月 19 日	崔东安、王胜义、王孝武、王　慧、王　磊、荔　霞、刘治岐、李胜坤、黄美州、刘永明、齐志明
200	一种 ELISA 实验中的吸水板装置	ZL201520599878. 1	2015 年 12 月 2 日	董书伟、桑梦琪、严作廷、王东升、张世栋、闫宝琪、那立冬、杨志强
201	一种容量瓶、试管和移液管三用支架	ZL201520561321. 9	2015 年 11 月 11 日	高旭东、郝宝成、梁剑平、黄　鑫、刘　宇、王学红
202	一种新型防渗水、孔径可变、高度可调试管架	ZL201520487248. 5	2015 年 10 月 28 日	高旭东、郝宝成、梁剑平、黄　鑫、刘　宇、王学红

续表

序号	专利名称	专利号	授权公告日	发明人
203	禽用饮水器的气门装置	ZL201520221110.0	2015年8月12日	郭　健、岳耀敬、刘建斌、牛春娥、冯瑞林、郭婷婷、袁　超、孙晓萍、杨博辉
204	一种便于清理的猪圈	ZL201520212734.6	2015年8月12日	郭　健、刘建斌、冯瑞林、岳耀敬、郭婷婷、牛春娥、袁　超、孙晓萍、杨博辉
205	一种畜牧场用积粪车	ZL201520221108.3	2015年9月9日	郭　健、刘建斌、牛春娥、岳耀敬、郭婷婷、冯瑞林、袁　超、孙晓萍、杨博辉
206	一种畜牧供给水装置	ZL201520212593.8	2015年8月12日	郭　健、岳耀敬、刘建斌、牛春娥、冯瑞林、袁　超、郭婷婷、杨博辉、孙晓萍
207	一种畜牧用饮水槽	ZL201520212733.1	2015年8月12日	郭　健、牛春娥、岳耀敬、刘建斌、冯瑞林、郭婷婷、袁　超、杨博辉、孙晓萍
208	一种大规模绵羊个体鉴定保定设备	ZL201520211769.8	2015年8月12日	郭　健、牛春娥、岳耀敬、刘建斌、冯瑞林、袁　超、郭婷婷、杨博辉、孙晓萍
209	一种带自动冲洗装置的羊圈	ZL201520212673.3	2015年8月12日	郭　健、冯瑞林、刘建斌、牛春娥、岳耀敬、郭婷婷、袁　超、孙晓萍、杨博辉
210	一种简易家畜装运设备	ZL201520212301.0	2015年8月12日	郭　健、牛春娥、郭婷婷、岳耀敬、冯瑞林、刘建斌、袁　超、孙晓萍、杨博辉
211	一种绵羊分群标记设备	ZL201520221127.6	2015年8月12日	郭　健、冯瑞林、郭婷婷、牛春娥、岳耀敬、刘建斌、袁　超、孙晓萍、杨博辉
212	一种绵羊个体授精保定设备	ZL201520211823.9	2015年8月12日	郭　健、岳耀敬、牛春娥、郭婷婷、刘建斌、冯瑞林、袁　超、孙晓萍、杨博辉
213	一种羊羔喂奶装置	ZL201520576728.9	2015年12月9日	郭　健、郭婷婷、牛春娥、岳耀敬、刘建斌、袁　超、冯瑞林、孙晓萍、杨博辉
214	一种羊舍	ZL201520212607.6	2015年8月12日	郭　健、郭婷婷、牛春娥、岳耀敬、刘建斌、袁　超、冯瑞林、孙晓萍、杨博辉
215	一种组合式羊栏	ZL201520576726.X	2015年10月10日	郭　健、刘建斌、冯瑞林、岳耀敬、郭婷婷、牛春娥、袁　超、孙晓萍、杨博辉
216	不同类型毛绒样品分类收集盒	ZL201520201879.6	2015年8月5日	郭天芬、梁丽娜、高雅琴、杜天庆、牛春娥、杨晓玲
217	多功能桌板结构	ZL201520089380.0	2015年7月1日	郭天芬、梁禾鑫、梁　伟
218	一种可快速取放的坩埚架	ZL201520229449.5	2015年8月16日	郭天芬、梁丽娜、牛春娥、高雅琴、杜天庆、杨晓玲、熊　琳
219	一种可调式容量瓶架	ZL201520203093.8	2015年8月5日	梁丽娜、郭天芬、高雅琴、杜天庆、牛春娥、杨晓玲

续表

序号	专利名称	专利号	授权公告日	发明人
220	一种毛皮存放调湿使用架	ZL201520651960. 4	2015 年 12 月 16 日	王宏博、高雅琴、梁春年、梁丽娜、孙晓萍、刘建斌、包鹏甲、郭 宪
221	一种绒面长度测量板	ZL201520238863. 2	2015 年 7 月 29 日	郭天芬、梁丽娜、高雅琴、牛春娥、杜天庆、杨晓玲、熊 琳
222	一种可固液分离的实验室废弃物盛放装置	ZL201520588555. 2	2015 年 11 月 12 日	郭婷婷、杨博辉、岳耀敬、郭 健、牛春娥、刘建斌、袁 超、孙晓萍、冯瑞林
223	一种牦牛 B 超测定用保定架装置	ZL201420723244. 8	2015 年 4 月 15 日	郭 宪、裴 杰、包鹏甲、丁学智、褚 敏、王宏博、梁春年、闫 萍
224	一种牦牛生产用分群栏装置	ZL201520600096. 5	2015 年 11 月 5 日	郭 宪、裴 杰、包鹏甲、丁学智、褚 敏、王宏博、梁春年、闫 萍
225	一种牦牛酥油提取装置	ZL、201420861298. 0	2015 年 6 月 10 日	郭 宪、裴 杰、梁春年、丁学智、包鹏甲、王宏博、褚 敏、阎 萍
226	一种牛羊暖棚棚架装置	ZL201520263115. X	2015 年 8 月 26 日	郭 宪、裴 杰、褚 敏、丁学智、包鹏甲、孙晓萍、阎 萍
227	一种胚胎体外检取装置	ZL201520159508. 6	2015 年 8 月 12 日	郭 宪、裴 杰、丁学智、褚 敏、包鹏甲、阎 萍、梁春年、岳耀敬、孙晓萍、刘建斌、王宏博
228	细胞培养实验室操作台专用废液缸	ZL201520290100. 2	2015 年 9 月 9 日	郝宝成、刘 宇、梁剑平、胡永浩、王学红、邢小勇、项海涛、温峰琴、郭文柱、尚若峰、杨 珍、郭志廷
229	一种多功能试管架	ZL201520463539. 0	2015 年 11 月 4 日	郝宝成、高旭东、黄 鑫、梁剑平、刘 宇、王学红
230	一种分子生物学实验室超净台专用镊子	ZL201520323116. 9	2015 年 9 月 9 日	梁剑平、郝宝成、郭文柱、刘 宇、尚若锋、王学红、郭志廷、陶 蕾、赵凤舞、贾忠
231	一种实验兔用液体药物灌服辅助器	ZL201520205674. 5	2015 年 9 月 23 日	郝宝成、刘 宇、梁剑平、王学红、陶 蕾、赵凤舞、尚若锋、郭文柱、杨 珍、郭志廷
232	一种新型可调节高速分散器	ZL201520552520. 3	2015 年 7 月 28 日	魏小娟、张继瑜、周绪正、王 玲、程富胜、李剑勇、李 冰、王娟娟
233	一种移液枪枪头盒	ZL201520512464. 0	2015 年 7 月 15 日	郝宝成、高旭东、黄 鑫、梁剑平、刘 宇、王学红
234	一种预防羊疯草中毒舔砖专用放置架	ZL201520116650. 2	2015 年 7 月 15 日	郝宝成、刘 宇、梁剑平、王学红、陶蕾、王保海、刘建枝、次仁多吉、赵凤舞、郭文柱、郭志庭、杨 珍
235	超净台培养基倾倒工具	ZL201520040575. 6	2015 年 6 月 17 日	贺洞杰、田福平、路 远、胡 宇、张登基、郭慧琳
236	固定式便捷刮板器	ZL201520106452. 8	2015 年 8 月 5 日	贺洞杰、张 茜、朱新强、胡 宇、李锦华、路 远、田福平、王春梅
237	琼脂糖凝胶和核酸胶的携带移动装置	ZL201520106455. 1	2015 年 11 月 11 日	贺洞杰、胡 宇、李锦华、路 远、张 茜、田福平、杨 晓、周 磊

续表

序号	专利名称	专利号	授权公告日	发明人
238	一种 PCR 加样简易操作台	ZL201520088573.4	2015 年 7 月 15 日	贺洞杰、路　远、田福平、张　茜、胡　宇、李锦华、朱新强、杨　晓、张小甫
239	一种超净工作台液氮瓶固定倾倒装置	ZL201420803734.9	2015 年 5 月 13 日	贺洞杰、贺奋义、朱新强、杨　晓
240	一种多功能试剂管放置板	ZL201520132057.7	2015 年 7 月 12 日	贺洞杰、朱新强、张　茜、田福平、李锦华、路　远、胡　宇、杨　晓、张小甫
241	一种核酸胶切割装置	ZL201420803801.7	2015 年 4 月 8 日	贺洞杰、郭慧琳、张　茜、张登基
242	一种培养皿晾晒装置	ZL201420803659.6	2015 年 5 月 13 日	贺洞杰、郭慧琳、路　远、车小蛟
243	一种培养皿清洁工具	ZL201520083238.5	2015 年 7 月 15 日	贺洞杰、胡　宇、张登基、田福平、郭慧琳、路　远、张　茜、朱新强
244	一种试管固定晾晒工具	ZL201520080006.4	2015 年 9 月 30 日	贺洞杰、路　远、胡　宇、张登基、郭慧琳、田福平、张　茜
245	一种用于实验室孵化鸡胚的简易鸡胚孵化架	ZL201520095739.5	2015 年 9 月 16 日	贺洞杰、杨　明、田福平、胡　宇、路　远、朱新强、李锦华、张　茜、王春梅、杨　晓
246	一种用于制作琼脂扩散试验中梅花形孔的装置	ZL201520095603.4	2015 年 6 月 17 日	贺洞杰、路　远、胡　宇、张　茜、田福平、朱新强、李锦华、王春梅、杨　晓
247	用于清洗细胞瓶的可更换刷头的细胞瓶刷	ZL201520106451.3	2015 年 7 月 15 日	贺洞杰、路　远、张　茜、田福平、胡　宇、朱新强、李锦华、杨　晓
248	一种便捷式标本夹	ZL201520286168.3	2015 年 8 月 26 日	胡　宇、田福平、路　远、朱新强、贺洞杰、张　茜、王春梅、时永杰、张小甫、周　恒
249	一种便携式样方框	ZL201520288217.7	2015 年 11 月 11 日	胡　宇、田福平、路　远、朱新强、贺洞杰、张　茜、王春梅、时永杰、张小甫、周　恒
250	一种草地地方样品采集剪刀	ZL201520286167.9	2015 年 8 月 26 日	胡　宇、田福平、路　远、朱新强、贺洞杰、时永杰、张小甫、周　恒
251	一种测定土壤水分的新型铝盒	ZL201520285736.8	2015 年 8 月 19 日	胡　宇、田福平、路　远、朱新强、贺洞杰、张　茜、王春梅、时永杰、张小甫、周　恒
252	一种新型土钻	ZL201520510776.8	2015 年 10 月 28 日	胡　宇、田福平、路　远、朱新强、贺洞杰、张　茜、时永杰、张小甫、周　恒、陈　璐、杨　晓
253	一种针对燕麦类种子的种子袋	ZL201520500658.9	2015 年 11 月 18 日	胡　宇、田福平、路　远、朱新强、贺洞杰、张　茜、时永杰、张小甫、周　恒
254	一种针对有毒、刺植物的样品采集剪刀	ZL201520288729.3	2015 年 8 月 26 日	胡　宇、田福平、路　远、朱新强、贺洞杰、张　茜、时永杰、张小甫、周　恒
255	一种可计量倾倒液体体积的烧杯	ZL201520506039.0	2015 年 7 月 14 日	黄　鑫、郝宝成、高旭东、梁剑平、刘　宇、王学红

续表

序号	专利名称	专利号	授权公告日	发明人
256	一种大小鼠代谢率搁置架	ZL201520391528.6	2015年10月7日	孔晓军、刘希望、杨亚军、李世宏、秦　哲、李剑勇
257	一种简易牦牛粪捡拾器	ZL201520309617.1	2015年9月16日	孔晓军、李建喜、李剑勇、王学智、刘希望、杨亚军、秦　哲、李世宏
258	一种伸缩式蜡叶标本架	ZL201520037279.0	2015年6月3日	孔晓军、李建喜、王学智、张景艳、秦　哲、王　磊、王旭荣
259	一种旋转式腊页标本陈列架	ZL201520422712.2	2015年10月21日	孔晓军、李剑勇、杨亚军、刘希望、李世宏、秦　哲
260	一种便携式色谱柱存放袋	ZL201520396467.2	2015年12月2日	李　冰、张继瑜、周绪正、牛建荣、魏小娟、杨亚军、程富胜、崔俊涛、李建勇
261	一种色谱柱存放盒	ZL201520396229.1	2015年10月14日	李　冰、张继瑜、周绪正、牛建荣、魏小娟、杨亚军、程富胜、崔俊涛、李建勇
262	一种台式电子天平秤	ZL201520381009.1	2015年12月16日	李　冰、张继瑜、周绪正、牛建荣、魏小娟、杨亚军、程富胜、崔俊涛、李建勇
263	一种血浆样品存储盒	ZL201520211536.8	2015年8.26	李　冰、张继瑜、周绪正、魏小娟、牛建荣、杨亚军、程富胜、王娟娟、李剑勇、刘希望
264	一种样品瓶存储盒	ZL201520229707.X	2015年9.09	李　冰、张继瑜、周绪正、魏小娟、牛建荣、程富胜、王娟娟、杨亚军
265	一种可调节桌面水平和高度的桌子	ZL201520340642.6	2015年9月16日	李润林、董鹏程
266	一种马铃薯点播器	ZL201520335053.9	2015年9月16日	李润林、董鹏程
267	一种手动土样过筛装置	ZL201520309807.3	2015年9月16日	李润林、董鹏程
268	一种药材育成苗点播器	ZL201520340531.5	2015年9月16日	李润林、董鹏程
269	一种野外观测仪表防水保护箱	ZL201520313827.8	2015年8月26日	李润林、董鹏程
270	一种不同动物的开膣器	ZL201520414067.X	2015年10月21日	李世宏、李剑勇、孔晓军、秦　哲、杨亚军、刘希望
271	一种不同动物的叩诊锤	ZL201520414076.9	2015年10月21日	李世宏、李剑勇、刘希望、孔晓军、杨亚军、秦　哲
272	一种大家畜的灌药器	ZL201520309672.0	2015年10月21日	李世宏、刘希望、杨亚军、孔晓军、秦　哲、李剑勇
273	一种公羊采精器	ZL201520309860.3	2015年10月21日	李世宏、秦　哲、孔晓军、刘希望、杨亚军、李剑勇
274	一种家畜的便携钢笔式体温计装置	ZL201520391526.7	2015年12月16日	李世宏、李剑勇、刘希望、杨亚军、孔晓军、秦　哲
275	一种家畜口腔消毒容器	ZL201520330977.X	2015年9月23日	李世宏、李剑勇、刘希望、杨亚军、孔晓军、秦　哲
276	一种家畜蠕虫病检查过滤器	ZL201520331245.2	2015年9月16日	李世宏、李剑勇、杨亚军、刘希望、孔晓军、秦　哲

续表

序号	专利名称	专利号	授权公告日	发明人
277	一种仔猪去势手术用保定架	ZL201520309664.6	2015年9月16日	李世宏、杨亚军、刘希望、孔晓军、秦　哲、李剑勇
278	一种猪的保定架	ZL201520309586.X	2015年10月7日	李世宏、孔晓军、秦　哲、杨亚军、刘希望、李剑勇
279	羊毛洗净率实验中的烘箱隔板	ZL201520201917.8	2015年8月5日	李维红、高雅琴、熊　琳、杜天庆、梁丽娜、杨晓玲、郭天芬
280	一种氨基酸检测实验中溶剂简易干燥装置	ZL201520201914.4	2015年8月5日	李维红、高雅琴、熊　琳、杜天庆、梁丽娜、郭天芬、杨晓玲、孙晓萍
281	一种畜禽肉粉碎样品取样器	ZL201520007941.8	2015年7月8日	李维红、熊　琳、高雅琴、杜天庆、梁丽娜、郭天芬、杨晓玲
282	一种萃取分层中的吸取装置	ZL201520008163.4	2015年7月15日	李维红、熊　琳、高雅琴、杜天庆、梁丽娜、郭天芬、杨晓玲
283	一种简易冷冻装置	ZL201520159477.4	2015年5月13日	李维红、高雅琴、熊　琳、孙晓萍、杜天庆、梁丽娜、郭天芬、杨晓玲、路　远
284	一种微量样品的过滤器	ZL201520174273.8	2015年7月29日	李维红、高雅琴、熊　琳、孙晓萍、杜天庆、梁丽娜、郭天芬、杨晓玲
285	一种一次性防毒口罩	ZL201520174410.8	2015年8月22日	李维红、熊　琳、高雅琴、杜天庆、梁丽娜、孙晓萍、郭天芬、杨晓玲
286	一种牦牛用模拟采精架	ZL201520252466.0	2015年4月18日	梁春年、王宏博、郭　宪、丁学智、阎　萍、包鹏甲、杨胜元、朱新书
287	一种牧区牦牛体重自动筛查装置	ZL201520240864.0	2015年4月17日	梁春年、丁学智、郭　宪、王宏博、阎　萍、裴　杰、褚　敏、杨胜元
288	可调式毛绒样品烘样篮	ZL201520202223.6	2015年7月15日	梁丽娜、郭天芬、高雅琴、杜天庆、牛春娥、杨晓玲
289	少量毛绒样品清洗杯	ZL201520246135.6	2015年8月19日	梁丽娜、郭天芬、高雅琴、杜天庆、李维红、熊　琳、杨晓玲
290	一种测温式水浴固定装置	ZL201520237746.4	2015年8月12日	梁丽娜、郭天芬、李维红、高雅琴、杜天庆、熊　琳、杨晓玲
291	一种坩埚架夹持器	ZL201520233563.5	2015年8月12日	梁丽娜、郭天芬、高雅琴、李维红、杜天庆、熊　琳、杨晓玲、牛春娥
292	一种筛底可更换式实验筛	ZL201520203048.2	2015年8月5日	梁丽娜、郭天芬、高雅琴、杜天庆、牛春娥、杨晓玲
293	一种鼠类动物饲养笼清洁铲	ZL201520330971.2	2015年9月16日	刘希望、马　宁、孔晓军、杨亚军、李世宏、秦　哲、李剑勇
294	可收缩式遮阴棚架	ZL201520261481.1	2015年8月19日	路　远、胡　宇、张　茜、田福平、贺洞杰、时永杰、张万祥
295	可调节角度的斜面培养基试管架	ZL201520261482.6	2015年8月19日	路　远、田福平、胡　宇、贺洞杰、张　茜、朱新强、周学辉、王晓力
296	一种可叠加放置的育苗钵架	ZL201520261444.0	2015年8月19日	路　远、张万祥、田福平、贺洞杰、胡　宇、张　茜、李锦华、朱新强、杨　晓

续表

序号	专利名称	专利号	授权公告日	发明人
297	一种手摇式土壤筛	ZL201520253027.1	2015年8月19日	路　远、张　茜、田福平、胡　宇、王晓力、贺洞杰、周学辉、王春梅、李锦华
298	一种野外保暖箱	ZL201520507956.0	2015年11月11日	路　远、田福平、张万祥、胡　宇、张小甫、贺洞杰、张　茜、王晓力、朱新强、杨　晓、周学辉
299	一种植物测量尺	ZL201520500608.0	2015年11月4日	路　远、田福平、时永杰、张　茜、胡　宇、张小甫、贺洞杰、朱新强
300	一种植物生长板	ZL201520500700.7	2015年11月4日	路　远、田福平、时永杰、张　茜、胡　宇、张小甫、贺洞杰、朱新强
301	一种可使试管倾斜放置的装置	ZL201420549489.3	2015年1月7日	罗永江、郑继方、辛蕊华、王贵波、谢家声、罗超应、李锦宇
302	一种用于防置球形底容器的装置	ZL201420473479.6	2015年2月18日	罗永江、郑继方、王贵波
303	一种用于安全运输样品的采样装置	ZL201520177535.6	2015年11月18日	牛建荣、张继瑜、王　玲、周绪正、李　冰、魏小娟
304	高通量聚丙烯酰胺凝胶制胶器	ZL201520345130.9	2015年9月16日	裴　杰、包鹏甲、郭　宪、褚　敏、梁春年、丁学智、阎　萍、冯瑞林、孙晓萍、刘　宇
305	离心管架	ZL201520345178.X	2015年9月23日	裴　杰、郭　宪、包鹏甲、褚　敏、梁春年、丁学智、阎　萍、冯瑞林、孙晓萍、刘　宇
306	一种可拆卸式荧光定量孔板	ZL201520308918.2	2015年9月9日	裴　杰、郭　宪、包鹏甲、褚　敏、梁春年、阎　萍、冯瑞林、丁学智、王宏博、朱新书、孙晓萍、刘　宇
307	一种生物学实验用实验服	ZL201520308884.7	2015年9月2日	裴　杰、褚　敏、郭　宪、包鹏甲、梁春年、阎　萍、冯瑞林、丁学智、朱新书、王宏博、孙晓萍、刘　宇
308	一种制胶用移液器吸头	ZL201520309333.2	2015年9月2日	裴　杰、包鹏甲、郭　宪、褚　敏、梁春年、阎　萍、丁学智、冯瑞林、王宏博、朱新书、孙晓萍、刘　宇
309	一种多功能实验室冰盒	ZL201520560397.X	2015年12月2日	秦　哲、李剑勇、刘希望、李世宏、杨亚军、孔晓军
310	一种生物样品涂片及切片用的染色架	ZL201520560611.1	2015年12月2日	秦　哲、李剑勇、刘希望、李世宏、杨亚军、孔晓军
311	羊用复式循环药浴池	ZL201420505089.2	2015年3月25日	孙晓萍、刘建斌、张万龙、郭婷婷、杨博辉、岳耀敬、冯瑞林
312	一种放牧羊保定栏	ZL201520552564.6	2015年12月2日	孙晓萍、刘建斌、岳耀敬、杨博辉、高雅琴、郭　健、褚　敏、郭　宪、丁学智、袁　超、包鹏甲、李维红、王宏博、裴　杰、郭婷婷、冯瑞林
313	一种羔羊集约化饲养羊舍	ZL201520093598.3	2015年7月9日	孙晓萍、刘建斌、岳耀敬、杨博辉、高雅琴、郭　健、褚　敏、郭　宪、丁学智、袁　超、包鹏甲、李维红、王宏博、裴　杰、郭婷婷、冯瑞林

续表

序号	专利名称	专利号	授权公告日	发明人
314	一种弧形体尺测量仪	ZL201520147038.1	2015年9月16日	孙晓萍、刘建斌、岳耀敬、杨博辉、高雅琴、郭　健、褚　敏、郭　宪、丁学智、袁　超、包鹏甲、李维红、王宏博、裴　杰、郭婷婷、冯瑞林
315	一种舍饲绵羊圈舍内的栓扣装置	ZL201520603029.1	2015年12月2日	孙晓萍、刘建斌、岳耀敬、杨博辉、高雅琴、郭　健、褚　敏、郭　宪、丁学智、袁　超、包鹏甲、李维红、王宏博、裴　杰、郭婷婷、冯瑞林
316	一种舍饲羊圈、放牧围栏的半自动门锁	ZL201520118910.X	2015年7月22日	孙晓萍、刘建斌、岳耀敬、杨博辉、高雅琴、郭　健、褚　敏、郭　宪、丁学智、袁　超、包鹏甲、李维红、王宏博、裴　杰、郭婷婷、冯瑞林
317	一种羊只运输的装车装置	ZL201520208296.6	2015年8月5日	孙晓萍、刘建斌、岳耀敬、杨博辉、高雅琴、郭　健、褚　敏、郭　宪、丁学智、袁　超、包鹏甲、李维红、王宏博、裴　杰、郭婷婷、冯瑞林
318	移动可拆卸放牧羊保定栏	ZL201520118910.X	2015年7月15日	孙晓萍、刘建斌、岳耀敬、杨博辉、高雅琴、郭　健、褚　敏、郭　宪、丁学智、袁　超、包鹏甲、李维红、王宏博、裴　杰、郭婷婷、冯瑞林
319	适用于北方室内花卉的施肥系统	ZL201420742044.7	2015年7月8日	王春梅、王晓力、杨　逵、张　茜、朱新强、张怀山、杨　晓、周学辉、路　远
320	一种电极测定离子过膜时速率的专用测试装置	ZL201520132634.2	2015年6月24日	王春梅、田福平、王晓力、李　湛、伍国强、袁慧君、朱新强、王旭荣、胡　宇、张　茜、路　远
321	一种防辐射手臂保护套	ZL201520131979.6	2015年7月8日	王春梅、田福平、王晓力、张　茜、胡　宇、袁慧君、朱新强、杨红善、贺炯杰、路　远、王旭荣、褚　敏
322	一种放射性废物的收集装置	ZL201520131874.0	2015年6月24日	秦　哲、李建喜、岳耀敬、张景艳、王旭荣、王　磊、孔晓军、杨志强、王学智、孟嘉仁
323	一种接种针消毒装置	ZL201520136978.0	2015年7月15日	王春梅、王晓力、贺炯杰、张　茜、田福平、朱新强、周学辉、王旭荣、褚　敏、张怀山
324	一种手术刀片消毒装置	ZL201520103625.0	2015年9月2日	王春梅、王晓力、朱新强、田福平、张　茜、王旭荣、褚　敏、杨红善、路　远、胡　宇
325	一种吸壁式移液器搁置架	ZL201520136954.5	2015年7月22日	王春梅、王晓力、张　茜、朱新强、田福平、杨　晓、李锦华、褚　敏、王旭荣
326	一种液体高温灭菌瓶	ZL201520136701.8	2015年7月15日	王春梅、王晓力、杨　晓、张　茜、朱新强、田福平、胡　宇、王旭荣、褚　敏
327	一种液体闪烁计数法测定活体植物单向离子吸收速率的方法的专用样品管	、ZL201520132633.8	2015年6月24日	王春梅、伍国强、王晓力、田福平、李　湛、张　茜、袁慧君、杨　晓、朱新强、王旭荣、胡　宇

续表

序号	专利名称	专利号	授权公告日	发明人
328	一种移液器枪头超声波清洗筐	ZL201520142914.1	2015年11月11日	王春梅、王晓力、田福平、朱新强、张　茜、褚　敏、张怀山、周学辉、王旭荣
329	一种早熟禾草坪建植中种子快速萌发方法的专用松皮装置	ZL201420793608.X	2015年5月27日	王春梅、王晓力、杨　逵、田福平、周学辉、张　茜、杨　晓、朱新强
330	一种纸张消毒盒	ZL201520103549.3	2015年7月15日	王春梅、王晓力、朱新强、田福平、张　茜、王旭荣、褚　敏、贺炯杰、杨　晓、周学辉
331	减压三通管	ZL201520263664.7	2015年8月19日	王东升、张世栋、严作廷、董书伟、尚小飞、杨　峰、那立东、闫宝琪
332	鼠耳片取样器	ZL201520263595.X	2015年8月5日	王东升、尚小飞、张世栋、严作廷、董书伟、那立东、闫宝琪
333	一种薄层色谱板保存盒	ZL201520039888.X	2015年6月24日	王东升、董书伟、严作廷、张世栋、尚小飞、苗小楼、师希雄
334	一种多功能吸管架	ZL201520335193.6	2015年10月7日	王东升、董书伟、张世栋、严作廷、尚小飞、荔　霞、苗小楼
335	一种简易薄层色谱点样标尺	ZL201520020761.3	2015年5月13日	王东升、张世栋、严作廷、尚小飞、董书伟、苗小楼
336	一种猪用开口器	ZL201520222389.4	2015年9月16日	王东升、张世栋、严作廷、李世宏、荔　霞、尚小飞、董书伟、那立东
337	一种放牧绵羊缓释药丸投喂器	ZL201520252434.0	2015年8月12日	王宏博、朱新书、包鹏甲、梁春年、郭　宪、阎　萍、高雅琴
338	一种毛纤维切取装置	ZL201520197765.9	2015年7月15日	王宏博、高雅琴、梁春年、梁丽娜、孙晓萍、刘建斌、包鹏甲、郭　宪
339	隔板式培养皿	ZL201520250456.3	2015年8月12日	王　玲、杨峰、魏小娟、郭志廷、刘　宇、郭文柱、周绪正、牛建荣
340	斜面培养基的试管搁架	ZL、201520322966.7	2015年12月9日	王　玲、郭文柱、郭志廷、魏小娟、罗永江、刘　宇、杨　峰、崔东安、周绪正、牛建荣、李宏胜
341	一种活动套管式琼脂平板打孔器	ZL201520268149.8	2015年8月19日	王　玲、杨　峰、刘　宇、魏小娟、崔东安、郭志廷、郭文柱、周绪正、牛建荣、苗小楼
342	一种实验室酸缸专用浸泡装置	ZL201520470891.7	2015年12月16日	王　玲、魏小娟、杨　峰、郭文柱、李宏胜、崔东安、杨　珍、刘　宇、周绪正、牛建荣
343	一种试管沥水收纳装置	ZL201520370333.3	2015年10月14日	王　玲、魏小娟、牛建荣、杨峰、郭志廷、刘　宇、罗永江、郭文柱、杨　珍、周绪正
344	一种用于分离蛋黄和蛋清的手捏式蛋黄吸取器具	ZL201420586223.6	2015年2月18日	王　玲、杨　峰、魏小娟、刘　宇、罗永江、陈炅然、郭文柱
345	一种用于琼脂扩散试验的多孔制孔器装置	ZL201520242420.0	2015年7月29日	王　玲、郭文柱、魏小娟、牛建荣、郭志廷、罗永江、刘　宇、杨　峰、李宏胜

续表

序号	专利名称	专利号	授权公告日	发明人
346	一种用于微量移取溶液的定量刻度管	ZL201520322885.7	2015年9月23日	王　玲、杨峰、郭文柱、郭志廷、刘　宇、魏小娟、崔东安、周绪正、牛建荣
347	一种用于无菌采集奶牛乳房炎乳汁样品的采样包	ZL201420717921.0	2015年1月7日	王　玲、苗小楼、魏小娟、杨峰、陈炅然
348	一种种子存储袋	ZL201520293922.6	2015年9月2日	王晓力、朱新强、李锦华、王永刚、王春梅、张　茜、李秋剑、王欣瑞
349	粪便样品处理器	ZL201520246282.3	2015年10月22日	魏小娟、张继瑜、王　玲、周绪正、程富胜、李剑勇、牛建荣、李　冰、王娟娟
350	一种大动物胃管灌药器	ZL201520309780.8	2015年9月16日	魏小娟、张继瑜、王　玲、唐江山、周绪正、程富胜、李　冰、李剑勇、王娟娟、杨峰
351	一种多用途搬运车	ZL201520426265.8	2015年10月21日	魏小娟、张继瑜、王　玲、周绪正、程富胜、李　冰、王娟娟、杨　峰、牛建荣
352	一种检测牛肉中伊维菌素残留的试剂盒	ZL201520370918.5	2015年9月9日	魏小娟、张继瑜、周绪正、王　玲、程富胜、李　冰、牛建荣、王娟娟、杨　峰
353	一种可拆卸式多用途试管架和移液管组合架	、ZL201520241210.X	2015年8月12日	魏小娟、张继瑜、王　玲、周绪正、程富胜、李剑勇、李　冰、杨亚军、刘希望、王娟娟
354	一种马属动物鼻腔采样器	ZL201520318709.6	2015年9月16日	魏小娟、张继瑜、王　玲、唐江山、周绪正、程富胜、李　冰、李剑勇、王娟娟、杨　峰
355	一种牛用鼻腔粘液采集器	ZL201520318959.X	2015年9月16日	魏小娟、张继瑜、王　玲、唐江山、周绪正、程富胜、李　冰、李剑勇、王娟娟、杨　峰
356	一种培养基盛放瓶	、ZL201520241580.3	2015年8月12日	魏小娟、张继瑜、王　玲、周绪正、李剑勇、程富胜、牛建荣、李　冰、杨亚军、刘希望、王娟娟
357	一种犬用简易鼻腔粘液采集器	ZL201520318957.0	2015年9月16日	魏小娟、张继瑜、王　玲、唐江山、周绪正、程富胜、李　冰、李剑勇、王娟娟、杨　峰
358	一种实验兔针灸用装置	ZL201520051143.5	2015年7月8日	魏小娟、张继瑜、周绪正、唐江山、李剑勇、程富胜、牛建荣、李　冰、王　玲、杨亚军、刘希望、王娟娟
359	一种新型试管架	ZL201520233622.9	2015年8月26日	魏小娟、张继瑜、周绪正、王　玲、程富胜、李剑勇、李　冰、王娟娟
360	一种羊鼻腔采样器	ZL201520318688.8	2015年9月16日	魏小娟、张继瑜、王　玲、唐江山、周绪正、程富胜、李　冰、李剑勇、王娟娟、杨　峰
361	集成式磁力搅拌水浴反应装置	ZL201520186903.3	2015年7月29日	熊　琳、李维红、高雅琴、李润林、杜天庆、梁丽娜、郭天芬、杨晓玲
362	实验室用超声萃取装置	ZL201520173967.X	2015年7月22日	熊　琳、高雅琴、李维红、杜天庆、梁丽娜、郭天芬、杨晓玲

续表

序号	专利名称	专利号	授权公告日	发明人
363	一种薄层色谱展开装置	ZL201520132741.5	2015年6月17日	熊琳、高雅琴、李维红、杜天庆、梁丽娜、郭天芬、杨晓玲
364	一种便携式样品冷冻箱	ZL201520219329.7	2015年10月7日	熊琳、高雅琴、李维红、杜天庆、梁丽娜、郭天芬、杨晓玲
365	一种集成器皿架	ZL201520213813.9	2015年8月12日	熊琳、李维红、高雅琴、杜天庆、梁丽娜、郭天芬、杨晓玲
366	一种简易固相萃取装置	ZL201520075271.3,	2015年8月12日	熊琳、李维红、高雅琴、杜天庆、杨晓玲
367	一种可调节高度实验台	ZL201520201920.X	2015年8月12日	熊琳、高雅琴、李维红、杜天庆、梁丽娜、郭天芬、杨晓玲
368	一种自行式气瓶运输车	ZL201520218657.5	2015年8月12日	熊琳、高雅琴、李维红、杜天庆、梁丽娜、郭天芬、杨晓玲
369	一种EP管固定盘	ZL201520003351.8	2015年6月3日	杨峰、李宏胜、王玲、王旭荣、罗金印、李新圃、张世栋
370	一种利于琼脂斜面管制作的存放盒	ZL201520003123.0	2015年1月5日	杨峰、李宏胜、王玲、王旭荣、罗金印、李新圃、张世栋
371	一种消毒液稀释杯	ZL201520263395.4	2015年8月19日	杨峰、李宏胜、王玲、王旭荣、罗金印、李新圃、张世栋、魏小娟、董书伟
372	一种新型酒精灯	ZL201520242654.5	2015年8月12日	杨峰、李宏胜、王旭荣、王玲、罗金印、李新圃、张世栋、魏小娟
373	一种用于超净工作台内的移液枪架	ZL201520263002.X	2015年8月19日	杨峰、李宏胜、王玲、王旭荣、罗金印、李新圃、张世栋、魏小娟、董书伟
374	一种用于革兰氏染色的载玻片钳子	ZL201520003185.1	2015年5月6日	杨峰、李宏胜、王旭荣、王玲、罗金印、李新圃、张世栋
375	一种用于革兰氏染色的载玻片吸附架	ZL201520263088.6	2015年8月5日	杨峰、李宏胜、王玲、王旭荣、罗金印、李新圃、张世栋、魏小娟
376	一种用于尾静脉试验的大小鼠固定装置	ZL201520203013.9	2015年8月5日	杨峰、李宏胜、王旭荣、王玲、罗金印、李新圃、张世栋、魏小娟
377	一种用于细菌革兰氏染色的载玻片界定架	ZL201520290150.0	2015年9月9日	杨峰、李宏胜、王玲、王旭荣、罗金印、李新圃、张世栋、魏小娟
378	一种用于药敏试验抑菌圈的测量装置	ZL201520202979.0	2015年8月5日	杨峰、李宏胜、王旭荣、王玲、罗金印、李新圃、张世栋、魏小娟
379	一种便携式田间标识牌	ZL201520079167.1	2015年7月1日	杨红善、何小琴、周学辉、常根柱
380	一种可伸缩的土壤耕作耙子	ZL201520132950.X	2015年7月29日	杨红善、周学辉、何小琴、常根柱
381	一种进样瓶辅助清洗器	ZL201520213206.2	2015年8月12日	杨晓玲、高雅琴、李维红、熊琳、郭天芬、梁丽娜、杜天庆
382	一种实验室专用多功能简易定时器	ZL201520496414.8	2015年11月4日	杨晓玲、高雅琴、李维红、熊琳、郭天芬、杜天庆、梁丽娜
383	一种黏性样品取样匙	ZL201520218616.6	2015年7月22日	杨晓玲、熊琳、高雅琴、李维红、郭天芬、梁丽娜、杜天庆

续表

序号	专利名称	专利号	授权公告日	发明人
384	一种比色管支架装置	ZL201520649219.4	2015年12月16日	杨　珍、梁剑平、刘　宇、郝宝成、尚若峰、王学红、王　玲、郭文柱
385	一种冰浴支架装置	ZL201520340865.2	2015年9月23日	杨　珍、梁剑平、刘　宇、郝宝成、尚若峰、王学红、王　玲、郭志廷
386	一种低温解剖小鼠实验装置	ZL201520309945.1	2015年9月2日	杨　珍、刘　宇、梁剑平、尚若峰、郭志廷、郭文柱、王学红
387	一种水浴支架	ZL201520330985.4	2015年9月16日	杨　珍、梁剑平、刘　宇、郝宝成、尚若峰、王学红、王　玲、郭志廷
388	一种柱层析遮光支架装置	ZL201520391696.5	2015年12月16日	杨　珍、梁剑平、刘　宇、尚若峰、郭文柱、郭志廷、王学红、郝宝成
389	一种柱层析支架	ZL201520308919.7	2015年3月4日	杨　珍、梁剑平、刘　宇、尚若峰、郝宝成、郭文柱、郭志廷、王学红
390	一种家畜称重分离装置	ZL201420665938.0	2015年3月25日	岳耀敬、秦　哲、杨博辉、郭　健、冯瑞林、郭婷婷、刘建斌、孙晓萍、牛春娥
391	一种试验用防护取样器	ZL201520380966.2	2015年9月30日	张景艳、李建喜、张　宏、王学智、王　磊、王旭荣、孟嘉仁
392	实验室清洁刷放置储存挂袋	ZL201520182941.1	2015年7月22日	张　茜、王晓力、田福平、路　远、王春梅、贺洞杰、胡　宇
393	小型液氮取倒容器	ZL201520181777.2	2015年7月29日	张　茜、王晓力、田福平、路　远、王春梅、贺洞杰、朱新强、胡　宇
394	悬挂式植物蜡叶标本展示盒	ZL201520182839.1	2015年7月22日	张　茜、田福平、王晓力、王春梅、路　远、贺洞杰、胡　宇、杨　晓
395	一种灌木植物冬季保暖的简易温室	ZL201520237678.1	2015年8月12日	张　茜、田福平、路　远、王晓力、王春梅、贺洞杰、褚　敏
396	一种禾本科种子发芽实验皿	ZL201520003287.3	2015年10月7日	张　茜、王晓力、田福平、王春梅、贺洞杰、朱新强
397	一种土壤取样器	ZL201520074028.X	2015年6月3日	张　茜、田福平、路　远、胡　宇、王晓力、王春梅、贺洞杰
398	一种育种种子储藏袋	ZL201520003267.6	2015年6月10日	张　茜、田福平、王晓力、路　远、王春梅、贺洞杰、杨　晓
399	一种植物干种子标本展示瓶	ZL201520074090.9	2015年7月15日	张　茜、田福平、王晓力、王春梅、贺洞杰、朱新强、胡　宇
400	一种植物腊叶标本直立式展示盒	ZL201520218656.0	2015年8月5日	张　茜、田福平、王晓力、王春梅、路　远、贺洞杰、胡　宇、杨　晓
401	一种植物种子撒播器	ZL201520003268.0	2015年6月10日	张　茜、田福平、王晓力、贺洞杰、王春梅、路　远、胡　宇
402	一种冷冻组织块切割装置	ZL201420744159.X	2015年3月25日	张世栋、王东升、董书伟、严作廷、王旭荣、杨　峰、荔　霞
403	一种凝胶胶片转移装置	ZL201420744583.4	2015年4月22日	张世栋、王东升、董书伟、严作廷、王旭荣、杨　峰、荔　霞
404	一种牛用颈静脉采血针	ZL201420744220.0	2015年4月22日	张世栋、董书伟、王东升、严作廷、王旭荣、杨　峰、荔　霞

续表

序号	专利名称	专利号	授权公告日	发明人
405	一种细胞培养皿	ZL201420744156.6	2015年4月22日	张世栋、董书伟、王东升、严作廷、王旭荣、杨　峰、荔　霞
406	一种牛的诊疗保定栏	ZL201520145849	2015年8月5日	周绪正、张继瑜、邢守叶、李　冰、魏小娟、牛建荣、李金善、李剑勇、杨亚军、刘希望、程富胜、王　玲
407	一种猪专用前腔静脉采血可调保定架	ZL20152014700.X	2015年3月16日	周绪正、张继瑜、李　冰、魏小娟、牛建荣、李金善、李剑勇、杨亚军、刘希望、程富胜、王　玲、邢守叶
408	一种成猪专用保定架	ZL201420474429.X	2015年1月28日	周绪正、张继瑜、邢守叶、李　冰、魏小娟、牛建荣、李金善、李剑勇、杨亚军、刘希望、程富胜、王　玲
409	一种可调节行距和播种深度的田间试验划线器	ZL201520133797.2	2015年8月26日	周学辉、杨红善、常根柱、王晓力、路　远
410	一种笔式计数数粒装置	ZL201520309742.2	2015年8月26日	朱新强、王晓力、李锦华、王永刚、贺洞杰、王春梅、胡　宇、杨红善
411	一种拆卸式坩埚托盘	ZL201520400377.6	2015年10月21日	朱新强、王晓力、李锦华、王永刚、张　茜、胡　宇、贺洞杰、杨红善
412	一种具有多管腔的试管	ZL201520322944.0	2015年11月10日	朱新强、李锦华、王晓力、王春梅、张　茜、杨　晓、路　远、田福平、杨红善
413	一种可倾斜试管架	ZL201520400521.6	2015年10月21日	朱新强、王晓力、李锦华、王永刚、贺洞杰、王春梅、张　茜、杨　晓
414	一种适用于小面积种植的播种装置	ZL201520400575.2	2015年10月21日	朱新强、李锦华、王晓力、田福平、路　远、王春梅、张　茜、杨　晓
415	一种用于倾倒液体的抓瓶装置	ZL201520400608.3	2015年11月4日	朱新强、王晓力、李锦华、贺洞杰、王春梅、张小甫、田福平
416	一种植株样本采集袋	ZL201520298815.2	2015年9月9日	朱新强、王晓力、李锦华、杨　晓、贺洞杰、王春梅、张　茜、张小甫、路　远
417	一种仿生型羔羊哺乳架	ZL201520123631.2	2015年8月12日	朱新书、王宏博、包鹏甲
418	一种放牧牛羊草料补饲装置	ZL201520200445.4	2015年8月12日	朱新书、王宏博、包鹏甲
419	一种简易牛羊保育舍保温装置	ZL201520550133.6	2015年12月9日	朱新书、王宏博、包鹏甲
420	一种经济型保暖牛羊舍	ZL201520550132.1	2015年12月9日	朱新书、王宏博、包鹏甲
421	一种牛羊舍阳光暖棚	ZL201520550131.7	2015年12月23日	朱新书、王宏博、包鹏甲
422	一种饲料搅拌供给装置	ZL201520636230.7	2015年12月23日	朱新书、王宏博、包鹏甲

第六章　成果转让

成果转让一览表

序号	成果名称	转让单位	转让时间
1	新兽药“金石翁芍散”	四川巴尔动物药业有限公司	2011 年
2	治疗奶牛乳房炎的药物组合物及其制备方法	湖北武当动物药业有限公司	2011 年
3	喹乙醇单克隆体（杂交瘤细胞株 1H9）及检测抗原合成工艺	杭州迪恩科技有限公司	2013 年
4	猪肺炎药物新制剂（肺康）技术转让	北京伟嘉人生物技术有限公司	2013 年
5	一种防治禽法氏囊病的药物	成都中牧生物药业有限公司	2013 年
6	一种治疗禽传染性支气管炎的药物	四川喜亚动物药业有限公司	2013 年
7	抗病毒新兽药“金丝桃素”	广东海纳川药业股份有限公司	2013 年
8	新兽药“板黄口服液”	湖北武当动物药业有限公司	2013 年
9	治疗卵巢性不孕症的药物	北京中农劲腾生物技术有限公司	2013 年
10	一种防治禽法氏囊病的药物	绵阳市乡户农业开发有限公司	2013 年
11	新兽药“常山碱”	石家庄正道生物药业有限公司	2014 年
12	治疗犊牛腹泻新兽药“黄白双花口服液”	郑州百瑞动物药业有限公司	2014 年
13	一种羊早期胚胎性别鉴定试剂盒	新疆天山畜牧生物工程股份有限公司	2014 年
14	一种治疗猪流行性腹泻的中药组合及其应用	江油小寨子生物科技有限公司	2014 年
15	一种防治猪气喘病的中药组合及其应用	江油小寨子生物科技有限公司	2014 年
16	新兽药“鹿蹄草素”	青岛蔚蓝生物股份有限公司	2015 年
17	岷山红三叶航天育种材料	岷县方正草业开发有限责任公司	2015 年
18	抗炎药物双氯芬酸钠注射液	郑州百瑞动物药业有限公司	2015 年

与澳大利亚谷河家畜育种公司科技合作协议签约仪式

与北川大禹羌山畜牧食品科技有限公司

项目合作签约仪式 1

与北川大禹羌山畜牧食品科技有限公司

项目合作签约仪式 2

与成都中牧——苍朴口服液

与成都中牧集团战略签约仪式

与成都中牧生物药业有限公司转让苍朴口服液签约仪式

与德国吉森大学合作协议签约仪式

与德国畜禽研究所合作协议签约仪式

与甘肃大河生态食品股份有限公司科技合作签约仪式

与河北远征药业有限公司成果转让签字仪式

与江油小寨子生物科技有限公司成果转让签约仪式

与四川巴尔动物药业有限公司转让新兽药

“金石翁芍散”签约仪式